三江源区"四水"转化关系及生态需水研究

贾绍凤 李润杰 主编

黄河水利出版社

·郑州·

内 容 提 要

本书以青海省三江源区为重点研究对象,采用原位观测、遥感反演、模型模拟等多手段相结合的方法,系统开展三江源区不同生态类型的"四水"转化关系与生态需水研究,开发了水文模拟系统(HEC-HMS),研究三江源区的降水、蒸散发、径流、地表水、基流、土壤含水率、融雪水、冻土水和陆地水储量变化等水文要素,对 1981 ~ 2015 年水文循环的主要要素进行了模拟估算和分析,并对三江源区的水资源管理进行了全面的研究,量化了水文循环的所有重要组成要素及其转化过程,提出不同生态类型区的生态需水量阈值。

本书可作为水文水资源专业、水资源管理、生态环境等领域的科研、生产和管理人员参考使用。

图书在版编目(CIP)数据

三江源区"四水"转化关系及生态需水研究/贾绍凤,李润杰主编. —郑州:黄河水利出版社,2023.6
ISBN 978-7-5509-3588-4

Ⅰ.①三… Ⅱ.①贾… ②李… Ⅲ.①水资源管理-研究-青海 Ⅳ.①TV213.4

中国国家版本馆 CIP 数据核字(2023)第 100344 号

责任编辑 陈彦霞 王燕燕 责任校对 母建茹
封面设计 张心怡 责任监制 常红昕
出版发行 黄河水利出版社
　　　　　地址:河南省郑州市顺河路 49 号 邮政编码:450003
　　　　　网址:www.yrcp.com E-mail:hhslcbs@ 126.com
　　　　　发行部电话:0371-66020550
承印单位 河南瑞之光印刷股份有限公司
开　　本 787 mm×1 092 mm 1/16
印　　张 15.25
字　　数 350 千字 插　页 1
版次印次 2023 年 6 月第 1 版 2023 年 6 月第 1 次印刷

定　　价 150.00 元

前　言

　　三江源区地处青藏高原腹地,是长江、黄河、澜沧江的发源地,位于青海省南部,素有"江河源"之称,被誉为"中华水塔",是中国面积最大、海拔最高的天然湿地和生物多样性分布区,同时也是全球研究气候和生态环境变化的敏感区和脆弱区。近几十年来,三江源区气候变化剧烈,直接影响高原湖泊和湿地的水源补给,加之人类活动的加剧,进一步加速了地区生态环境的恶化进程,对区域生态安全构成严重威胁。因此,为了贯彻落实习近平生态文明思想,牢牢把握青海"三个最大"省情定位,本书以三江源区为研究对象,采用原位观测、遥感反演、模型模拟等多手段相结合的方法,系统开展三江源区不同生态类型的"四水"转化与生态需水研究,提出不同生态类型区的生态需水量阈值,为三江源生态保护二期工程建设和三江源国家公园建设提供技术支撑。

　　(1)通过蒸渗仪与模拟降雨等方法,在泽库县麦秀镇、班玛县灯塔乡、玛沁县大武镇、玉树市隆宝滩湿地保护区、兴海县子科滩镇、共和县铁盖乡布设蒸渗场6处,对6种典型牧草(早熟禾、披碱草、星星草、针茅、苔草、嵩草)、5种乔灌木(锦鸡儿、乌柳、祁连圆柏、金露梅、小檗)及5种典型牧草群落(芨芨草群落、垂穗披碱草群落、冰草群落、嵩草群落、杂草群落)进行耗水与径流转换关系的试验研究。

　　(2)利用在沱沱河、果洛州玛沁县大武滩和玉树隆宝滩3个通量塔的涡动通量数据和气象资料,分析三江源区高寒草甸沼泽湿地、高寒草甸草原、高寒荒漠植被下垫面的ET变化特征,探究不同生态系统下的水分消耗状况。

　　(3)根据三江源区不同生态系统、不同下垫面类型在三江源区泽库县麦秀林场、玛沁县大武滩、玉树市隆宝滩选取3处小流域为代表,进行径流监测,分析降水过程、径流过程以及降水-径流之间的转化关系。

　　(4)对三江源这一数据缺乏地区,为更好地揭示地表与大气交换的物理及生物化学过程,对地表的水文、生态等过程进行更精准的模拟研究,项目采用多元数据融合技术,构建了一套三江源区高精度栅格气象数据集,以弥补空间上无站点地区的气象数据的不足,为气候变化、生态评估、水资源评估提供基础数据。

　　(5)地形在降水形成发展中起着重要的作用,地形对天气气候的影响主要有热力作用和动力作用,地形通过相应的热力作用和动力作用使空气层中的天气系统和大气环流发生变化,从而引发云系和局地降水的变化。数值模式和统计回归方法是研究降水地形效应的重要手段。地形与三江源区降水有着密切关系,地形及其大气相互作用的复杂性,导致地形的热力、动力、微物理效应十分复杂。因此,本书通过分析不同地形因子与降水之间的关系,以揭示地形在降水中的作用,为降水空间变异的机制研究提供参考。

　　(6)针对三江源区地面实测资料匮乏的现状,以MODIS产品为主要数据源,通过对地表温度-植被指数特征空间法的改进,在日尺度实现了对该地区2011~2019年蒸散发的连续遥感估算,并进一步解析其时空变化特征与影响因子,揭示不同植被类型的耗水规律与主要生态景观的耗水阈值。

（7）通过构建包括三江源区基础数据、气象站点观测数据、水文站点观测数据、遥感卫星数据、试验数据、水文模型模拟数据的生态环境耗水数据库，利用 HEC-HMS 水文模拟，系统研究了三江源区的降水、蒸散发、径流、地表水、基流、土壤含水率、融雪水、冻土水和陆地水储量变化等水文要素转换关系；采用流量历时曲线偏移法、Tennant 法、流量历时曲线分析法以及枯水流量指数法评估了河流的环境需水量。

（8）基于遥感的蒸散估算与主要生态景观耗水阈值的研究，摸清三江源区不同植被群落、不同生态需水量的阈值，为有目的地开展生态环境保护及生态修复、人工草地的建植等工作提供水资源方面的技术支撑。

本书共分 11 章，第 1 章首先对三江源区的生态环境现状、三江源生态环境保护和建设一期工程取得的成效，二期工程预期的目标进行分析，梳理了由水引起的主要生态环境问题，论述了主要研究内容、技术路线和生态需水的国内外研究进展等。第 2 章对国家重新确定的三江源区自然保护区的地理位置、地形地貌、气候特征、土壤特征、水文特征以及植被与土地利用等基本概况做了进一步描述。第 3 章根据三江源区乔灌草群落的分布特征，在三江源区设置的 12 处原位试验观测的基础上进行分析计算，得到的初步结论是三江源区降水从大到小依次为：玛沁>班玛>玉树>泽库>兴海>共和，整体植被单位耗水量从大到小为：班玛>玉树>玛沁>泽库>共和>兴海，植被耗水多少与当地降水量有关，但也与当地气候条件密切相关；三江源区植被主要耗水发生在生长季，年内月耗水变化呈抛物线型，耗水量与温度成正比，三江源区雨热同期，降雨逐渐增多，植被耗水量增大；三江源区 KC 系数呈现冬季小、夏季大的变化趋势。三江源区植被耗水呈现东高西低的趋势，单位面积年耗水量按植被类型由大到小为：高寒草甸>林地>草原>荒漠>荒漠草原；长江流域植被耗水>黄河流域>澜沧江流域。三江源区植被耗水整体呈东南高、西北低的趋势。第 4 章为基于涡动数据的生态系统蒸散特征规律研究。经过对设置的 3 处涡度数据整理分析，结果表明，2019 年沱沱河站生长季总蒸散发量为 581.15 mm，7 月蒸散发量最大、4 月蒸散发量最小，其中日蒸散发量最大值出现在 7 月 7 日，达 8.58 mm。生长季降水量达 235.70 mm，日均 IETP 值为 2.38 mm，表明下垫面一直处于水分消耗状态。第 5 章为三江源区小流域"四水"转化观测试验。对设置的三个小流域的数据分析得到：①降雨量 30 min 最大雨强、60 min 最大雨强与径流量均呈显著性线性相关，平均雨强与径流量的关系不显著；②7 月之后河川径流主要受降水的制约，日径流量与日降水量，月径流量与月降雨量均呈显著线性相关，降水与径流关系密切且响应迅速，下垫面蒸发微弱，因此得到的产流系数具有一定的区域代表性。第 6 章为三江源区高精度栅格气象数据集生成，即通过多元数据的融合构建了三江源区 1979~2018 年共长达 40 年的青海省近地面气压、气温、风速、降水率、比湿、向下短波辐射和向下长波辐射 7 个气象要素逐 3 h 0.01°×0.01° 栅格数据集，弥补了空间上无站点地区的气象数据，为气候变化、生态评估、水资源评估提供基础数据。第 7 章为不同尺度地貌特征对降水影响研究。研究表明，青海三江源区由于地形的热力、抬升等作用，这一带低涡和切变活动比较频繁，有利于气流抬升作用，降水量较多。三江源区地形复杂，气象站点稀疏，鉴于 SRTM 数据的优越性，研究了地形因子与降水的关系，同时利用 WRF 模式比较了使用不同地形高程数据对三江源区夏季降水模拟准确度的影响等内容。第 8 章为基于遥感的蒸散估算与主要生态景观耗水阈值研究。利用建立的气象数据集、MODIS 数据、植被与土地利用数据、GLEAM 数据集，基于地表温度植被指数(T_s-VI)特征空间法来估算陆面蒸散发量和本书提出的时空二维地表温度-植被指数特征空间法，即基于地表能量平衡原理，逐像元构建特征空间的干湿边界，从而实现三江源区蒸散发的遥感估算。第 9 章为三江源区"四水"转化模拟模型与通量评估。本书从时间和空间两方面研究了三江源区水循环过程中的主要水文组分的转化和量化。基于本书内容开发了水文模拟系统(HEC-HMS)，研究三江源区的降水、蒸散发、径流、地表水、基流、土壤含水率、融雪水、冻土水和陆地水储量变化等水文要素，对 1981~2015 年水文循环的主要要素进行了模拟估算和分析，并对三江源区的水资源管理进行了全面的研究，量化了水文循环的所有重要组成要素及其转化过程，对三江源区的水资源管理具有重要意义。由于受到区域数据的限制，大部分水文循环过程研究都集中在降水和径流要素上。本书模拟和估计了几乎所有的水文要素，特别是估计了冻土的土壤水，为进一步研究提供数据基础。第 10 章为三江源区河道内生态耗水评估。本章研究聚焦于确定长江、黄河和澜沧江源头地区的环境需水量。由于该地区缺乏相关生态环境数据，本书使用了常用的水文学方法(流量历时曲线偏移法、Tennant 法、流量历时曲线分析法以及枯水流量指数法)结合水文模型来填补缺失的资料评估黄河、长江、澜沧江维持河流生态的最佳状态的环境需水量。第 11 章梳理了三江源区生态耗水所用到的数据资料，主要包括三江源区的基础数据、气象站点观测数据、水文站点观测数据、遥感卫星数据、试验数据、水文模型模拟数据等。根据不同的数据类型，建立生态环境耗水数据库。不同的数据类型，使用不同的数据存储与管理方式。试验数据和站点观测数据使用 SQLite 数据库平台存储，影像数据使用文件系统存储，建立三江源区生态耗水数据库。

本书由青海省水利水电科学研究院有限公司、中国科学院地理科学与资源研究所、青海省气象科学研究所、青海大学等四家单位共同完成，是全体成员共同辛勤努力的结晶。本书得到了青海省科技厅社会发展处、省气象局等单位的大力支持与帮助，在此一并致谢！

由于编者水平所限，书稿难免有不足之处，敬请读者批评指正！

编　者

2022 年 12 月

目　录

第 1 章　研究背景

近几十年来,三江源区气候变化总体呈气温升高、降水减少、蒸发增大的趋势,雪山、冰川的萎缩导致水资源减少,直接影响高原湖泊和湿地的水源补给,众多的湖泊、湿地面积不断缩小甚至干涸,沼泽消失,泥炭地干燥、裸露,沼泽低湿草甸植被逐渐向中旱生高原植被演变,加之人类活动的加剧,进一步加速了地区生态环境的恶化进程,特别是草地的大面积退化和沙化,致使野生动物栖息环境质量衰退和破碎化,生物多样性降低,植被和湿地生态环境系统的破坏,水源涵养能力减退,对区域生态安全构成威胁。

三江源生态保护和建设一期工程实施后,三江源绝大部分河流断面水质达到 I 类和 II 类,草地面积净增加 123.70 km²,水体与湿地面积净增加 279.85 km²,荒漠生态系统面积净减少 492.61 km²,草地载畜超载量由 129% 降低到 46%,植被覆盖度提高的地区占全区总面积的 79.18%。总体上,三江源区生态系统退化趋势初步得到遏制。

三江源生态保护和建设一期工程的覆盖范围仅占三江源区的 40%。工程实施 8 年来,从评价结果来看,三江源区生态环境恶化问题"初步遏制、局部好转",具有局部性、初步性的特点,但尚未达到 20 世纪 70 年代的水平,生态保护与建设任务的长期性和艰巨性凸显。相比于一期工程对三江源区生态环境所承担的"应急抢救"任务,二期工程应着眼于建立长效机制,以推动实现三江源区生态环境"整体恢复、全面好转、生态健康、功能稳定"的长远目标。

开展三江源区"四水"转化关系及生态需水研究是青海省落实习近平总书记提出的"青海最大的价值在生态,最大的责任在生态,最大的潜力也在生态"精神,落实生态文明建设的要求和三江源国家公园建设的需要。

1.1　研究现状

三江源区地处青藏高原腹地,因黄河、长江和澜沧江的发源地而得名,自然条件十分恶劣,是中国面积最大、海拔最高的天然湿地和生物多样性分布区,同时也是全球研究气候和生态环境变化的敏感区和脆弱区。近几十年来,三江源区气候变化剧烈,直接影响高原湖泊和湿地的水源补给,加之人类活动的加剧进一步加速了地区生态环境的恶化进程,对区域生态安全构成严重威胁。习近平总书记视察青海时指出:"青海最大的价值在生态、最大的责任在生态、最大的潜力也在生态。"

"水"是制约三江源区生态环境保护建设的因素之一。开展三江源区"四水"转化关系及生态需水研究,主要是基于三江源区水资源对草地、湿地、荒漠等生态系统的相互作用的关系,研究降水对草地、湿地、荒漠等生态系统的水源涵养能力以及对径流的补给作用;地下水、土壤水对草地、湿地、荒漠等生态系统的相互作用机制;大气降水对地表水、土壤水、地下水、地表水对土壤水、地下水的补给过程中三江源区各类生态系统的响应机制,通过对三江源区不同典型植物和群落耗水量的研究,提出典型植物和群落的耗水量的阈值,进一步估算三江源区的生态需水量,提出三江源区生态用水"红线",同时为退化草地、沙化草地、湿地和荒漠生态系统的修复提供水资源保障。为实现三江源生态保护和建设二期工程的目标:森林覆盖率由 4.8% 提高到 5.5%;草地植被盖度平均提高 25~30 个百分点,沙化土地治理率达 50%,沙化土地治理区内植被盖度达 30%~50%;水土保持能力、水源涵养能力和江河径流量稳定性增强,减少水土流失 5 亿 t,水源涵养量增加 13.7 亿 m³,长江、澜沧江水质总体保持在Ⅰ类,黄河Ⅰ类水质河段明显增加;野生动植物栖息地环境明显改善,生物多样性显著恢复;农牧民生产生活水平稳步提高,生态补偿机制进一步完善,生态系统步入良性循环,提供技术支撑,为三江源区生态环境变化提供预警和政府决策。

对三江源区生态水文过程与生态系统相互作用的研究与三江源区生态保护的需求还处于起步阶段,在青海省科技厅下达的青海省三江源生态环境保护与建设二期科技支撑计划项目的支持下,作者较为系统地开展了三江源区"四水"转化与生态系统的演进方面的研究,取得了七个方面的研究成果,为三江源区的生态环境保护与建设奠定了理论基础。

1.2　国内外研究现状

"四水"转化研究可以归为应用生态水文学的研究范畴,20 世纪 90 年代中期以来,以水资源可持续发展和管理为目标的生态水文学理论体系逐渐发展成熟。然而,生态水文学是一门应用性很强的学科(Wassen and Grootjans,1996),迫切需要在气候变化、水资源短缺、水环境污染、人口增加和城市化发展(Marsily,2007)的背景下,深入和广泛应用该理论,解决水资源可持续管理、湿地保护、河流生态系统中生物多样性保护等生态环境问题成为必然。生态水文学是研究水—生态环境—社会经济系统之间相互作用的基本规律和发展规律的学科。重点解决新的、以前未考虑到的"过程问题",这些"过程问题"对理解生态过程与水文过程之间相互作用机制具有重要的作用。随着生态水文学理论体系的不断完善,该理论解决了许多生态环境问题,如水资源可持续发展管理、湿地生态系统保护、生物多样性保护、泥沙沉积和侵蚀、鱼类洄游通道建设、生态水库调度和优化管理、河流生态修复等,为决策者提供科学建议。特别是在当前变化环境下,人类正处于全球气候变化、生物多样性减退和生态系统退化的生态环境困境中,三江源更是如此,因此在三江源区开展以"四水"转化为基础的生态水文学研究迫在眉睫。

我国在该领域的研究也发展迅速,我国学者也出版了大量相关专著,如严登华等(2012)翻译了 David 等撰写的《生态水文:过程、模型和实例——水资源可持续管理的方法》,严登华(2014)撰写出版了《应用生态水文学》、刘世荣等(1996)的《中国森林生态系统水文生态功能规律》、余新晓等(2004)的《森林生态水文》、郭纯青(2007)的《中国岩溶生态水文学》、穆兴民等(2001)的《黄土高原生态水文问题研究》和陈亚宁等(2010)的《新疆塔里木河流域生态水文问题研究》。可以看出,我国生态水文学的研究呈现出明显的地域特征,其研究方向集中在陆地生态水文系统的研究。

1.2.1　关于蒸散发的研究

目前,国内外对蒸散发的研究主要致力于寻找更加适用的模型来估算蒸散发(ET)值,主流方法是借助遥感数据或者气象数据,结合所建立的不同模型来计算蒸散发值,最后对比分析,得出最佳的估算蒸散发值的模型以及各模型的使用范围。

Saman 等针对伊朗缺乏综合模型和气象信息估算蒸散发的问题,研究出了 ANN-GWO 模型,对伊朗 ET 值做出了较为可靠的估算。Mohammad 等利用伊朗地表能量平衡系统(SEBS-Iran)对伊朗库姆盆地(Qom basin Iran)的实际 ET 速率和缺水量进行了估算,结果表明,SEBS-Iran 模型在测定干旱和半干旱地区的 ET 和水分胁迫时,表现出较好的精确度。Zahra 等利用 5 个基于辐射的模型,包括 Makkink(ET-MAK)、Priestley 和 Taylor(ET-PT)、Abtew(ET-ABT)、Jensen-Haise(ET-JH)、McGuinness 和 Bordne(ET-MB),以及 3 个基于温度的模型,包括 Hargreaves-Samani(ET-HS)、Hamon(ET-HAM)估算了伊朗东北部的 ET 值,结果表明 Jensen-Haise 法对暖季的预测效果最好,而 Hargreaves-Samani 法对冷季的预测效果最好,在使用 ET 模型之前,应考虑模型预测性能的时空变异性。Jing yuan 等使用 3 种常用的单源遥感模式(pySEBAL、SEBS、METRIC)来估算加州中央山谷的杏仁、加工番茄和玉米的每日实际蒸发蒸腾量(ET_a)。结果表明,3 种模型基于 RS 的 ET_a 估计均在可接受的不确定性水平内,与地表更新估计一致,但在番茄加工的早期生长阶段,pySEBAL 和 METRIC 的估计不足。Biljana 等用 Makkink 简化方程计算了蒸散量,结果表明,全球辐射对 ET_0 的影响最大,日平均气温和总辐射的组合是 ET_0 估计的最佳组合。Stavros 等用 ASCE Penman-Monteith 和 Hargreaves-Samani 两个模型估算了参考作物蒸散量,用在水分充足的短作物上方记录的每日气象数据与在干燥裸露土壤上方获得的数据进行比较,结果表明,不同地表的气象条件存在较大差异,与水分充足的短季作物相比,裸露地表以上的温度较高,比湿较低,从而导致参考蒸散量估算的误差。

1.2.2　关于尺度问题的研究

目前针对尺度问题的研究包括两个方面:时间尺度和空间尺度。从时间尺度的角度来看,大致可分为十年周期、年际(大于一年小于十年)、年周期、季节周期、季节内变化、日周期等尺度。

Andrew N 等利用 NDVI 时间序列对作物基本系数(K_{cb})进行建模,利用气象台网近距离观测得到 FAO56 日参考 ET 值,评估了 2016~2019 年美国亚利桑那州尤马和马里科帕 7 个地点的小麦 ET 值,结果表明,遥感影像可以作为一个估算作物 ET 值的良好辅助工具。Adam P 等研究评估了美国东北部地区 2016 年生育期森林植被转化(50%间伐)对蒸散(蒸腾、降雨截留和土壤蒸发)组成的影响,结果表明,森林转为森林植被(代替新牧场的采伐)可以减轻农业用地集约化和气候变化对生态系统服务的影响,特别是在维持水文调节功能方面。Yagob 等分析了从乌尔米亚湖盆地选取的 9 个观测站的月、季、年时间尺度的单调趋势,使用 FAO56 Penman-Monteith 标准推荐公式估算了 ET_0 值,结果表明,在全年 ET_0 时间序列中,66.6%以上的时间序列呈现正趋势,在 0.10 水平上具有显著性。Xiaohui Yan 等利用 Penman-Monteith(P-M)模型和全球气候统计缩小预测模型(GCM),

对加拿大 6 个气象站日参考蒸散发量(ET_0)的预测性能进行了评估和量化。收集了计算 ET_0 的气象观测资料,包括日气温(T_a)、太阳辐射(R_s)、风速(U_w)和比湿(R_H),结果表明,利用 P-M 模型和 GCM 预测,可以较好地预测加拿大的日 ET_0 值。张璐等利用 13 个气象站 59 年的逐日气象资料,讨论了锡林河流域潜在蒸散发的周期变化及其与相对湿润度指数、各气象要素的相互作用,结果表明流域近 59 年潜在蒸散发整体呈现增长趋势,且上升趋势显著,各气象要素中潜在蒸散发对温度的响应较大,平均风速次之。姬兴杰等利用近 40 年的气象数据分析了近 40 年来河南省年 ET_0 的时空变化特征,并对其主要影响因子进行探讨,结果表明,风速减小是导致 ET_0 减小的主要原因,但从综合原因来看,是多种因素共同作用造成的,且各因素的贡献值也存在差异。

1.2.3　关于估算方法的研究

国内外关于蒸散发的测量方法大致可分为两种:直接测量法和间接测量法。直接测量法包括蒸渗仪法、涡度相关法、热脉冲法等;间接测量法包括水量平衡法、波文比-能量平衡法、空气动力学方法、红外遥感法、彭曼综合法等。这些测量方法的使用各有弊端,例如诸多方法估算的前提都要求下垫面均一、空气稳定度好,但现实条件并没有那么理想,这个问题是当今研究中亟待解决的问题;蒸渗仪在使用过程中,前期需要投入大量的人力、物力,安装作业比较困难,但后期数据采集较为方便,总体来说,适合小尺度范围的测量及小型植株的测量。红外遥感法是当前研究的热点,借用遥感数据给估算蒸散发带来了巨大的便捷,但在遥感数据使用过程中也存在较多的问题,首先参数(如阻抗、地表温度等)难以获取;其次,遥感数据值大多数都是卫星过境时得到的瞬时值,但实际应用中需要某个时段的值;最后,参数的尺度转化、范围选取以及精度检验等也具有不确定性。

姚瑶等利用称重式蒸渗仪测定了淮北地区新马桥试验站 2016～2017 年冬小麦全生育期的实际蒸散值,分别利用 7 个蒸散发估算模型计算得到的蒸散发估算值与实际蒸散值相拟合,得出 FAO56 PM 模型的拟合效果最好,且温度是影响 ET_c 的主要因子。R. López-Urrea 等在位于西班牙东南部阿尔巴塞特的蒸渗仪设施中进行了为期 2 年的田间试验,研究了非限制性土壤水分条件下喷灌油菜(Brassica napus L.)的作物蒸散量(ET_c)和作物系数,结果表明油菜籽 K_{cb} 值与 f_c 有良好的线性关系,遥感植被指数(VI_s)与不同的生物物理参数(如 K_{cb} 和 f_c)之间有很好的一致性。尹剑等利用 SEBS 模型,用遥感数据估算了长江流域多年蒸散发量,SEBS 模型获得的长江流域蒸散发量与基于全球通量观测站的蒸散发集成数据产品具有较好的相关性和一致性,长江流域年均蒸散发总量变化不明显,在二级水资源区内蒸散发的变化量有较大的空间变异性。朱明承等以陕西宝鸡峡灌区为研究区,基于遥感双层模型,选择 2000～2011 年不同季节典型日的 TM 数据,结合气象观测资料估算了宝鸡峡灌区典型日蒸散发值,分析灌区内日蒸散发的时空分布及不同土地利用类型日蒸散发季节变化。结果表明,基于遥感双层模型估算半干旱区的日蒸散发是可行的。

1.2.4　关于气象因子对蒸散发的影响关系的研究

影响蒸散发的气候因素很多,包括气温、降水、风速、日照时数、比湿、太阳辐射等因素,目前对影响蒸散发变化的气象因子并没有统一的说法,不同时间、不同区域,主导蒸散发变化的气候因子也有所不同。

乔丽等研究了拉萨河流域潜在蒸散发对气象因子的敏感性,结果表明,对于流域整体而言,最高气温的贡献率最高,气象因子的敏感系数年内变幅为:比湿>最高温度>风速>日照时数>最低温度。郭小娇基于 1951～2015 年的气象站逐日气象数据,用 Penman-Monteith 方法计算了典型岩溶区桂林市的潜在蒸散发量并分析了其影响因素,结果表明,日照时数是影响桂林市潜在蒸散发量变化的主要因素,其次是风速。侯兰功等运用 FAO56 Penman-Monteith 模型计算了额齐纳绿洲 1988～2007 年生育期参考作物蒸散发量,利用敏感性分析方法,计算了蒸散发对各气象因子敏感系数的大小,得出参考作物蒸散发对太阳辐射最为敏感,其次是气温,最后是风速和比湿。杨林山等以洮河流域为研究区,采用 Penman-Monteith 公式计算该区 ET_0 及其对关键气候要素的敏感系数,气候因素的敏感性排序为:净辐射>比湿>最高气温>最低气温>风速。李丽娟等以松嫩平原西部为研究区,运用 FAO56 Penman-Monteith 方程计算了 34 个站点 1951～2001 年的生育期参考作物蒸散发量,并计算其对气温、风速、日照时数和比湿的敏感系数,结果表明,参考作物蒸散发对比湿最为敏感,其次是气温,最后是风速和日照时数。王利辉等依托中国科学院冰冻圈国家重点实验室唐古拉站,利用小型称重式蒸渗仪的观测数据分析了 2007～2013 年蒸散发的变化特征及其影响因素,结果表明,2007～2013 年草地生育期实际蒸散发总量呈现递增的趋势;在草地生育期内,草地生长中期的总蒸散量最大,生长初期的总蒸散发量最小,但是日蒸散发量则是在生长初期最大、生长后期最小;无降水日,草地的蒸散发主要受到净辐射和气温的影响,降雨日的蒸散发则主要受到净辐射和风速的影响。

1.2.5　"四水"转化关系与生态需水研究

"四水"转化关系是指"四水"(大气降水、地表水、土壤水和地下水)之间相互联系、相互依存、相互制约、相互作用和相互转化的关系。大气水分通过凝结等作用,变为液态降水或固态降水,降水到达地表后,转化为地表水、土壤水和地下水。而地表水、土壤水和地下水又通过蒸发回到了大气,成为大气水的重要组成部分。与此同时,地表水、土壤水和地下水之间,区域与区域之间也不断产生水量交换(沈振荣等,1990)。20 世纪 80 年代起,国内学者开始通过试验观测等方式对"四水"转化的机制和规律进行探索(卜庆芳等,1992;徐学选等,2010;何雨江,2013),并利用统计学等方法量化研究"四水"转化及其相关转化系数;在此基础上,国内学者针对不同地区展开"四水"转化关系的研究,20 世纪 80～90 年代对于"四水"转化的研究主要集中在依据试验站点的观测数据,利用统计学方法或绘制曲线的方法对"四水"转化量及相关转化系数的研究上,研究区主要针对农田或灌区(刘昌明、孙睿,1999),研究成果为应对和预防平原区抗旱抗涝等灾害(张利,1996)、提高灌区水资源利用率(腾明柱、李素丽,1996)等问题提供了技术指导。20 世纪 90 年代以来,在试验研究的基础上,开始利用水文模型对"四水"转化关系进行研究(王振龙,2009),计算机的普及为"四水"转化的模型研究增加了助力。进入 21 世纪以后,一方面,试验仍然是研究"四水"转化的重要手段(徐学选等,2010);另一方面,随着计算机技术的快速发展,利用水文模型对"四水"转化关系进行研究成为主要发展趋势(谢新民等,

2002;周桂兰等,2004)。而对"四水"转化的研究作为基础也逐步纳入水资源评价及水循环演变规律等综合水资源问题的研究中。基于物理机制的分布式水文模型因其具有对水循环更加细致和精确的模拟能力,在"四水"转化的研究中扮演着重要角色(王浩等,2006;张俊娥等,2011)。随着"四水"转化机制研究的逐渐成熟,"四水"转化模型逐渐在耗水分析(雷志栋等,2006;王成丽等,2009)和水资源评价(谢新民,2002;胥铭兴等,2013)中得到较多应用。

20世纪90年代以前,国外对生态需水的研究主要集中在河流生态需水方面(Gore,1989)。90年代开始,才由过去仅关心的物种及河道物理形态的研究扩展到维持河道流量的研究,而且还考虑了河流生态系统的整体性。国内对生态需水的研究始于20世纪80年代后期,1989年,汤奇成(1995)在分析塔里木盆地绿洲建设问题时,首次提出了生态用水的概念。20世纪90年代开始,关于生态需水的研究主要针对西北干旱缺水地区而展开,1998年贾宝全等对干旱区生态用水的概念和分类做详尽的描述。这些有关生态用水的研究成果只局限于定性描述又难以体现共性特征。植被生态需水目前有以下几种算法:①面积定额法,即以某一地区某一类型植被面积乘以耗水定额。②潜水蒸发法,以某一植被类型在某一地下水位的面积乘以该地下水位的潜水蒸发与植被系数。③土壤水分平衡法。④改进后的彭曼公式法。⑤通过以遥感、GIS手段和实测资料结合的方法等,计算蒸散确定生态需水量。以遥感手段与所研究区域气象资料结合计算蒸散发量,进而计算植被生态需水量,此种方法吸取了遥感资料直观、方便的优点,较好地适用于大区域植被蒸散发量计算。

1.3　主要研究内容

本书为摸清三江源区不同生态类型的"四水"转化关系和生态需水,以及退化生态系统修复提供理论依据及三江源生态保护和建设二期工程与三江源国家公园建设提供技术支撑。主要内容包括:

(1)三江源区不同生态类型区"四水"转化观测与试验。

根据三江源二期功能分区,结合不同的地形地貌和生态系统,提出面向梯度观测的试验布设方案,开展典型植物耗水量观测试验、不同植被景观耗水观测以及"四水"转换的原位观测,研究不同尺度地貌特征对降水的影响,建立典型生态系统水文过程关键要素数据库。

(2)三江源区"四水"转化关系研究。

研究降水对草地、湿地、荒漠等生态系统的水源涵养能力及对径流的补给作用,揭示地下水、土壤水对草地、湿地、荒漠等生态系统的相互作用机制,阐述大气降水对地表水、土壤水、地下水的补给过程与不同生态系统的响应机制。

(3)三江源区"四水"转化与典型生态系统耦合关系研究。

基于试验获取的三江源区"四水"转化关系以及不同生态系统生态需水特征,建立分布式生态水文模型,模拟分析三江源区"四水"转化关系的时空特征,揭示三江源区"四水"转化与典型生态系统演替的耦合关系。

（4）三江源区生态需水研究。

基于观测数据,研究三江源区不同典型植物和群落的耗水量,提出典型植物和群落的耗水量阈值,发展站点观测和遥感相结合的区域蒸散发估算技术,估算三江源区的生态需水量,确定三江源区生态用水"红线"。

1.4   技术路线

本书以黄河、长江以及澜沧江三江源区为研究区,在前期研究的基础上,采用站点观测、遥感反演以及模型模拟等多手段相结合的方法,系统开展三江源区不同生态类型的"四水"转化与生态需水研究,提出不同生态类型区的生态需水量阈值,为三江源生态保护和建设二期工程与三江源国家公园建设提供技术支撑。技术路线图见图1-1。

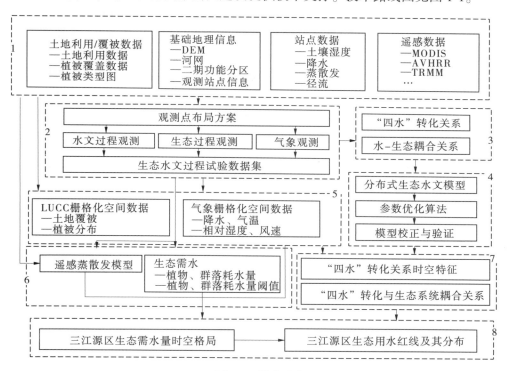

图 1-1   技术路线

第 2 章　研究区概况

2.1　地理位置

　　青海省三江源区地处青藏高原腹地,是长江、黄河、澜沧江的发源地,位于青海省南部,素有"江河源"之称,被誉为"中华水塔"。地理位置为北纬 31°39′~37°10′,东经 89°24′~102°27′,平均海拔 4 200 m,其东部、东南部与甘肃省、四川省相邻,南部、西部与西藏自治区相接,北部分别与治多县的可可西里国家级自然保护区、海西蒙古族藏族自治州的格尔木市和都兰县交界,东北部与海南藏族自治州的共和县、贵南县、贵德县和黄南藏族自治州的同仁县接壤,总面积为 39.5 万 km²,占青海省总面积的 54.6%。三江源区包括玉树藏族自治州、果洛藏族自治州、海南藏族自治州、黄南藏族自治州全部行政区域的 21 个县和格尔木市的唐古拉山镇,共 158 个乡(镇)(见表 2-1),行政村(含社区)1 214 个。三江源区是全国重要的水源涵养区和生态屏障区,也是少数民族聚居地、西部欠发达地区和生态环境脆弱区。

表 2-1　三江源区行政区域

地区	乡(镇)个数	其中镇个数	区域面积/万 km²	所辖乡(镇)名称
合计	158	44	39.5	
玉树州	45	12	19.8	
玉树县	8	3	1.57	结古镇、隆宝镇、下拉秀镇,上拉秀乡、安冲乡、仲达乡、巴塘乡、小苏莽乡
杂多县	8	1	3.58	萨呼腾镇,昂赛乡、扎青乡、苏鲁乡、阿多乡、查旦乡、莫云乡、结多乡
称多县	7	5	1.47	称文镇、歇武镇、清水河镇、扎朵镇、珍秦镇,拉布乡、尕多乡
治多县	6	1	8.08	加吉博洛镇,多采乡、立新乡、索加乡、扎河乡、治渠乡
囊谦县	10	1	1.22	香达镇,娘拉乡、毛庄乡、觉拉乡、着晓乡、东坝乡、吉尼赛乡、尕扎乡、吉曲乡、尕涌乡(州江西林场)
曲麻莱县	6	1	3.88	约改镇,曲麻河乡、叶格乡、麻多乡、巴干乡、秋智乡
果洛州	44	8	7.64	
玛沁县	8	2	1.33	大武镇、拉加镇、大武乡、东倾沟乡、雪山乡、下大武乡、优云乡、当洛乡

续表 2-1

地区	乡(镇)个数	其中镇个数	区域面积/万 km²	所辖乡(镇)名称
班玛县	9	1	0.61	赛来塘镇,达卡乡、吉卡乡、灯塔乡、江日堂乡、亚尔堂乡、知钦乡、玛可河乡、多贡麻乡(省玛可河林业局)
甘德县	7	1	0.71	柯曲镇,上贡麻乡、下贡麻乡、岗龙乡、江千乡、下藏科乡、青珍乡
达日县	10	1	1.46	吉迈镇,窝赛乡、德昂乡、满掌乡、建设乡、莫坝乡、上红科乡、下红科乡、桑日麻乡、特合土乡
久治县	6	1	0.87	智青松多镇,白玉乡、哇尔依乡、哇赛乡、索乎日麻乡、门堂乡
玛多县	4	2	2.66	玛查理镇、花石峡镇、黄河乡、扎陵湖乡
海南州	36	15	4.34	
共和县	11	4	1.64	恰卜恰镇、倒淌河镇、龙羊峡镇、塘格木镇,铁盖乡、沙珠玉乡、廿地乡、黑马河乡、石乃亥乡、江西沟乡、切吉乡(湖东种羊场、铁卜加草改站)
同德县	5	2	0.47	尕巴松多镇、唐谷镇,巴沟乡、秀麻乡、河北乡(省牧草良种繁殖场)
贵德县	7	4	0.35	河阴镇、河西镇、常牧镇、拉西瓦镇,河东乡、尕让乡、新街回族乡
兴海县	7	3	1.22	子科滩镇、河卡镇、曲什安镇,唐乃亥乡、龙藏乡、温泉乡、中铁乡(河卡种羊场)
贵南县	6	2	0.66	茫曲镇、过马营镇,芒拉乡、塔秀乡、森多乡、沙沟乡(过马营草业公司)
黄南州	32	8	1.79	
同仁县	11	2	0.32	隆务镇、保安镇,年都乎乡、加吾乡、双朋西乡、扎毛乡、曲库乎乡、多哇乡、兰采乡、瓜什则乡、黄乃亥乡
尖扎县	9	3	0.16	马克唐镇、坎布拉镇、康扬镇,昂拉乡、能科乡、当顺乡、尖扎滩乡、措周乡、贾加乡
泽库县	7	2	0.65	泽曲镇、麦秀镇,多禾茂乡、西卜沙乡、和日乡、王家乡、宁秀乡(州麦秀林场)
河南蒙古族自治县	5	1	0.66	优干宁镇,赛尔龙乡、宁木特乡、多松乡、柯生乡
唐古拉山镇	1	1	5.93	唐古拉山镇

2.2　地形地貌

青海省三江源区是青藏高原的腹地和主体,以山地地貌为主,山脉绵延、地势高耸、地形复杂,海拔 3 335~6 564 m,其中海拔 4 000~5 800 m 的高山是地貌的主要骨架。主要山脉为东昆仑山及其支脉阿尼玛卿山、巴颜喀拉山和唐古拉山山脉。由于受第四纪冰期作用和现代冰川的影响,海拔 5 000 m 以上的山峰可见古冰川地貌。

三江源区地貌类型由海拔 6 000 m 以上的极高山、海拔 4 000 m 以上的高山、丘陵台地和平原等基本地貌类型组成,主要地貌形态是起伏和缓的高原夷平面。夷平面主要为平坦的极高山山顶面所构成的高级夷平面及小起伏高山和丘陵组成的低级夷平面。由于未受到青藏高原强烈隆起所造成的河流溯源侵蚀影响,因而区内地势起伏较小,特别是可可西里地区相对高差仅 300~600 m。地貌组合在南北方向上呈现山地和河谷湖盆相间现象,东西方向上表现为东南部流水和冰川作用地貌,而西北部湖泊发育,中西部和北部呈平原状,起伏不大、切割不深,多宽阔而平坦的滩地,因地势平缓、冰期较长、排水不畅,形成了大面积沼泽,东南部高山峡谷地带,切割强烈,相对高差多在 1 000 m 以上,地形陡峭,坡度多在 30°以上。

区内现代冰川集中在海拔 5 500~5 800 m 以上的山地,主要分布在昆仑山和唐古拉山山脉,由于本区高山和极高山的山顶平缓,有利于平顶冰川和冰帽冰川的发育。众多冰川周围伸出大小不一的冰舌,冰舌末端分布在海拔 5 000~5 400 m,冰舌消融区有壮丽的冰塔林发育,20 世纪 70 年代以后,由于气候急剧变暖,各冰川均表现出明显的退缩。

三江源区还是地球上罕见的低纬度高山多年冻土分布区,有连续的多年冻土区,冻土厚度最大近 400 m,也有不连续的"岛状"冻土区,冻土厚度的变化也较小。多年冻土的形成与分布主要受海拔高度的严格控制,并有明显的垂直分布地带性规律。

2.3　气候特征

三江源区气候属高原山地气候,表现为冷暖交替、干湿分明、水热同期;年较差小、日较差大;日照时间长、辐射强烈;植物生长期短,无霜期短或无绝对无霜期。年平均气温为 −5.6~7.8 ℃,年降水量 262.2~772.8 mm,年日照时数 2 300~2 900 h,年太阳辐射量 5 658~6 469 MJ/m²,全年 ≥8 级大风日数 3.9~110 d,空气含氧量仅相当于海平面的 60%~70%。冷季为长达 7 个月的青藏冷高压控制,热量低、降水少、风沙大;暖季受西南季风影响产生热气压,水汽丰富、降水较多、夜雨频繁。丰富的太阳能和风能资源有利于开发光伏电站和风能发电,但干旱、雪灾、暴雨、洪涝、冰雹、雷电、沙尘暴、低温冻害等气象灾害时有发生,并由此引发森林草原火灾、滑坡、崩塌、泥石流等次生灾害。

2.4　土壤特征

三江源区土壤类型由高到低主要有高山寒漠土、高山草甸土、高山草原土、山地草甸土、灰褐土、栗钙土和山地森林土,以高山草甸土为主,沼泽化草甸土也较为发育,冻土面积较大。地质成土过程年轻,冻融侵蚀作用强烈,土壤发育过程缓慢,土壤质地粗,砂砾性强,其组成以细沙、岩屑、碎石和砾石为主。土壤类型可分为15个土类,29个亚类。

2.5 植被与土地利用

三江源区植被类型有针叶林、阔叶林、针阔混交林、灌丛、草甸、草原、沼泽及水生植被、垫状植被和稀疏植被等9个植被型,可分为14个群系纲50个群系。森林植被以寒温性的针叶林为主,主要分布在三江源区的东部、东南部,属于我国东南部亚热带和温带向青藏高原过渡的山峡区域。主要树种有川西云杉、紫果云杉、红杉、祁连圆柏、大果圆柏、塔枝圆柏、密枝圆柏、白桦、红桦、糙皮桦。灌丛植被主要种类有杜鹃、山柳、沙棘、金露梅、锦鸡儿、锈线菊、水荀子等。草原、草甸等植被类型的主要植物种类为嵩草、针茅、苔草、凤毛菊、鹅观草、早熟禾、披碱草、芨芨草以及藻类、苔藓等。植被类型的水平带谱和垂直带谱均十分明显。水平带谱自东向西依次为山地森林、高寒灌丛草甸、高寒草甸、高寒草原、高寒荒漠。沼泽植被和垫状植被则主要镶嵌于高寒草甸和高寒荒漠之间。高山草甸和高寒草原是三江源区主要植被类型和天然草场,高山冰缘植被也有较大面积分布。为了在研究过程中比较准确地量算不同植被群落、生态系统的分布情况,本书在原1:100万青海省植被图的基础上进行了进一步的划分,形成了1:10万比例尺的三江源区植被类型图(见附图)。

2.6 水文特征

2.6.1 黄河源区

黄河是我国第二大河,发源于巴颜喀拉山北麓的约古宗列盆地西南隅,源头海拔4 724 m。源头由众多泉群汇集成溪,主要有三条,中间的一条最长,即为主流,主流右侧的一条水流较大,冬季不结冰、不断流。主流北经泉群约2.1 km,进入约古宗列盆地,称约古宗列曲。约古宗列曲流经30 km后,进入黄河上游第一个峡谷——芒尕峡,至峡谷出口,约古宗列曲止,流程49.5 km,以下黄河干流藏语河名为玛曲。河出峡谷进入玛涌(滩)内的星宿海后入扎陵湖、鄂陵湖,在鄂陵湖北端出湖,流经65 km到黄河上游第一县——玛多县,出玛多县后经青海省果洛州、甘肃省甘南州、青海省黄南州、海南州等,黄河干流唐乃亥水文站以上全长1 552 km,其中青海省境内河长1 264 km,平均比降约1.6‰。

黄河源区青海省境内流域面积9.76万 km^2,占三江源区流域面积的33.1%,河道平均比降0.64‰~3.22‰。多年平均径流量为136.1亿 m^3,占三江源区多年平均径流量的32.1%,是黄河流域重要的产流区。

2.6.2 长江源区

长江是我国第一大河,发源于唐古拉山中段的各拉丹东雪峰,流经青海省格尔木市的唐古拉山镇及玉树州的治多、曲麻莱、称多、玉树等县,至玉树县的赛拉附近进入四川、西藏境内。青海省境内干流长 1 206 km,落差 2 065 m,平均比降 1.71‰。一级支流雅砻江和二级支流大渡河分别发源于青海省的称多、班玛县境内,出青海省境后,流入四川省境内的金沙江和岷江。

长江源区庞大的扇状水系由长江正源沱沱河、南源当曲、北源楚玛尔河,以及通天河上段为主干组成。长江源区属降水量较多的地区,河网密集,水系发育,集水面积在 500 km² 以上的河流有 85 条,集水面积在 300 km² 以上的河流有 134 条。一级支流 340 条,其中流域面积大于 300 km² 的有 45 条;二级及二级以下的支流纵横密布,有些支流或河段为季节性河流。

长江源区流域面积 15.98 万 km²,占三江源区面积的 54.2%,多年平均径流量 179.4 亿 m³,占三江源区多年平均径流量的 42.3%。

2.6.3　澜沧江源区

澜沧江发源于青海省唐古拉山北麓查加日玛的西南侧,经西藏、云南出国境后称湄公河,其干流在青海省境内称扎曲,由西北流向东南,经青海省杂多、囊谦两县,于打如达村以下约 4 km 处入西藏境内,青海省境内河道长 448 km,落差 1 553 m,平均比降 3.47‰。主要支流:左岸有子曲,右岸有吉曲、巴曲等,大体平行于干流,均为澜沧江的一级支流,在下游的西藏境内先后汇入干流。

澜沧江流域属青海省降水较多的地区,河网密集,水量较丰沛,集水面积 500 km² 以上的河流有 20 条,集水面积 300 km² 以上的河流有 33 条。澜沧江源区青海省内流域面积 3.73 万 km²,占三江源区流域面积的 12.7%,多年平均径流量 108.9 亿 m³,占三江源区多年平均径流量的 25.7%。

第 3 章 三江源区典型林草耗水试验

3.1 试验目的

在三江源区不同海拔、不同生态类型共布设 6 个蒸渗场,使用蒸渗仪观测乔灌草、典型群落的耗水,得到三江源区典型群落、牧草、乔灌木的全生育期耗水量范围及年内耗水规律。

对乔灌草、典型群落的蒸渗仪进行人工降水模拟试验,通过梯度人工降水,分析乔灌草、典型群落人工降水与径流产生的关系,得到不同植被类型在降水时地表产流的降水临界值。

3.2 试验方案

3.2.1 蒸渗仪

乔灌草耗水、典型群落耗水主要使用蒸渗仪装置进行试验观测,本试验使用的蒸渗仪(lysimeter)根据乔灌草的生物学特性自行设计制造了不同规格型号的蒸渗仪[《一种植物蒸渗观测装置(ZL201921146973.0)》《一种小型土壤蒸渗自动监测装置(ZL201921146987.2)》]。中型蒸渗仪使用常熟市天量仪器的 LT150K 电子天平进行称重,量程为 150 kg,称重分辨率为 1 g,蒸发分辨率为 0.005 1 mm;小型蒸渗仪使用常熟市天量仪器的 LT30KA-1 电子天平进行称重,量程为 30 kg,称重分辨率为 0.1 g,蒸发分辨率为 0.003 18 mm。蒸渗仪结构如图 3-1 所示。

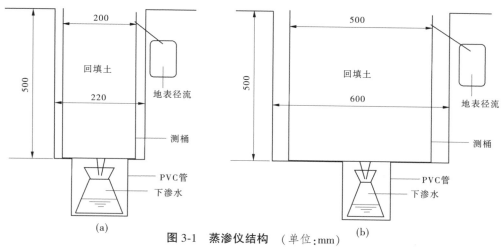

图 3-1 蒸渗仪结构 (单位:mm)

蒸渗仪是一种依据水量平衡原理进行设计的观测装置,通过对测桶重量变化、地下渗漏、地表径流等进行称重观测,进而计算得出植被耗水,是公认的对植被耗水观测最为精准的仪器。

$$耗水量 = 降水 + 凝结水 + 人工供水 - 渗漏水 - 地表径流 - 蓄变量 \qquad (3-1)$$
$$蓄变量 = 本次测桶重量 - 前次测桶重量 \qquad (3-2)$$

3.2.2　蒸渗场布设

根据研究需要,蒸渗场共布设有 6 处,分别在泽库县麦秀镇、班玛县灯塔乡、玛沁县大武镇、玉树市隆宝滩保护区、兴海县子科滩镇、共和县铁盖乡,如表 3-1 所示,蒸渗场观测对象见表 3-2。其中泽库县、班玛县对灌木及乔木进行耗水观测,玛沁县、玉树市对牧草进行观测,兴海县、共和县、玉树市对典型群落进行了观测。兴海县、玛沁县、玉树市的蒸渗场布设在国家气象站 500 m 范围内,使用青海省气象局提供的气象数据。班玛县的蒸渗场使用玛可河林业局提供的气象数据,共和县、泽库县在植被生长季安装雨量筒,对降水进行观测。使用水量平衡公式计算耗水量时,优先使用雨量筒观测数据,没有实测数据,采用气象局提供数据。三江源区"四水"转化及生态需水研究试验点布设见图 3-2。玛沁、玉树、共和、兴海、班玛、泽库等蒸渗场布置见图 3-3~图 3-8。

表 3-1　蒸渗场位置

蒸渗场	经度(东经)	纬度(北纬)	海拔/m
泽库县麦秀镇	101°56′10.56″	35°16′50″	2 941
班玛县灯塔乡	100°52′17.5″	32°42′21.6″	3 271
玛沁县大武镇	100°12′11.17″	34°28′48.85″	3 775
玉树市隆宝滩保护区	96°30′29.5″	33°12′42.4″	4 161
兴海县子科滩镇	99°58′48.06″	35°35′20.03″	3 265
共和县铁盖乡	100°12′25.17″	35°59′47.88″	3 108

表 3-2　蒸渗场观测对象

地点	牧草、灌木、乔木	典型群落
兴海县	—	裸地、垂穗披碱草群落、芨芨草群落
共和县	—	裸地、冰草群落、芨芨草群落
玉树市	嵩草、薹草	裸地、嵩草群落、杂草群落
玛沁县	星星草、针茅、垂穗披碱草、早熟禾	裸地、嵩草群落、金露梅群落

续表 3-2

地点	牧草、灌木、乔木	典型群落
班玛县	乌柳、锦鸡儿、圆柏	—
泽库县	金露梅、小檗	—

图 3-2 三江源区"四水"转化及生态需水研究试验点布设

3.2.3 蒸渗仪安装

选择较为平坦的地面,在地面挖出倒"凸"形的地下室,挖出的土壤每 10 cm 进行分堆放置,回填至蒸渗仪内桶,以保持蒸渗仪内桶土壤结构与原来土壤结构相同。在地下室最底部放入渗漏水收集瓶,将事前切割好的 PVC 管(地下室最窄处直径<PVC 管直径<测桶直径)放置在"凸"字的肩上。土壤回填至测桶之前,先在测桶底部密封板中间打洞,然后焊接漏斗状导流管,严格按照土层顺序,依次回填土壤,测桶内最上层植被土层与测桶顶部平行。将已经安装好的测桶放置在 PVC 管上,使测桶底部的漏斗状导流管对准收集瓶,并与之不接触。测桶除底部与 PVC 管接触外,其余部分均悬空,同时测桶顶部与地面平行。

牧草耗水观测选择直径 200 mm、高 500 mm 的测桶,典型群落、乔灌木耗水观测选择直径 500 mm、高 500 mm 的测桶。

3.2.4 观测频次

全年耗水观测:根据三江源区植被生理特性,分为生长季(5~10 月)、非生长季(11 月至次年 4 月)。生长季每 5 d 进行一次观测,非生长季每 15 d 进行一次称重;称重当天遇到大气降水天气,则往后顺延 1 d。

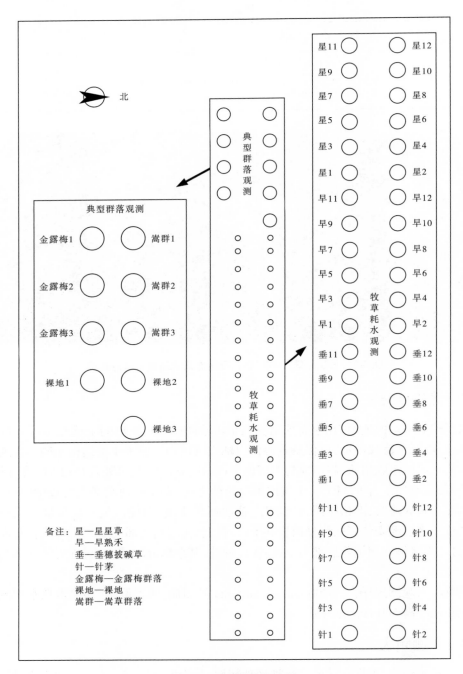

图 3-3　玛沁蒸渗场布置

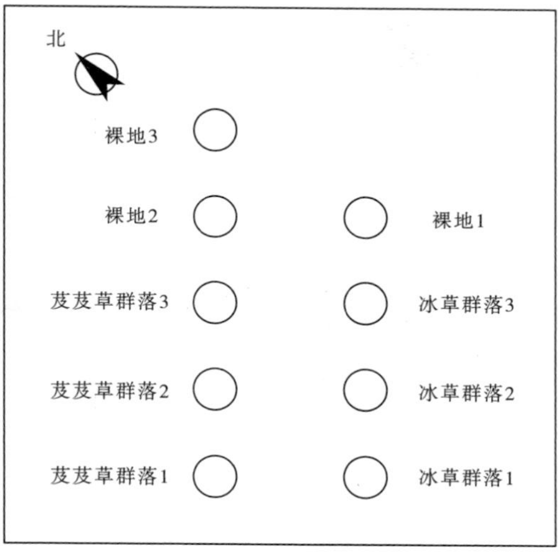

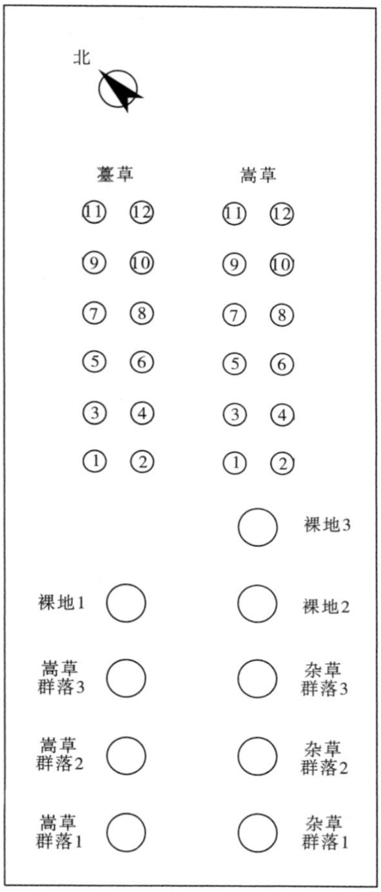

图 3-4 玉树蒸渗场布置

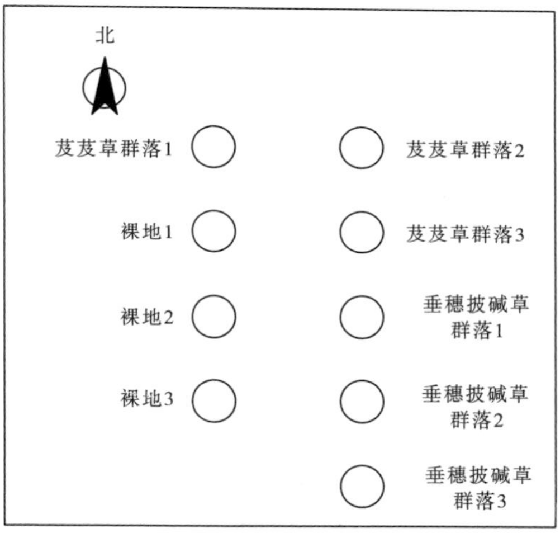

图 3-5 共和蒸渗场布置

图 3-6 兴海蒸渗场布置

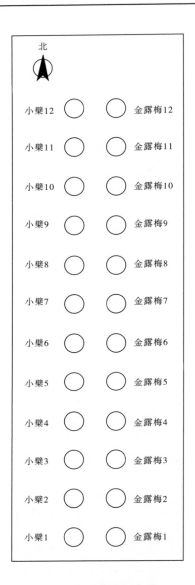

图 3-7　班玛蒸渗场布置　　　　　图 3-8　泽库蒸渗场布置

3.3　结果分析

3.3.1　牧草耗水

　　牧草耗水观测布设在玛沁县大武镇、玉树市隆宝滩湿地保护区,地貌地类型均为高寒草甸。

3.3.1.1　玛沁试验点

玛沁蒸渗场共有四种牧草进行耗水观测（见表 3-3），分别为星星草、针茅、垂穗披碱草、早熟禾，观测期为 2019 年 8 月至 2020 年 9 月，每种牧草设置 2 个重复 6 个处理。通过对观测数据进行单样本 t 检验，星星草 1、星星草 3、星星草 4、星星草 5、星星草 6、星星草 7、星星草 8 在观测期前期未能及时进行草皮移植，致使蒸渗仪土壤及植被不稳定，观测数据不准确，$P>0.05$，未通过检验，没有统计学意义；其余数据 $P<0.05$，通过检验，具有统计学意义。

表 3-3　玛沁试验点牧草 t 检验

牧草种类	P 值	牧草种类	P 值	牧草种类	P 值	牧草种类	P 值
星星草 1	0.051	早熟禾 1	0.002	垂穗披碱草 1	0.004	针茅 1	0.003
星星草 2	0.026	早熟禾 2	0.004	垂穗披碱草 2	0.001	针茅 2	0.002
星星草 3	0.059	早熟禾 3	0.002	垂穗披碱草 3	0.001	针茅 3	0.003
星星草 4	0.056	早熟禾 4	0.005	垂穗披碱草 4	0.005	针茅 4	0.005
星星草 5	0.082	早熟禾 5	0.004	垂穗披碱草 5	0.002	针茅 5	0.005
星星草 6	0.067	早熟禾 6	0.004	垂穗披碱草 6	0.002	针茅 6	0.005
星星草 7	0.084	早熟禾 7	0.006	垂穗披碱草 7	0.001	针茅 7	0.003
星星草 8	0.056	早熟禾 8	0.007	垂穗披碱草 8	0.002	针茅 8	0.003
星星草 9	0.049	早熟禾 9	0.002	垂穗披碱草 9	0.002	针茅 9	0.001
星星草 10	0.011	早熟禾 10	0.002	垂穗披碱草 10	0.002	针茅 10	0.002
星星草 11	0.005	早熟禾 11	0.002	垂穗披碱草 11	0.002	针茅 11	0.001
星星草 12	0.004	早熟禾 12	0.002	垂穗披碱草 12	0.002	针茅 12	0.001

全年降水量为 639.87 mm，星星草全年耗水量为 481.69~513.21 mm，均值为 496.27 mm；早熟禾全年耗水量为 512.03~564.59 mm，均值为 547.34 mm；垂穗披碱草全年耗水量为 521.37~540.75 mm，均值为 529.29 mm；针茅全年耗水量为 518.68~563.79 mm，均值为 544.29 mm。星星草、早熟禾、垂穗披碱草、针茅月耗水量变化见图 3-9。

耗水量从大到小为：早熟禾>针茅>垂穗披碱草>星星草，玛沁 4 种牧草的耗水规律基本一致，4 月随着温度升高，植被返青复苏，耗水量开始上升，7 月达到最大值，植物生理活动逐渐变缓，耗水量也慢慢变小，直至 11 月，植被变黄、枯死，进入休眠期。玛沁试验点牧草月耗水量见表 3-4。

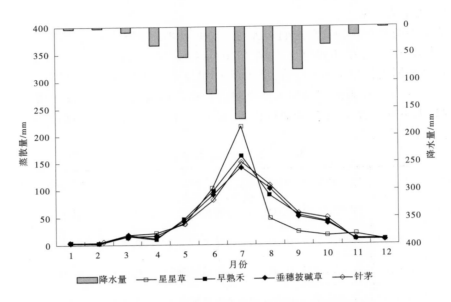

图 3-9　星星草、早熟禾、垂穗披碱草、针茅月耗水量变化

表 3-4　玛沁试验点牧草月耗水量　　　　　　　　　单位:mm

月份	星星草	早熟禾	垂穗披碱草	针茅	降水量
1	2.47	5.03	4.63	4.45	2.45
2	5.26	3.43	3.30	2.22	0.83
3	14.70	17.44	17.06	15.06	7.86
4	19.52	11.13	13.07	16.34	32.81
5	41.34	46.27	42.53	40.03	55.53
6	91.13	96.24	90.47	81.23	123.15
7	188.37	163.09	142.07	151.54	169.00
8	70.49	89.53	102.66	108.26	120.80
9	23.12	53.68	51.29	57.00	78.70
10	15.92	41.64	40.34	48.55	32.72
11	15.70	9.40	11.07	9.71	15.72
12	8.23	10.47	10.80	9.91	0.30
均值	496.27	547.34	529.29	544.29	639.87

　　如表 3-5、表 3-6 所示,玛沁星星草全年渗漏水量 114.75 mm,占降水量的 18%;早熟禾全年渗漏水量 94.20 mm,占降水量的 15%;垂穗披碱草全年渗漏水量 107.37 mm,占降

水量的 17%；针茅全年渗漏水量 104.85 mm，占降水量的 16%。

　　玛沁县 4 种牧草全年渗漏水量与耗水量加和后，与降水量相当，降水量的 78%~86%
用于植被耗水，降水量的 15%~18% 用于地下水流动，其余未利用降水形成地表径流。

表 3-5　玛沁试验点牧草全年耗水量、渗漏水量

单位：mm

项目	星星草	早熟禾	垂穗披碱草	针茅	降水量
全年耗水量	496.27	547.34	529.29	544.29	639.87
全年渗漏水量	114.75	94.20	107.37	104.85	—
合计	611.02	641.54	636.66	649.14	—

表 3-6　玛沁试验点牧草耗水量、渗漏水量占降水量百分比

项目	星星草	早熟禾	垂穗披碱草	针茅
全年耗水量	78%	86%	83%	85%
全年渗漏水量	18%	15%	17%	16%
合计	95%	100%	99%	101%

3.3.1.2　玉树试验点

　　玉树蒸渗场共有 2 种牧草植被耗水观测，分别为薹草、嵩草，观测期为 2019 年 10 月
至 2020 年 10 月，每种牧草设置 2 个重复 6 个处理，如表 3-7 所示。通过对观测数据进行
单样本 t 检验，所有数据 $P<0.05$，通过检验，具有统计学意义。

表 3-7　玉树试验点牧草 t 检验

牧草种类	P 值	牧草种类	P 值
薹草 1	0.000	嵩草 1	0.000
薹草 2	0.000	嵩草 2	0.000
薹草 3	0.000	嵩草 3	0.000
薹草 4	0.000	嵩草 4	0.000
薹草 5	0.001	嵩草 5	0.001
薹草 6	0.000	嵩草 6	0.000
薹草 7	0.000	嵩草 7	0.000
薹草 8	0.000	嵩草 8	0.000
薹草 9	0.000	嵩草 9	0.000
薹草 10	0.000	嵩草 10	0.000
薹草 11	0.000	嵩草 11	0.000
薹草 12	0.000	嵩草 12	0.000

　　玉树市隆宝滩全年降水量为596.28 mm,薹草全年耗水量为497.39~600.18 mm,均值为537.93 mm;嵩草全年耗水量为487.47~552.20 mm,均值为524.95 mm。薹草、嵩草月耗水量变化见图3-10。

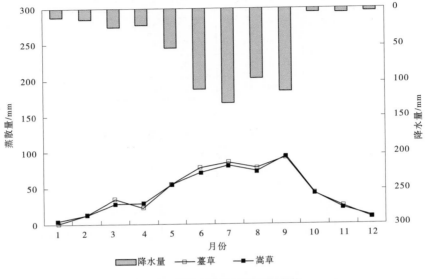

图3-10　薹草、嵩草月耗水量变化

　　玉树市隆宝滩牧草耗水规律和植被生理过程吻合,同时也与当月降水呈正相关。玉树市隆宝滩牧草全年渗漏水量与耗水量之和大于降水量。经试验验证分析,因隆宝滩为湿地,水汽丰盈,夏季凝结水产生概率较高,凝结水产量丰富;同时蒸渗场发生微量降水时,雨量筒及气象站均无反应,蒸渗仪反应明显。以上原因导致观测到的降水量过低、凝结水未参与计算,最终计算植被耗水量偏低、渗漏水量与植被耗水量之和大于降水量。玉树试验点牧草月耗水量见表3-8。

表3-8　玉树试验点牧草月耗水量　　　　　　　　　　　　　　单位:mm

月份	薹草	嵩草	降水量
1	1.17	3.97	11.34
2	12.57	12.63	14.40
3	34.52	28.59	25.16
4	22.53	29.27	22.49
5	55.85	55.25	54.28
6	78.44	71.61	112.26
7	85.78	81.50	130.40
8	77.75	73.24	96.60
9	92.95	94.08	114.00

续表 3-8

月份	薹草	嵩草	降水量
10	43.09	42.00	5.80
11	23.80	22.82	6.05
12	9.49	10.01	3.49
合计	537.94	524.97	596.28
均值	537.93	524.95	596.28

如表 3-9、表 3-10 所示，玉树薹草全年渗漏水量 99.73 mm，占降水量的 17%；嵩草全年渗漏水量 115.83 mm，占降水量的 19%。降水量的 17%～19% 转化为渗漏水，其他均转为植被、土壤耗水。

表 3-9　玉树牧草全年耗水量、全年渗漏水量　　　　　　　单位:mm

项目	薹草	嵩草	降水量
全年耗水量	537.93	524.95	596.28
全年渗漏水量	99.73	115.83	—
合计	637.66	640.78	—

表 3-10　玉树牧草全年耗水量、全年渗漏水量占降水量百分比

项目	薹草	嵩草
全年耗水量	90%	88%
全年渗漏水量	17%	19%
合计	107%	107%

3.3.2　乔、灌木耗水

乔、灌木耗水观测布设在泽库县麦秀镇、班玛县灯塔乡，泽库县为金露梅、小檗，班玛县为圆柏、乌柳、锦鸡儿。

3.3.2.1　泽库试验点

泽库试验点观测期为 2019 年 10 月至 2020 年 10 月，每种灌木设置 2 个重复 6 个处理（见表 3-11）。通过对观测数据进行单样本 t 检验，所有数据 $P<0.05$，通过检验，具有统计学意义。

表 3-11　泽库试验点灌木 t 检验

牧草种类	P 值	牧草种类	P 值
金露梅 1	0.004	小檗 1	0.003
金露梅 2	0.001	小檗 2	0.003

续表 3-11

牧草种类	P 值	牧草种类	P 值
金露梅 3	0.001	小檗 3	0.004
金露梅 4	0.006	小檗 4	0.003
金露梅 5	0.009	小檗 5	0.002
金露梅 6	0.005	小檗 6	0.007
金露梅 7	0.009	小檗 7	0.004
金露梅 8	0.012	小檗 8	0.002
金露梅 9	0.005	小檗 9	0.003
金露梅 10	0.005	小檗 10	0.004
金露梅 11	0.005	小檗 11	0.006
金露梅 12	0.004	小檗 12	0.005

泽库全年降水量为 492.31 mm,金露梅全年耗水量为 509.52~561.12 mm,均值为 535.49 mm;小檗全年耗水量为 509.09~547.66 mm,均值为 526.22 mm,金露梅、小檗月耗水量变化见图 3-11。

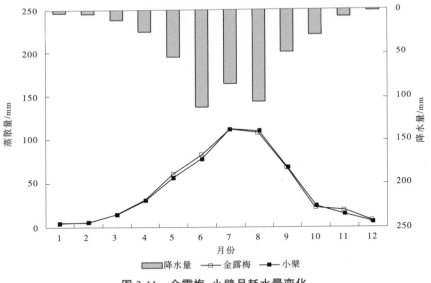

图 3-11　金露梅、小檗月耗水量变化

泽库灌木耗水 4 月开始上升,7 月达到最大值,随后下降,11 月温度下降,植被生理活动停止,耗水变弱,如表 3-12 所示。

如表 3-13、表 3-14 所示,金露梅全年渗漏水量为 0.81 mm,小檗全年渗漏水量为 0.36 mm,可忽略不计。泽库灌木的年耗水量大于降水量。

表 3-12   泽库灌木月耗水量   单位:mm

月份	金露梅	小檗	降水量
1	4.88	4.83	3.52
2	5.81	5.54	4.70
3	15.17	15.79	12.12
4	30.39	30.26	25.84
5	61.61	56.98	54.67
6	82.81	78.19	113.30
7	111.74	111.83	85.00
8	107.41	109.37	106.20
9	67.23	67.81	49.20
10	22.84	24.27	29.00
11	19.32	15.35	8.60
12	6.28	6.00	0.16
均值	535.49	516.22	492.31

表 3-13   泽库灌木全年耗水量、全年渗漏水量   单位:mm

项目	金露梅	小檗	降水量
全年耗水量	535.49	526.22	492.31
全年渗漏水量	0.81	0.36	—
合计	536.30	526.58	—

表 3-14   泽库灌木全年耗水量、全年渗漏水量占降水量百分比

项目	金露梅	小檗
全年耗水量	109%	107%
全年渗漏水量	0%	0%
合计	109%	107%

3.3.2.2   班玛试验点

班玛试验点观测期为 2019 年 9 月至 2020 年 10 月,每种灌木设置 2 个重复 4 个处理(见表 3-15)。通过对观测数据进行单样本 t 检验,所有数据 $P<0.05$,通过检验,具有统计

学意义。

表 3-15　班玛试验点乔、灌木 t 检验

牧草种类	P 值	牧草种类	P 值	牧草种类	P 值
锦鸡儿 1	0.000	圆柏 1	0.000	乌柳 1	0.000
锦鸡儿 2	0.000	圆柏 2	0.000	乌柳 2	0.000
锦鸡儿 3	0.000	圆柏 3	0.000	乌柳 3	0.000
锦鸡儿 4	0.000	圆柏 4	0.000	乌柳 4	0.000
锦鸡儿 5	0.000	圆柏 5	0.000	乌柳 5	0.000
锦鸡儿 6	0.000	圆柏 6	0.000	乌柳 6	0.000
锦鸡儿 7	0.000	圆柏 7	0.000	乌柳 7	0.000
锦鸡儿 8	0.000	圆柏 8	0.000	乌柳 8	0.000

班玛试验点全年降水量为 599.93 mm,锦鸡儿全年耗水量为 542.32~674.11 mm,均值为 629.19 mm;圆柏全年耗水量为 574.35~699.17 mm,均值为 639.76 mm;乌柳全年耗水量为 545.72~762.72 mm,均值为 631.43 mm。锦鸡儿、圆柏、乌柳月耗水量变化见图 3-12。

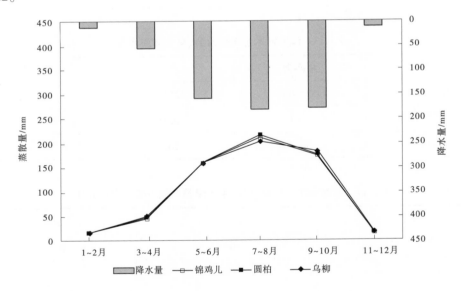

图 3-12　锦鸡儿、圆柏、乌柳月耗水量变化

班玛耗水量从大到小排序为:圆柏>乌柳>锦鸡儿,灌木耗水量随植被返青、发芽开始逐渐上升,7~8 月达到最大后开始下降,11 月植被进入休眠期,耗水量变小,如表 3-16 所示。

如表 3-16~表 3-18 所示,锦鸡儿全年渗漏水量为 26.17 mm,占降水量的 4%;圆柏全年渗漏水量为 28.59 mm,占降水量的 5%;乌柳全年渗漏水量为 23.34 mm,占降水量的 4%。

表 3-16　班玛乔、灌木月耗水量　　　　　　单位:mm

月份	锦鸡儿	圆柏	乌柳	降水量
1~2	16.62	17.93	17.35	12.12
3~4	46.76	49.60	50.29	55.48
5~6	159.25	159.64	159.48	159.81
7~8	212.61	217.31	204.09	182.46
9~10	174.95	177.37	182.04	179.90
11~12	19.00	17.91	18.18	10.16
均值	629.19	639.76	631.43	599.93

表 3-17　班玛乔、灌木全年耗水量、全年渗漏水量　　　　　　单位:mm

种类	锦鸡儿	圆柏	乌柳	降水量
全年耗水量	629.19	639.76	631.43	599.93
全年渗漏水量	26.17	28.59	23.34	——
合计	655.36	668.35	654.77	——

表 3-18　班玛乔、灌木全年耗水量、全年渗漏水量占降水量百分比

种类	锦鸡儿	圆柏	乌柳
全年耗水量	105%	107%	105%
全年渗漏水量	4%	5%	4%
合计	109%	111%	109%

乔、灌木的耗水量大于降水量,班玛蒸渗场布设在玛可河原始森林,夏季露水发生频率高,且设备无法观测到的短时零星小雨较多,计算耗水量虽大于降水量,但仍存在低估的情况。

3.3.3　典型群落耗水

典型群落耗水主要布设在兴海、共和、玉树,每个试验区布置 2 个典型群落及 1 个裸地,每地 9 个蒸渗仪。兴海试验点以垂穗披碱草群落、芨芨草群落为主,裸地作为对照组。共和试验点以冰草群落、芨芨草群落为主,裸地作为对照组。玉树试验点以嵩草群落、杂

草群落为主,裸地作为对照组。玛沁试验点以嵩草群落、金露梅群落为主,裸地作为对照组。

3.3.3.1　兴海试验点

兴海试验点的观测期为 2019 年 11 月至 2020 年 10 月,每个群落设置 1 个重复 3 个处理(见表 3-19)。通过对观测数据进行单样本 t 检验,所有数据 $P<0.05$,通过检验,具有统计学意义。

表 3-19　兴海试验点典型群落 t 检验

牧草种类	P 值	牧草种类	P 值	牧草种类	P 值
裸地 1	0.000	芨芨草群落 1	0.001	垂穗披碱草群落 1	0.001
裸地 2	0.000	芨芨草群落 2	0.001	垂穗披碱草群落 2	0.000
裸地 3	0.000	芨芨草群落 3	0.001	垂穗披碱草群落 3	0.001

兴海试验点全年降水量为 377.57 mm,裸地全年耗水量为 326.55～362.64 mm,均值为 347.56 mm;芨芨草群落全年耗水量为 360.14～388.45 mm,均值为 383.88 mm;垂穗披碱草群落全年耗水量为 369.99～391.67 mm,均值为 378.74 mm。芨芨草群落的全年耗水量大于垂穗披碱草群落的全年耗水量。裸地、芨芨草群落、垂穗披碱草群落月耗水量变化见图 3-13。兴海试验点裸地、芨芨草群落、垂穗披碱草群落月耗水量见表 3-20。

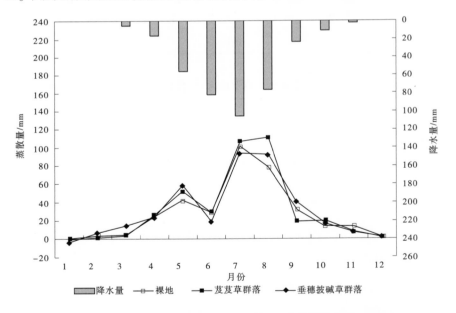

图 3-13　兴海试验点裸地、芨芨草群落、垂穗披碱草群落月耗水量变化

表 3-20 兴海试验点裸地、芨芨草群落、垂穗披碱草群落月耗水量 单位:mm

月份	裸地	芨芨草群落	垂穗披碱草群落	降水量
1	−2.86	−1.27	−3.20	0.25
2	10.55	1.37	6.64	0.22
3	0.05	0.73	14.38	5.00
4	24.39	26.50	24.05	16.19
5	42.95	59.34	65.20	56.06
6	28.79	29.28	18.87	82.03
7	101.66	106.61	93.72	105.05
8	78.83	112.00	91.67	76.51
9	31.51	19.56	40.94	23.40
10	14.81	19.88	16.64	10.50
11	13.90	7.96	7.71	2.32
12	2.97	1.92	2.11	0.04
均值	347.56	383.88	378.74	377.57

如表 3-21、表 3-22 所示,兴海裸地全年渗漏水量 45.26 mm,占降水量的 12%;芨芨草群落全年渗漏水量 70.36 mm。占降水量的 19%;垂穗披碱草群落全年渗漏水量 51.13 mm,占降水量的 14%。

表 3-21 兴海试验点典型群落全年耗水量、全年渗漏水量 单位:mm

项目	裸地	芨芨草群落	垂穗披碱草群落	降水量
全年耗水量	347.56	383.88	378.74	377.57
全年渗漏水量	45.26	70.36	51.13	
合计	392.82	454.24	429.87	

表 3-22 兴海试验点典型群落全年耗水量、全年渗漏水量占降水量百分比

项目	裸地	芨芨草群落	垂穗披碱草群落
全年耗水量	92%	102%	100%
全年渗漏水量	12%	19%	14%
合计	104%	120%	114%

因冬季固态降水数据缺失,故 1 月典型群落蒸散计算结果为负值(见表 3-20),11 月、12 月、2 月、3 月耗水量存在低估情况,最终计算全年蒸散量存在低估情况。

3.3.3.2 共和试验点

共和试验点的观测期为 2019 年 9 月至 2020 年 10 月,每个群落设置 1 个重复 3 个处理(见表 3-23),通过对观测数据进行单样本 t 检验,所有数据 $P<0.05$,通过检验,具有统计学意义。共和试验点裸地、芨芨草群落、冰草群落月耗水量见表 3-24。裸地、芨芨草群落、冰草群落月耗水量变化见图 3-14。

表 3-23　共和试验点典型群落 t 检验

牧草种类	P 值	牧草种类	P 值	牧草种类	P 值
裸地 1	0.001	芨芨草群落 1	0.001	冰草群落 1	0.001
裸地 2	0.001	芨芨草群落 2	0.001	冰草群落 2	0.001
裸地 3	0.000	芨芨草群落 3	0.001	冰草群落 3	0.001

表 3-24　共和试验点裸地、芨芨草群落、冰草群落月耗水量　　单位:mm

月份	裸地	芨芨草群落	冰草群落	降水量
1	−5.89	−6.58	−5.68	1.18
2	−3.87	−5.00	−5.54	0.26
3	2.19	0.43	0.82	4.27
4	13.00	3.15	14.18	10.63
5	52.54	61.66	54.91	54.20
6	52.99	66.18	53.97	80.10
7	87.63	100.26	90.60	97.65
8	115.16	99.63	114.23	83.06
9	46.90	34.79	40.42	21.20
10	12.31	10.42	12.64	12.20
11	7.33	3.19	5.28	1.87
12	3.72	2.57	3.21	0.46
均值	384.01	370.70	379.04	367.08

如表 3-25 所示,共和试验点全年降水量为 367.08 mm,裸地全年耗水量为 379.82~389.74 mm,均值为 384.01 mm;芨芨草群落全年耗水量为 360.72~377.12 mm,均值为 370.70 mm;冰草群落全年耗水量为 376.60~382.20 mm,均值为 379.04 mm。

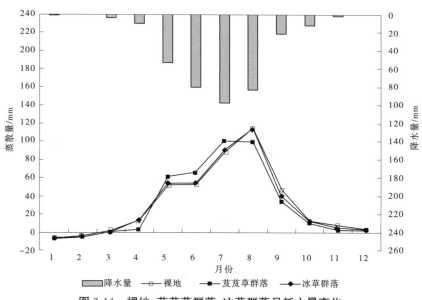

图 3-14　裸地、芨芨草群落、冰草群落月耗水量变化

表 3-25　共和试验点典型群落全年耗水量占降水量百分比

项目	裸地	芨芨草群落	冰草群落	降水量
全年耗水量/mm	384.01	370.70	379.04	367.08
占降水量百分比/%	105	101	103	—

共和仅观测到冰草群落全年渗漏水量 0.3 mm,故该地渗漏水忽略不计。

因冬季固态降水数据缺失,裸地与冰草群落 1 月、2 月裸地耗水量计算结果为负值, 11 月、12 月、3 月、4 月耗水量存在低估情况;芨芨草群落 1 月、2 月裸地耗水量计算结果为负值,11 月、12 月、3 月、4 月耗水量存在低估情况;共和试验点最终计算全年耗水量存在低估情况。

兴海、共和试验点年降水量均低于玛沁、班玛、泽库、玉树等试验点年降水量,植被类型为高寒草地、荒漠草地,植被稀疏、地面裸露较多。4 月植被及裸地耗水量开始增大,6 月降水量虽大于 5 月降水量,但植被耗水量仍出现下降,除兴海试验点裸地、垂穗披碱草群落在 7 月达到最大值,兴海试验点芨芨草群落与共和试验点裸地、芨芨草群落、冰草群落均在 8 月达到耗水量最大值,随后下降;11 月植被进入休眠期,耗水量稳定在一个较低的水平。

3.3.3.3　玉树试验点

玉树试验点的观测期为 2019 年 10 月至 2020 年 10 月,每个群落设置 1 个重复 3 个处理(见表 3-26)。通过对观测数据进行单样本 t 检验,所有数据 $P<0.05$,通过检验,具有统计学意义。玉树试验点裸地、嵩草群落、杂草群落月耗水量见表 3-27。相应的月耗水量变化见图 3-15。

表 3-26　玉树试验点典型群落 t 检验

牧草种类	P 值	牧草种类	P 值	牧草种类	P 值
裸地 1	0.000	嵩草群落 1	0.000	杂草群落 1	0.001
裸地 2	0.000	嵩草群落 2	0.000	杂草群落 2	0.001
裸地 3	0.000	嵩草群落 3	0.001	杂草群落 3	0.001

表 3-27　玉树裸地、嵩草群落、杂草群落月耗水量

单位:mm

月份	裸地	嵩草群落	杂草群落	降水量
1	4.36	5.25	8.48	11.34
2	5.69	4.81	4.88	14.40
3	35.60	36.82	28.20	25.16
4	34.09	22.89	30.41	22.49
5	42.74	53.05	53.23	54.28
6	118.78	115.18	113.40	112.26
7	97.87	102.85	107.31	130.40
8	110.58	129.10	141.69	96.60
9	90.10	79.39	74.42	114.00
10	50.27	59.37	56.79	5.80
11	11.64	17.00	23.11	6.05
12	6.39	4.33	8.39	3.49
均值	608.12	630.05	650.32	596.28

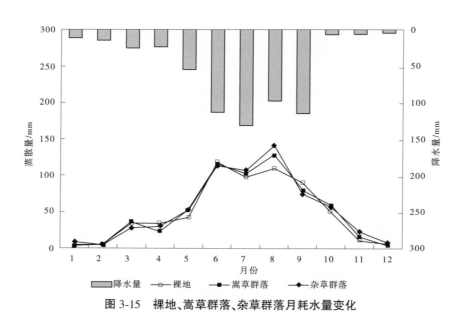

图 3-15　裸地、嵩草群落、杂草群落月耗水量变化

如表 3-28 所示,玉树全年降水量为 596.28 mm,裸地全年耗水量为 507.58~618.65 mm,均值为 608.12 mm;嵩草群落全年耗水量为 612.62~649.27 mm,均值为 630.05 mm;杂草群落全年耗水量为 645.81~687.46 mm,均值为 650.32 mm。

表 3-28　玉树典型群落全年降水量、全年耗水量　　　　单位:mm

项目	裸地	嵩草群落	杂草群落	降水量
全年耗水量	608.12	630.05	650.32	596.28
全年渗漏水量	33.99	10.35	9.25	
合计	642.11	640.40	659.57	

玉树典型群落耗水量上升开始于 5 月,6 月达到第一个高峰值,7 月出现下降,8 月达到全年最大值,随后急剧下降至 11 月,趋于稳定。相应的月耗水量变化见图 3-15。

如表 3-29 所示,玉树裸地全年渗漏水量 33.99 mm,占降水量的 6%;嵩草群落全年渗漏水量 10.35 mm,占降水量的 2%;杂草群落全年渗漏水量 9.25 mm,占降水量的 2%。

表 3-29　玉树典型群落耗水量、渗漏水量占降水量百分比

项目	裸地	嵩草群落	杂草群落
全年耗水量	102%	106%	109%
全年渗漏水量	6%	2%	2%
合计	108%	107%	111%

3.3.3.4　玛沁试验点

玛沁试验点的典型群落观测,因设备在观测期间损坏,仅在 2019 年 9 月、10 月及 2020 年 9 月得到了 3 组有效数据,通过对数据的计算,可以得到典型群落一个生长周期的耗水量。

玛沁试验点的观测期为 2019 年 9 月至 2020 年 9 月,每个群落设置 1 个重复 3 个处理,玛沁全年降水量为 639.87 mm。裸地全年耗水量为 609.86~649.71 mm,均值为 635.37 mm;嵩草群落全年耗水量为 628.09~641.49 mm,均值为 636.64 mm;金露梅群落全年耗水量为 633.6~653.63 mm,均值为 640.98 mm(见表 3-30)。

表 3-30　玛沁试验点典型群落全年降水量、全年耗水量　　　　单位:mm

项目	裸地	嵩草群落	金露梅群落	降水量
全年耗水量	635.37	636.64	640.98	639.87
全年渗漏水量	8.32	14.58	9.85	
合计	643.69	651.22	650.83	

玛沁试验点典型群落的耗水量与渗漏水量相加,与年降水量相差不大;因观测期间设备损坏,大部分渗漏水量未能进行及时观测、记录,实际记录到的渗漏水量较少,未记录到的渗漏水量根据水量平衡原理,计算时归入耗水量,致使典型群落耗水量整体较牧草耗水量偏大很多。

3.3.4 人工降水模拟试验

3.3.4.1 试验目的

对乔灌草、典型群落的蒸渗仪进行人工降水模拟试验,通过梯度人工降水,分析乔灌草、典型群落人工降水与径流产生的关系,得到不同植被类型在降水时地表产流的降水临界值。

3.3.4.2 试验方案

人工降水模拟试验,对相同的植被进行梯度人工降水,找到发生降水时产生地表渗漏的降水临界值。

人工降水径流关系试验,使用花洒、蒸渗仪进行梯度模拟降水,直至产生地表径流,以寻求降水径流关系。根据各试验地地理条件及气象条件确定各地降水梯度。

玛沁牧草每组试验设置 2 个重复 6 个处理,1 个处理为对照组,不进行人工降水,其余 5 个处理,从 4 mm 开始,每 4 mm 一个梯度,共 5 个梯度。

玉树牧草每组试验设置 2 个重复 6 个处理,1 个处理为对照组,不进行人工降水,其余 5 个处理,从 4 mm 开始,每 4 mm 一个梯度,共 5 个梯度。

玉树典型群落每组试验设置 1 个重复 3 个处理,1 个处理为对照组,不进行人工降水,其余 2 个处理,从 15 mm 开始,每 5 mm 一个梯度,进行两次人工降水,第一次人工降水为 15 mm、20 mm 的降水,若没有产生径流,立刻进行第二次人工降水,均为 10 mm 的降水。

泽库灌木每组试验设置 2 个重复 6 个处理,1 个处理为对照组,不进行人工降水,其余 5 个处理,从 10 mm 开始,每 4 mm 一个梯度,共 5 个梯度。

班玛乔、灌木每组试验设置 2 个重复 4 个处理,1 个处理为对照组,不进行人工降水,其余 3 个处理,从 20 mm 开始,每 5 mm 一个梯度,共 3 个梯度。

玛沁牧草在实际的人工降水径流试验中,只有垂穗披碱草产生了地表径流,其他测桶未产生地表径流。基于此,选择针茅、早熟禾测桶,对测桶一直使用花洒进行人工降水,直至测桶产生地表径流后停止花洒降水,计算降水量,然后每 30 min 对地表径流、地下渗漏水量进行测量称重。

3.3.4.3 人工降水与径流关系

选择在高寒草甸和森林地貌进行人工降水径流关系试验,2021 年 5 月、6 月分别在玛沁与玉树、泽库与班玛 4 个地方进行人工降水径流试验。

玛沁垂穗披碱草在 10 mm 梯度的降水量中,共收集到 4.90 mm 的地表径流量,未产生地下渗漏水量;针茅测桶在降水量达到 11.57 mm 时,开始产生地表径流量,共收集到 1.81 mm 的地表径流量、1.81 mm 的地下渗漏水量;早熟禾在降水量达到 8.19 mm 时,开始产生地表径流量,共收集到 2.80 mm 的地表径流量、0.04 mm 的渗漏水量(见表 3-31)。星星草在降水量达到 16 mm 时,未产生地表径流量;裸地、嵩草群落、金露梅群落在降水量达到 10 mm 时,未产生地表径流量。

玉树的裸地在 25 mm 的人工降水试验中产生了地表径流量,在降水量 23.26 mm 时,开始产生地表径流量,共产生 0.47 mm 的地表径流量、1.73 mm 的渗漏水量。嵩草群落、杂草群落在降水量达到 30 mm 时,均未产生地表径流量,嵩草、薹草两种牧草在降水量达到 35 mm 时,均未产生地表径流量,人工降水试验结果见表 3-31。

表 3-31　人工降水试验结果

单位:mm

试验点	牧草种类	降水量	渗漏水量	地表径流量
玛沁	垂穗披碱草	10.00	0	4.90
	针茅	11.57	1.81	1.81
	早熟禾	8.19	0.04	2.80
玉树	裸地	23.26	1.73	0.47

泽库、班玛的乔、灌木在人工降水量分别达到 35 mm、30 mm 时,均未产生地表径流量。

三江源区年降水量偏少,且有较少的短时强降水,因此降水的主要去处为渗漏水(地下水)、植被腾发与土壤蒸腾,地表产流较少。植被耗水的主要来源为表层土壤储存水,较深处土壤水向低处流动转为地下水,而三江源区河流水非降水主要来源为地下水出渗。

高寒草甸在降水量达到一定程度时,均会产生地表径流,根据地表植被、土壤性质的不同,产生地表径流的降水临界值不同,玛沁试验地布设在季节性河流北岸,地表植被生长较好,植被覆盖度达 95%,土壤为砂土及少许黏土,土壤空隙小,水分子不容易通过,因此发生降水时,表层植被先进行拦截,随后补充土壤水,当表层土壤水达到饱和,水分子向下路径受阻,地表逐渐形成积水并横向流动。玉树试验地布设在沼泽湿地旁,土壤为黏土、砂石混合和较大块碎石,测桶上层土壤孔隙度大,下层透气性差,产生降水时,水分先补充土壤水,并开始下渗,有植被的测桶,植被覆盖率达 95%,表层植被拦截降水量大,仅有裸地测桶产生地表径流,裸地测桶表层土壤裸露,仅有零星植被覆盖度不到 3%,没有表层植被拦截,因此汇集产生地表径流。

泽库与班玛为原始森林,土壤相对松软,地面植被丰富,地表长有苔藓、地衣等,降水截流明显,这些都是降水被拦截的原因,因此未能产生地表径流。

3.3.5　潜在蒸发

三江源区潜在蒸发采用 Penman-Monteith 公式进行计算,Penman-Monteith 公式依据的是能量平衡原理和水汽扩散原理及空气的热导定律,公式如下:

$$ET_0 = \frac{0.408\Delta(R_n - G) + \gamma \dfrac{900}{T + 273}\mu_2(e_s - e_a)}{\Delta + \gamma(1 + 0.34\mu_2)} \qquad (3-3)$$

式中:ET_0 为参考作物蒸散发量,mm;R_n 为净辐射,MJ/(m² · d);G 为土壤通量,MJ/(m² · d);T 为平均气温,℃;μ_2 为 2 m 处风速,m/s;e_s 为饱和水气压,kPa;e_a 为实际

水汽压,kPa;γ 为干湿表常数;Δ 为水汽压曲线斜率,kPa/℃。

使用观测期气象数据进行潜在蒸发计算,结果如图 3-16、图 3-17 所示。三江源区潜在蒸发整体在 3 月开始回升,5 月蒸发量达到最大,随后开始平稳回落,整个生长季蒸发量大于非生长季。年潜在蒸发量从大到小排列:同仁(821.94 mm)>共和(633.59 mm)>兴海(543.2 mm)>班玛(491.13 mm)>玉树(490.30 mm)>玛沁(454.95 mm)>泽库(414.24 mm)。

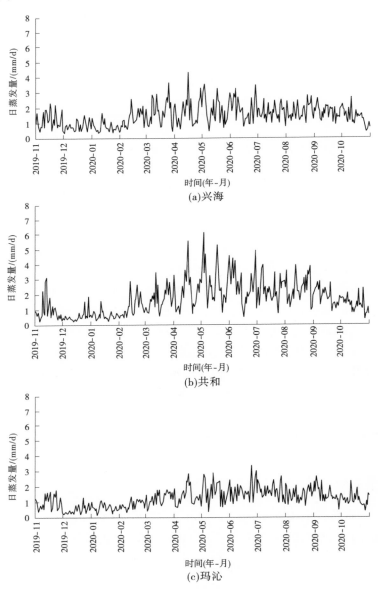

图 3-16　潜在蒸发量日变化

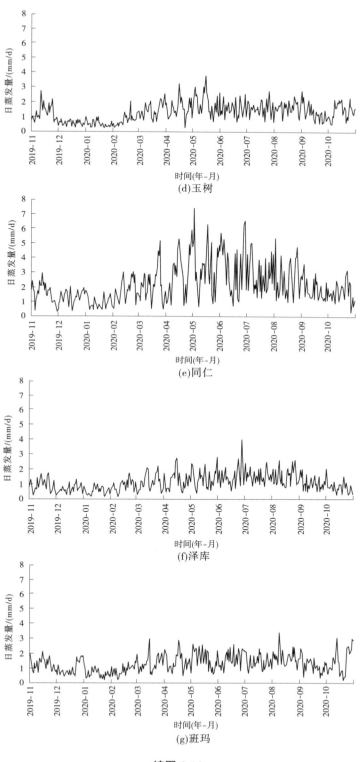

(d)玉树

(e)同仁

(f)泽库

(g)班玛

续图 3-16

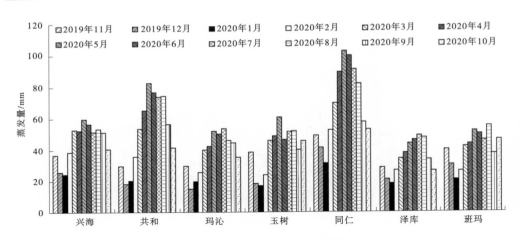

图 3-17　试验点潜在蒸发量月变化

潜在蒸发年内变化趋势与蒸渗仪实测蒸散发量不一致,年潜在蒸发量大小与蒸渗仪实测蒸散发量也不一致。冬季潜在蒸发量高于实际蒸发量,夏季潜在蒸发量低于实际蒸发量。

3.3.6　作物系数

作物系数为实际蒸散量(ET,mm)与参考蒸散量(ET$_0$,mm)的比值:

$$K_c = ET/ET_0 \tag{3-4}$$

按月份计算各地作物系数(见表 3-32),同仁、泽库气象站均在县城内,因泽库试验地为原始森林,且位于两县城交界处,故泽库参考蒸散量取同仁、泽库两地平均值。三江源区作物系数呈现非生长季高、生长季低的特点,而共和、兴海因冬季月份实际蒸发计算出现负值,K_c 也表现为负值。这是因为 P–M 公式在生长季对蒸散量计算结果偏高,生长季结果偏低。

表 3-32　不同植被类型作物系数

试验点	牧草种类	2019 年		2020 年									
		11 月	12 月	1 月	2 月	3 月	4 月	5 月	6 月	7 月	8 月	9 月	10 月
兴海	裸地	0.38	0.12	0.03	0.11	0.09	0.46	0.72	0.51	1.98	1.48	0.61	0.37
	芨芨草群落	0.22	0.08	0.01	0.04	0.08	0.50	0.89	0.52	2.07	2.10	0.38	0.49
	垂穗披碱草群落	0.21	0.08	-0.13	0.17	0.27	0.46	0.99	0.33	1.82	1.72	0.80	0.41
共和	裸地	0.24	0.20	-0.29	-0.11	0.04	0.20	0.63	0.69	1.18	1.54	0.82	0.29
	芨芨草	0.11	0.14	-0.32	-0.14	0.01	0.05	0.74	0.86	1.35	1.33	0.61	0.25
	冰草	0.17	0.17	-0.28	-0.15	0.02	0.22	0.66	0.70	1.22	1.53	0.71	0.30

续表 3-32

试验点	牧草种类	2019 年		2020 年									
		11 月	12 月	1 月	2 月	3 月	4 月	5 月	6 月	7 月	8 月	9 月	10 月
玛沁	星星草	0.53	0.54	0.12	0.21	0.37	0.46	0.79	1.81	3.51	1.53	0.60	0.44
	早熟禾	0.32	0.69	0.25	0.13	0.43	0.26	0.89	1.92	3.04	1.94	1.39	1.16
	垂穗披碱草	0.37	0.71	0.23	0.13	0.43	0.31	0.82	1.80	2.64	2.22	1.33	1.13
	针茅	0.33	0.65	0.22	0.09	0.38	0.39	0.77	1.62	2.82	2.35	1.48	1.36
玉树	薹草	0.62	0.52	0.07	0.53	0.76	0.46	0.92	1.71	1.68	1.51	2.35	0.94
	嵩草	0.60	0.54	0.24	0.53	0.63	0.60	0.91	1.56	1.60	1.42	2.38	0.92
	裸地	0.30	0.35	0.26	0.24	0.78	0.70	0.71	2.59	1.92	2.15	2.27	1.10
	嵩草群落	0.44	0.24	0.31	0.20	0.81	0.47	0.88	2.51	2.01	2.51	2.00	1.30
	杂草群落	0.60	0.46	0.50	0.21	0.62	0.62	0.88	2.47	2.10	2.75	1.88	1.24
班玛	锦鸡儿	0.30	0.32	0.33	0.37	0.56	0.53	1.38	1.74	2.31	1.92	2.87	1.92
	圆柏	0.31	0.25	0.30	0.44	0.57	0.58	1.38	1.74	2.36	1.96	2.93	1.93
	乌柳	0.29	0.29	0.33	0.40	0.56	0.61	1.40	1.72	2.22	1.84	2.95	2.03
泽库	金露梅	0.49	0.20	0.20	0.15	0.29	0.48	0.84	1.14	1.60	1.66	1.46	0.57
	小檗	0.39	0.19	0.19	0.14	0.30	0.48	0.77	1.08	1.60	1.69	1.48	0.61

3.3.7 多元线性回归

以月均温度、月均空气湿度为自变量,对各植被类型月 K_c 进行多元线性回归,得到回归方程,结果见表 3-33,$R^2<0.05$,结果良好。

表 3-33 不同植被类型月 K_c 线性回归方程

植被类型	回归方程	R^2
荒漠	$y=0.022T+0.039RH-1.554$	0
荒漠草原	$y=0.027T+0.027RH-1.017$	0
草原	$y=0.029T+0.021RH-0.737$	0
高寒草甸	$y=0.028T+0.059RH-2.600$	0
林灌	$y=0.009T+0.061RH-2.740$	0

按照植被类型对各地月 K_c 进行计算,结果如表 3-34～表 3-38 所示。

表 3-34　三江源区荒漠月 K_c 计算结果

地区	2019 年		2020 年									
	11 月	12 月	1 月	2 月	3 月	4 月	5 月	6 月	7 月	8 月	9 月	10 月
兴海	0.45	-0.15	0.07	-0.51	0.08	0.57	0.97	1.34	1.62	1.59	1.26	0.76
共和	0.51	0.12	0.23	-0.48	0	0.34	0.66	0.96	1.36	1.32	1.28	0.83
贵德	0.12	-0.28	0.04	-0.45	-0.05	0.12	0.55	0.98	1.24	1.40	1.18	0.63
贵南	0.56	0.05	0.46	-0.19	0.28	0.66	0.95	1.37	1.65	1.55	1.43	0.99
班玛	0.53	0.08	0.28	0.20	0.52	0.84	1.03	1.47	1.62	1.46	1.64	1.40
沱沱河	0.23	-0.29	0.06	0	0.02	0.52	0.72	1.27	1.49	1.34	1.24	-0.03
称多	0.88	0.54	0.64	0.70	0.87	1.04	1.13	1.54	1.51	1.42	1.52	0.90
达日	0.69	0.74	0.57	0.17	0.57	0.86	0.97	1.33	1.44	1.31	1.37	1.08
甘德	0.89	0.66	0.81	0.58	0.88	0.87	1.14	1.42	1.53	1.46	1.47	1.15
河南	0.80	0.38	0.63	0.32	0.74	1.01	1.16	1.52	1.65	1.62	1.63	1.45
尖扎	0.34	0.01	0.28	-0.28	0.03	0.16	0.57	1.01	1.34	1.39	1.35	0.67
玛多	0.72	0.21	0.57	0.17	0.57	0.49	0.77	1.25	1.24	1.26	1.03	0.24
玛沁	0.70	0.32	0.31	0.12	0.47	0.71	0.98	1.38	1.52	1.45	1.34	1.10
囊谦	0.34	0.08	0.02	-0.02	-0.02	0.50	0.71	1.34	1.57	1.19	1.44	0.84
曲麻莱	0.67	0.21	0.36	0	0.33	0.73	0.82	1.41	1.38	1.31	1.40	0.39
同德	0.46	-0.14	0.25	-0.26	0.31	0.64	0.92	1.34	1.51	1.50	1.27	0.82
泽库	0.78	0.16	0.50	0.12	0.67	0.95	1.22	1.56	1.73	1.68	1.73	1.44
同仁	0.34	-0.16	0.33	-0.24	0.21	0.41	0.75	1.15	1.46	1.50	1.49	0.95
杂多	0.29	-0.03	0.43	0.33	0.42	0.63	0.81	1.37	1.37	1.17	1.35	0.38
玉树	0.50	0.23	0.44	0.30	0.40	0.70	0.75	1.50	1.54	1.46	1.58	1.03
治多	0.38	-0.10	0.46	0.03	0.23	0.55	0.70	1.30	1.31	1.26	1.40	0.40
久治	0.53	0.08	0.28	0.20	0.52	0.84	1.03	1.47	1.62	1.46	1.64	1.40

表 3-35　三江源区荒漠草原月 K_c 计算结果

地区	2019 年		2020 年									
	11 月	12 月	1 月	2 月	3 月	4 月	5 月	6 月	7 月	8 月	9 月	10 月
兴海	0.33	-0.19	-0.01	-0.39	0.10	0.47	0.80	1.10	1.33	1.30	1.04	0.60
共和	0.40	0.04	0.14	-0.32	0.08	0.36	0.64	0.89	1.19	1.16	1.09	0.69
贵德	0.18	-0.17	0.06	-0.25	0.09	0.26	0.61	0.95	1.15	1.25	1.06	0.60
贵南	0.41	-0.04	0.26	-0.16	0.24	0.55	0.81	1.15	1.36	1.29	1.16	0.77
班玛	0.43	0.03	0.17	0.13	0.42	0.67	0.85	1.21	1.33	1.22	1.31	1.10
沱沱河	0.14	-0.31	-0.08	-0.09	-0.01	0.37	0.57	1.01	1.19	1.08	0.99	0.03
称多	0.58	0.21	0.30	0.31	0.54	0.73	0.85	1.19	1.20	1.13	1.18	0.67
达日	0.50	0.39	0.32	0.05	0.41	0.65	0.78	1.08	1.19	1.08	1.11	0.86
甘德	0.61	0.29	0.43	0.28	0.60	0.65	0.88	1.14	1.24	1.18	1.16	0.89
河南	0.57	0.18	0.37	0.17	0.54	0.76	0.92	1.21	1.33	1.30	1.28	1.09
尖扎	0.34	0.03	0.22	-0.14	0.15	0.29	0.63	0.97	1.22	1.25	1.18	0.63
玛多	0.47	0.01	0.27	0.02	0.37	0.36	0.61	0.99	1.02	1.03	0.84	0.23
玛沁	0.51	0.13	0.15	0.04	0.35	0.56	0.79	1.12	1.24	1.19	1.09	0.86
囊谦	0.32	0.05	0	0	0.07	0.46	0.65	1.14	1.31	1.06	1.20	0.75
曲麻莱	0.46	0.04	0.17	-0.07	0.23	0.54	0.66	1.12	1.13	1.08	1.12	0.35
同德	0.37	-0.14	0.14	-0.19	0.28	0.54	0.79	1.12	1.26	1.25	1.07	0.67
泽库	0.54	0.01	0.27	0.02	0.47	0.71	0.95	1.23	1.38	1.33	1.34	1.06
同仁	0.32	-0.11	0.24	-0.13	0.25	0.43	0.72	1.04	1.27	1.30	1.25	0.79
杂多	0.25	-0.07	0.22	0.18	0.32	0.50	0.68	1.12	1.15	1.00	1.11	0.39
玉树	0.41	0.12	0.25	0.19	0.33	0.57	0.66	1.23	1.28	1.21	1.28	0.84
治多	0.28	-0.14	0.22	-0.04	0.17	0.43	0.58	1.05	1.09	1.05	1.12	0.37
久治	0.43	0.03	0.17	0.13	0.42	0.67	0.85	1.21	1.33	1.22	1.31	1.10

表 3-36　三江源区草原月 K_c 计算结果

地区	2019 年		2020 年									
	11 月	12 月	1 月	2 月	3 月	4 月	5 月	6 月	7 月	8 月	9 月	10 月
兴海	0.28	-0.19	-0.03	-0.32	0.11	0.44	0.73	0.99	1.19	1.16	0.94	0.54
共和	0.36	0.02	0.11	-0.23	0.13	0.38	0.63	0.86	1.11	1.08	1.00	0.63
贵德	0.22	-0.11	0.08	-0.14	0.16	0.33	0.64	0.93	1.10	1.17	1.01	0.59
贵南	0.35	-0.07	0.18	-0.13	0.24	0.50	0.74	1.04	1.22	1.16	1.04	0.67
班玛	0.39	0.01	0.12	0.11	0.38	0.60	0.77	1.09	1.20	1.10	1.16	0.97
沱沱河	0.11	-0.31	-0.13	-0.12	-0.02	0.31	0.50	0.89	1.05	0.96	0.88	0.08
称多	0.44	0.06	0.15	0.15	0.40	0.59	0.72	1.02	1.05	0.99	1.01	0.57
达日	0.42	0.23	0.21	0.01	0.34	0.56	0.69	0.97	1.07	0.98	0.98	0.75
甘德	0.48	0.13	0.27	0.16	0.47	0.55	0.76	1.00	1.10	1.04	1.01	0.77
河南	0.47	0.09	0.26	0.11	0.45	0.65	0.81	1.07	1.18	1.15	1.12	0.92
尖扎	0.34	0.05	0.21	-0.05	0.22	0.36	0.66	0.95	1.16	1.18	1.10	0.62
玛多	0.36	-0.06	0.15	-0.04	0.29	0.31	0.54	0.87	0.92	0.91	0.75	0.23
玛沁	0.43	0.06	0.09	0.01	0.31	0.49	0.71	1.00	1.11	1.06	0.97	0.76
囊谦	0.33	0.05	0	0.03	0.12	0.44	0.63	1.05	1.19	0.99	1.09	0.71
曲麻莱	0.37	-0.02	0.08	-0.09	0.19	0.46	0.59	0.98	1.02	0.97	0.98	0.34
同德	0.33	-0.13	0.10	-0.14	0.27	0.50	0.73	1.02	1.15	1.13	0.97	0.61
泽库	0.43	-0.04	0.17	-0.02	0.39	0.60	0.82	1.07	1.21	1.17	1.15	0.89
同仁	0.31	-0.07	0.20	-0.06	0.27	0.45	0.71	0.98	1.18	1.19	1.13	0.72
杂多	0.24	-0.08	0.13	0.12	0.28	0.44	0.62	1.00	1.04	0.93	0.99	0.40
玉树	0.37	0.08	0.17	0.15	0.30	0.52	0.62	1.10	1.16	1.10	1.13	0.75
治多	0.25	-0.15	0.13	-0.06	0.16	0.38	0.53	0.94	0.99	0.95	0.99	0.37
久治	0.39	0.01	0.12	0.11	0.38	0.60	0.77	1.09	1.20	1.10	1.16	0.97

表 3-37　三江源区高寒草甸月 K_c 计算结果

地区	2019 年		2020 年									
	11 月	12 月	1 月	2 月	3 月	4 月	5 月	6 月	7 月	8 月	9 月	10 月
兴海	0.45	−0.41	−0.09	−0.97	−0.11	0.60	1.18	1.72	2.14	2.10	1.61	0.89
共和	0.53	−0.03	0.13	−0.95	−0.26	0.24	0.70	1.13	1.73	1.67	1.61	0.98
贵德	−0.08	−0.66	−0.17	−0.93	−0.36	−0.11	0.51	1.15	1.53	1.77	1.46	0.65
贵南	0.61	−0.11	0.50	−0.50	0.18	0.73	1.15	1.77	2.17	2.03	1.86	1.23
班玛	0.55	−0.09	0.21	0.08	0.54	1.01	1.27	1.92	2.14	1.90	2.18	1.83
沱沱河	0.13	−0.60	−0.08	−0.18	−0.17	0.56	0.84	1.63	1.97	1.73	1.59	−0.29
称多	1.13	0.66	0.81	0.91	1.12	1.34	1.46	2.05	2.00	1.86	2.03	1.11
达日	0.81	0.95	0.67	0.06	0.63	1.06	1.20	1.72	1.88	1.68	1.78	1.36
甘德	1.12	0.84	1.05	0.70	1.11	1.08	1.47	1.86	2.02	1.92	1.94	1.48
河南	0.98	0.39	0.76	0.28	0.88	1.28	1.48	2.00	2.19	2.14	2.17	1.93
尖扎	0.25	−0.21	0.18	−0.68	−0.24	−0.06	0.54	1.18	1.67	1.76	1.71	0.72
玛多	0.89	0.15	0.69	0.09	0.65	0.51	0.91	1.60	1.59	1.62	1.27	0.11
玛沁	0.82	0.30	0.27	−0.02	0.47	0.82	1.21	1.79	1.99	1.89	1.73	1.39
囊谦	0.25	−0.11	−0.19	−0.26	−0.29	0.49	0.78	1.71	2.05	1.48	1.86	0.98
曲麻莱	0.79	0.14	0.36	−0.20	0.27	0.86	0.98	1.84	1.79	1.68	1.83	0.33
同德	0.45	−0.41	0.17	−0.62	0.22	0.70	1.10	1.71	1.96	1.94	1.62	0.96
泽库	0.95	0.06	0.57	−0.01	0.78	1.20	1.58	2.06	2.32	2.24	2.33	1.92
同仁	0.26	−0.46	0.28	−0.61	0.06	0.34	0.82	1.41	1.87	1.94	1.94	1.15
杂多	0.19	−0.25	0.46	0.30	0.40	0.70	0.96	1.78	1.76	1.46	1.74	0.30
玉树	0.51	0.14	0.47	0.24	0.36	0.79	0.85	1.97	2.01	1.89	2.08	1.28
治多	0.34	−0.33	0.51	−0.15	0.12	0.59	0.79	1.67	1.67	1.60	1.83	0.35
久治	0.55	−0.09	0.21	0.08	0.54	1.01	1.27	1.92	2.14	1.90	2.18	1.83

表 3-38 三江源区林灌月 K_c 计算结果

地区	2019 年		2020 年									
	11 月	12 月	1 月	2 月	3 月	4 月	5 月	6 月	7 月	8 月	9 月	10 月
兴海	0.49	-0.22	0.05	-0.89	-0.13	0.53	1.04	1.52	1.90	1.88	1.43	0.84
共和	0.51	0.09	0.21	-0.95	-0.35	0.09	0.47	0.84	1.42	1.37	1.37	0.86
贵德	-0.20	-0.67	-0.18	-1.01	-0.53	-0.36	0.19	0.79	1.14	1.40	1.14	0.44
贵南	0.64	0.06	0.66	-0.43	0.15	0.65	0.98	1.55	1.92	1.79	1.67	1.17
班玛	0.50	0.01	0.31	0.14	0.51	0.94	1.13	1.70	1.90	1.66	1.99	1.71
沱沱河	0.22	-0.38	0.17	0.02	-0.08	0.60	0.80	1.52	1.82	1.57	1.46	-0.34
称多	1.27	1.01	1.13	1.27	1.30	1.41	1.45	1.95	1.85	1.72	1.93	1.12
达日	0.85	1.24	0.88	0.21	0.68	1.05	1.11	1.55	1.67	1.48	1.63	1.27
甘德	1.22	1.19	1.34	0.97	1.22	1.09	1.42	1.72	1.83	1.75	1.82	1.41
河南	1.04	0.61	0.94	0.42	0.92	1.27	1.38	1.83	1.99	1.95	2.02	1.90
尖扎	0.14	-0.20	0.18	-0.76	-0.41	-0.31	0.21	0.81	1.28	1.39	1.40	0.51
玛多	1.02	0.42	0.96	0.31	0.76	0.53	0.87	1.49	1.41	1.46	1.15	0.06
玛沁	0.86	0.51	0.42	0.10	0.49	0.78	1.11	1.62	1.78	1.70	1.56	1.31
囊谦	0.15	-0.06	-0.13	-0.26	-0.39	0.37	0.59	1.46	1.78	1.19	1.61	0.77
曲麻莱	0.87	0.37	0.57	-0.04	0.33	0.87	0.91	1.71	1.59	1.50	1.68	0.25
同德	0.43	-0.29	0.28	-0.57	0.17	0.61	0.94	1.49	1.69	1.70	1.41	0.85
泽库	1.03	0.28	0.77	0.15	0.84	1.20	1.51	1.92	2.14	2.07	2.21	1.92
同仁	0.19	-0.44	0.32	-0.65	-0.06	0.16	0.56	1.09	1.54	1.62	1.68	1.01
杂多	0.16	-0.13	0.66	0.44	0.42	0.67	0.84	1.59	1.53	1.23	1.55	0.14
玉树	0.47	0.25	0.62	0.34	0.34	0.72	0.69	1.76	1.76	1.66	1.89	1.16
治多	0.36	-0.17	0.73	0	0.16	0.58	0.70	1.51	1.46	1.40	1.67	0.25
久治	0.50	0.01	0.31	0.14	0.51	0.94	1.13	1.70	1.90	1.66	1.99	1.71

3.3.8 三江源区植被年耗水

根据各地 K_c 回归结果、三江源区植被分类及三江源区各地潜在蒸发量,计算三江源区植被单位面积年耗水量。三江源区植被耗水量呈现东高西低的趋势,单位面积年耗水量按植被类型由大到小为:高寒草甸>林灌>草原>荒漠>荒漠草原。

年总耗水量按植被类型计算,高寒草甸植被耗水量最大,为 1 129.37×10^8 m^3,占全部耗水量的 67.17%;其次为草原植被耗水量,为 270.27×10^8 m^3,占全部耗水量的 16.07%;林灌植被耗水量为 140.59×10^8 m^3,占全部耗水量的 8.36%;荒漠草原植被耗水量为 131.40×10^8 m^3,占全部耗水量的 7.82%;荒漠植被耗水量为 9.7×10^8 m^3,占全部耗水量的 0.58%。高寒草甸占地面积最大为 21.2×10^4 km^2,占三江源区面积的 54.64%;草原面积为 9.05×10^4 km^2,占三江源区面积的 23.33%;荒漠草原面积为 3.89×10^4 km^2,占三江源区面积的 10.04%;林灌面积为 2.74×10^4 km^2,占三江源区面积的 7.06%;荒漠面积为 0.21×10^4 km^2,占三江源区面积的 0.54%。

三江源区长江流域占地面积为 15.13×10^4 km^2,占三江源区面积的 38.98%,植被耗水量为 616.58×10^8 m^3,占三江源区植被耗水量的 37%;黄河流域面积为 8.81×10^4 km^2,占三江源区面积的 22.7%,植被耗水量为 459.06×10^8 m^3,占三江源区植被耗水量的 27%;澜沧江流域面积为 1.64×10^4 km^2,占三江源区面积的 4.2%,植被耗水量为 87.13×10^8 m^3,占三江源区植被耗水量的 5%。

3.4　小　结

三江源区降水从大到小依次为:玛沁>班玛>玉树>泽库>兴海>共和,整体植被单位耗水量从大到小为:班玛>玉树>玛沁>泽库>共和>兴海,植被耗水量的多少与当地降水量有关,但也与当地气候条件密切相关。

三江源区植被主要耗水量发生在生长季,年内月耗水量变化呈抛物线形,耗水量与温度成正比,三江源区雨热同期,降雨逐渐增多,植被耗水量增大。

试验中出现植被耗水量大于当地降水量的情况,经试验验证,三江源区夏季凝结水较多,在年内植被耗水试验过程中没有对凝结水进行观测,故在计算耗水量时没有计算凝结水量。同时,试验过程中发现,当降水量过小时,雨量筒及气象站无法观测到,但蒸渗仪对其反应灵敏。这些对耗水量的计算都有一定的影响,致使植被耗水量大于降水量。

三江源区 K_c 系数呈现冬季小、夏季大的变化趋势。三江源区植被耗水量呈现东高西低的趋势,单位面积年耗水量按植被类型由大到小为:高寒草甸>林灌>草原>荒漠>荒漠草原。

长江流域植被耗水量>黄河流域植被耗水量>澜沧江流域植被耗水量。三江源区植被耗水量整体呈东南高、西北低的趋势。

第4章　基于涡动数据的生态系统蒸散特征规律研究

4.1　高寒草甸沼泽湿地蒸散特征及耗水规律

4.1.1　研究区概况与数据观测

研究区位于青海省南部玉树市隆宝镇观测站(简称隆宝站),隆宝站(96°33′N,33°12′E,4 167 m)年平均气温−0.4 ℃,年平均降水量 731 mm,主要植被类型为高寒沼泽湿地。在隆宝高寒沼泽湿地固定样方建立了高 2.5 m 的观测塔,并安装了一套开路式涡度相关系统(LI-7500A,LiCor,美国),数据采集器(LI-7550)采样频率为 10 Hz,收集并储存 30 min 通量数据平均值。选取了隆宝 2019 年 1~10 月涡度相关系统所观测的原始数据,同样使用 EddyPro 6.0 软件进行了蒸散发通量的计算,在计算过程中进行了坐标旋转、WPL 校正、光谱校正、时间滞后补偿、质量控制等(得到采样周期为 30 min 的通量数据产品,并对通量数据产品进行了初步的质量控制)。

4.1.2　蒸散发不同时间尺度变化特征

4.1.2.1　蒸散发量月动态变化

2019 年 1~10 月实际月蒸散发量变化趋势如图 4-1 所示,年内月蒸散发量整体呈正态分布趋势。从图 4-1 中可以看出,蒸散发量主要集中在生长季,2019 年蒸散发量主要集中在 4~9 月,8 月蒸散发量最高,可达 168.41 mm;其次为 7 月,蒸散发量为 162.69 mm;再次为 6 月和 5 月,蒸散发量分别为 157.33 mm 和 145.49 mm;最后为 4 月和 9 月,蒸散发量分别为 127.17 mm 和 119.45 mm。月蒸散发量大小关系为:8 月>7 月>6 月>5 月>4 月>9 月>10 月>3 月>2 月>1 月,如表 4-1 所示。

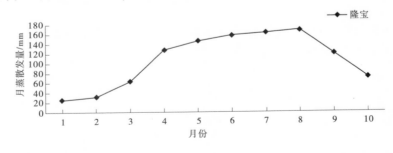

图 4-1　2019 年 1~10 月实际月蒸散发量变化趋势

表 4-1　2019 年月蒸散发量统计

年份	月蒸散发量/mm										合计
	1	2	3	4	5	6	7	8	9	10	
2019	24.57	31.21	62.48	127.17	145.49	157.33	162.69	168.41	119.45	70.97	1 069.77

4.1.2.2　蒸散发量日动态变化

2019 年 1~10 月实际日蒸散发量变化趋势如图 4-2 所示,与月蒸散发量数据相同,年内蒸散发量生长季大于非生长季。2019 年 1~10 月日蒸散发量呈正态分布趋势,最大值为 8.77 mm,出现在 7 月 9 日,最小值为 0.21 mm,出现在 1 月 30 日,3 月和 4 月日蒸散发量增加较多,8 月达到最大值,9 月开始减少。

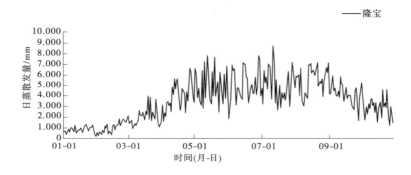

图 4-2　2019 年 1~10 月实际日蒸散发量变化趋势

4.1.2.3　蒸散发量小时动态变化

如图 4-3 所示为 2019 年 1~10 月小时平均蒸散发量变化趋势,从图 4-3 中可以看出,隆宝沼泽湿地小时蒸散发量呈正态分布趋势,蒸散发量日变化整体上呈先上升后下降的趋势,在 15 时左右达到峰值,最大蒸散发量为 0.442 mm;最小值为 0.013 mm,出现在 7 时左右,从 10 时开始,随着太阳辐射的逐渐增强,大气温度逐渐升高,蒸散发量开始上升,到 15 时达到最大,随之太阳辐射逐渐减弱,大气温度逐渐降低,蒸散发量随之减少。图 4-3 中可以看出日蒸散发量主要集中 10~20 时,占全天蒸散发量的 88.6%。

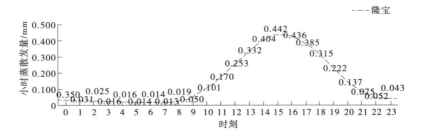

图 4-3　2019 年 1~10 月小时平均蒸散发量变化趋势

4.1.3　蒸散发对气象因子的敏感性分析

隆宝研究区气象因子与蒸散发量相关性结果如表 4-2 所示。蒸散发量与所选气象因子存在显著相关关系,相关性大小关系为:净辐射>土壤热通量>相对湿度>温度>风速>土壤含水率>土壤温度。

表 4-2　蒸散发量与气象因子间的相关性

气象因子	月蒸散发量/mm										平均
	1	2	3	4	5	6	7	8	9	10	
温度	0.63	0.64	0.56	0.75	0.73	0.69	0.77	0.78	0.66	0.69	0.69
净辐射	0.8	0.83	0.69	0.72	0.77	0.76	0.79	0.83	0.81	0.69	0.769
相对湿度	-0.62	-0.68	-0.69	-0.74	-0.71	-0.75	-0.78	-0.8	-0.78	-0.72	-0.727
风速	0.74	0.74	0.71	0.61	0.59	0.43	0.39	0.29	0.46	0.63	0.559
土壤热通量	0.74	0.43	0.54	0.86	0.84	0.87	0.84	0.84	0.84	0.85	0.765
土壤含水率	0.26	0.08	0.11	-0.08	0.3	0.22	0.04	0.36	0.4	0.33	0.202

图 4-4 给出了隆宝研究区气象因子重要性排序(土壤含水率几乎为 0,图中未显示),其相对重要性依次为:土壤热通量、净辐射、风速、温度、相对湿度。

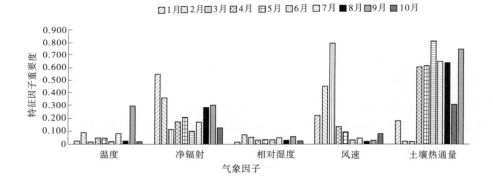

图 4-4　影响蒸散发的气象因子重要性排序

隆宝研究区 2019 年 1~10 月净辐射、温度、风速、土壤热通量、相对湿度、土壤含水率、降水量与蒸散发量变化趋势,如图 4-5~图 4-7 所示。净辐射、温度、土壤含水率、降水量与蒸散发量月尺度和日尺度变化趋势基本一致,呈正相关。相对湿度对蒸散发量的影响如图 4-5 和图 4-6 所示,大部分时间蒸散发量和相对湿度的变化相反,呈显著负相关,即随着相对湿度的降低,蒸散发量升高。由图 4-5 可以看出,在生长季初期,风速较大,蒸散发量却比较小,在生长季中期,风速和蒸散发量呈现相反趋势,即风速较小,蒸散发量较大。

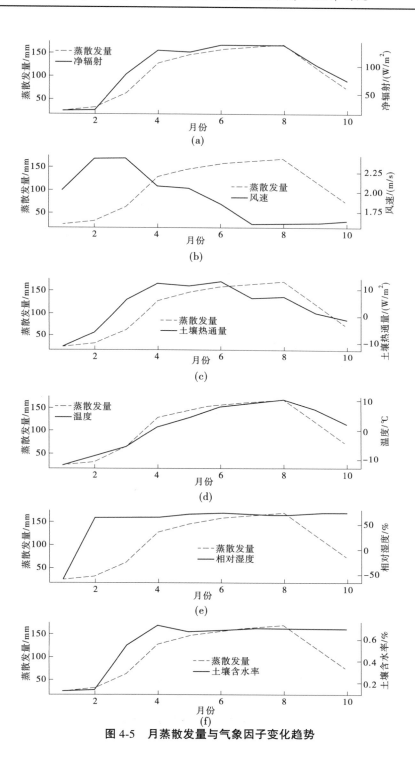

图 4-5　月蒸散发量与气象因子变化趋势

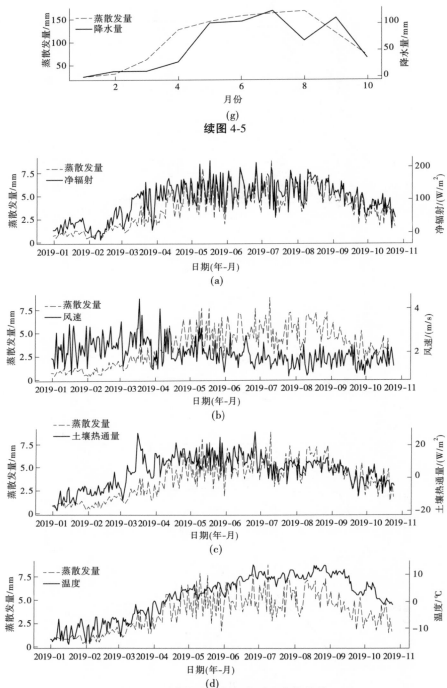

(g)

续图 4-5

(a)

(b)

(c)

(d)

图 4-6　日蒸散发量与气象因子变化趋势

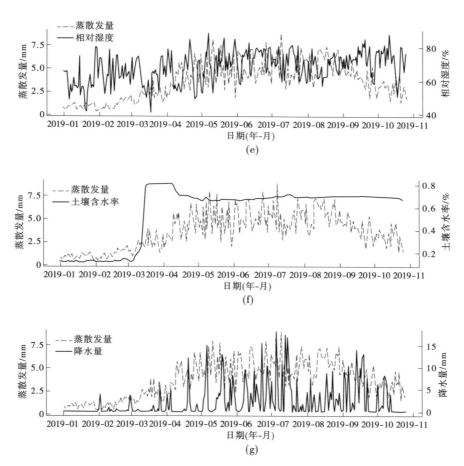

续图 4-6

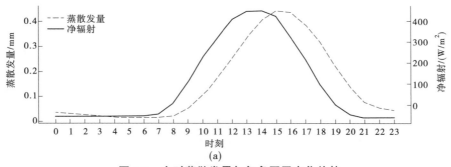

图 4-7   小时蒸散发量与气象因子变化趋势

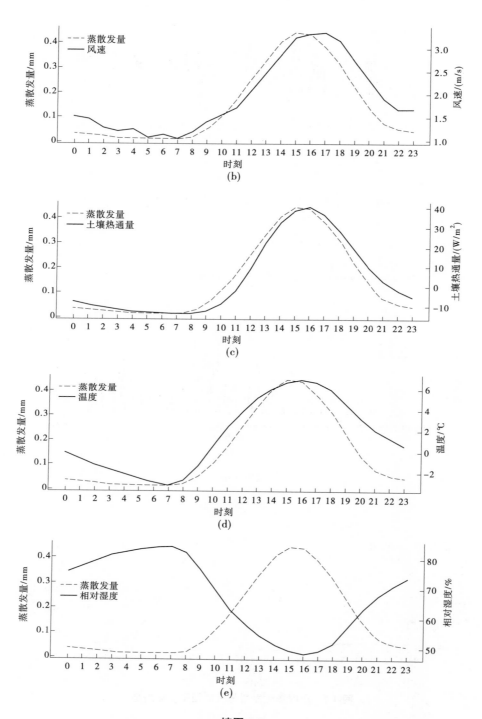

续图 4-7

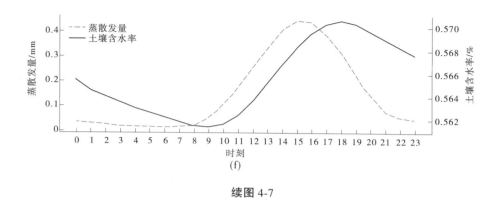

续图 4-7

4.1.4 小结

（1）隆宝沼泽湿地 2019 年 1~10 月月平均蒸散发量为 146.76 mm。蒸散发量主要集中在 4~9 月；8 月蒸散发量最高，达 168.41 mm。小时蒸散发量在一天的 15 时达到最高值。日蒸散发量与月蒸散发量变化趋势相似，年内整体呈正态分布趋势，蒸散发量主要集中在生长季。

（2）结合气象因子，隆宝沼泽湿地蒸散发量与净辐射、温度、相对湿度、土壤热通量、风速呈显著相关，相关性大小关系为净辐射>土壤热通量>相对湿度>温度>风速>土壤含水率>土壤温度。依据随机森林模型中重要性估计方法，土壤热通量和净辐射对蒸散发量的贡献较突出，其相对重要性依次为：土壤热通量、净辐射、风速、温度、相对湿度。这是因为隆宝研究区生态系统为典型的沼泽湿地。在蒸散发旺盛的生长季（5~9 月），高寒草甸和高寒沼泽湿地的月平均土壤含水率分别 31% 和 57%，相比其他生态系统，草甸和沼泽湿地下垫面水分比较充足，从而导致土壤水分对蒸散发的影响相对较弱。

（3）降水量是水量平衡的主要输入项，从月降水量和日降水量变化规律来看，降水主要发生在生长季，在一定范围内，降水量的增大有导致蒸散发量增大的趋势，然而超过一定阈值后，蒸散发量有减少的趋势，说明适宜的雨水可以增大蒸散发量，而当降水量超过一定范围时，温度受降水影响而降低，进而影响到蒸散发量的大小；相对湿度与蒸散发量呈负相关性，说明湿润的空气导致空气与土壤之间的含水率差异减小，抑制了蒸散发过程的发展，进一步说明相对湿度通过影响土壤水分和空气温度进而间接影响到蒸散发量，由此可以解释之前得出相对湿度与蒸散发量的相关性较高，但是其对蒸散发量的重要程度不高的结论。

4.2 高寒草甸草原蒸散特征及耗水规律

4.2.1 研究区概况与数据观测

研究区位于青海省果洛州玛沁县观测站（简称玛沁站），玛沁站（100°12′N，34°29′E，3 759 m），年平均气温为 −3.8~3.5 ℃，年均降水量为 423~565 mm，主要植被类型为高寒草甸。在玛沁高寒草甸固定样方建立了高 2 m 的观测塔，并安装了一套开路式涡度相关系统(LI-7500A，LiCor，美国)，数据采集器(LI-7550)采样频率为 10 Hz，收集并储存 30 min 通量数据平均值。选取了玛沁 2019 年 4~9 月涡度相关系统所观测的原始数据，并使用 LiCor 公司开发的 EddyPro6.0 软件进行了蒸散发量的计算，在计算过程中同时进行了坐标旋转、WPL 校正、光谱校正、时间滞后补偿、质量控制等(得到采样周期为 30 min 的通量数据产品，并对通量数据产品进行了初步的质量控制)。

4.2.2　蒸散发不同时间尺度变化特征

4.2.2.1　蒸散发量月动态变化

2019 年 4~9 月实际月蒸散发量变化趋势如图 4-8 所示，年内月蒸散发量整体呈正态分布趋势。从图 4-8 中可以看出蒸散发量主要集中在生长季，2019 年蒸散发量主要集中在 5~9 月，7 月蒸散发量最高，可达 160.88 mm；其次为 8 月，蒸散发量为 148.46 mm；然后 6 月，蒸散发量为 142.45 mm，与 8 月相差很小；再次为 9 月和 5 月，蒸散发量分别为 115.40 mm 和 111.08 mm；最后是 4 月，蒸散发量为 62.48 mm。蒸散发量大小关系为：7 月>8 月>6 月>9 月>5 月>4 月，如表 4-3 所示。

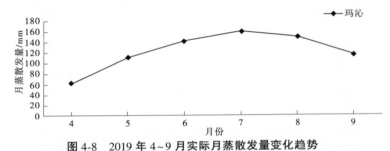

图 4-8　2019 年 4~9 月实际月蒸散发量变化趋势

表 4-3　2019 年月蒸散发量统计

年份	月蒸散发量/mm						合计
	4	5	6	7	8	9	
2019	62.48	111.08	142.45	160.88	148.46	115.40	740.75

4.2.2.2　蒸散发量日动态变化

2019 年 4~9 月实际日蒸散发量变化趋势如图 4-9 所示，与月蒸散发量数据相同，年内蒸散发量生长季大于非生长季。2019 年 4~9 月日蒸散发量呈正态分布趋势，最大值为 8.01 mm，出现在 7 月 26 日，最小值为 0.65 mm，出现在 4 月 4 日，3 月蒸散发量慢慢开始增加，5 月和 6 月日蒸散发量增加幅度较大，7 月达到最大值，8 月开始减少。

4.2.2.3　蒸散发量小时动态变化

如图 4-10 所示为 2019 年 4~9 月小时平均蒸散发量变化趋势。从图 4-10 中可以看出，玛沁研究区小时蒸散发量呈正态分布趋势，蒸散发量日变化整体上呈先上升后下降的趋势，在 14 时左右达到峰值，最大蒸散发量为 0.500 mm；最小值为 0.008 mm，出现在 2 时左右，从 9 时开始，随着太阳辐射的逐渐增强，大气温度逐渐升高，蒸散发量开始上升，14 时达到最大，随之太阳辐射逐渐减弱，大气温度逐渐降低，蒸散发量随之减少。由

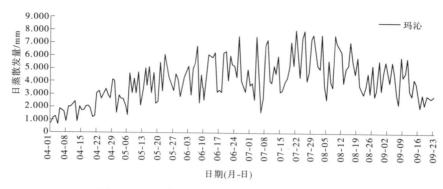

图 4-9　2019 年 4~9 月实际日蒸散发量变化趋势

图 4-10 中可以看出日蒸散发量主要集中 9~19 时,占全天蒸散发量的 92.3%。

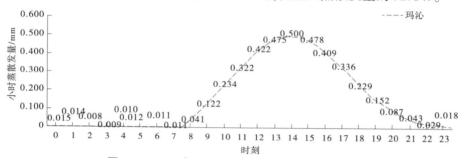

图 4-10　2019 年 4~9 月小时平均蒸散发量变化趋势

4.2.3　蒸散发量对气象因子的敏感性分析

蒸散发量的大小受到气候、土地类型、植被状况等因素的共同影响。环境因子对蒸散发量的影响程度相比最大,为探讨蒸散发量对各环境因子的敏感程度,选取每月部分气象因子和蒸散发量进行相关性分析。结果如表 4-4 所示,玛沁研究区蒸散发量与所选气象因子存在显著相关关系,相关性大小关系为:净辐射>温度>相对湿度>土壤热通量>风速>土壤含水率。

表 4-4　蒸散发量与气象因子间的相关性

气象因子	月蒸散发量						平均
	4	5	6	7	8	9	
温度	0.630	0.630	0.651	0.723	0.670	0.671	0.662
净辐射	0.810	0.870	0.840	0.875	0.884	0.859	0.856
相对湿度	−0.480	−0.580	−0.571	−0.680	−0.656	−0.645	−0.602
风速	0.480	0.410	0.285	0.334	0.325	0.291	0.354
土壤热通量	0.450	0.590	0.617	0.640	0.617	0.646	0.593
土壤含水率	−0.140	0.170	−0.007	−0.045	−0.079	−0.086	−0.031

利用随机森林模型中重要性估计方法,可以得出主要影响蒸散发量的气象因子。图 4-11 给出了 5 个气象因子重要性排序(土壤含水率几乎为 0,图中未显示),其相对重要性依次为:净辐射、温度、风速、土壤热通量、相对湿度,净辐射对蒸散发量的影响最大,这与蒸散发量与气象因子的相关性结论基本一致,表明光照类响应因素是影响玛沁研究区蒸散发量最为关键的因素。在蒸散发旺盛的生长季(5~9 月),草甸的土壤含水率大部分在 30%以上,相比其他生态系统,其下垫面水分比较充足,导致土壤水分对蒸散发量的影响相对较弱。

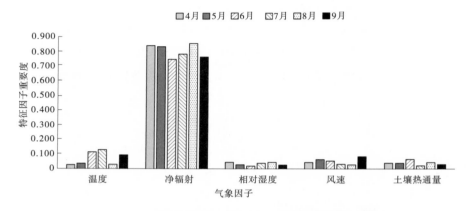

图 4-11 影响蒸散发量的气象因子重要性排序

通过对玛沁站附近的自动气象站数据分析,求取研究区 2019 年 4~9 月净辐射、温度、风速、土壤热通量、相对湿度、土壤含水率,以及降水量的月均值、日均值和小时均值,得到玛沁研究区蒸散发量与气象因子变化趋势图,如图 4-12~图 4-14 所示,净辐射、温度、降水量、土壤含水率与蒸散发量月尺度和日尺度变化趋势基本一致,呈正相关关系,风速、相对湿度与蒸散发量变化趋势相反,呈负相关关系。净辐射和温度变化趋势呈先增加后减小的趋势,净辐射 6 月达到最大值,9 月以后开始下降,下降幅度与升高幅度相差不大。温度最低为−3.07 ℃,出现在 4 月 5 日,最高温度为 13.72 ℃,出现在 8 月 20 日。对于降水量而言,主要集中在生长季,即 5~9 月,6 月降水量最大,为 125.90 mm,日最大值为 18.5 mm,出现在 7 月 20 日,5 月和 6 月降水增加幅度较大,9 月开始减少。在一定范围内,降水量的增大有导致蒸散发量增大的趋势,然而超过一定阈值后,蒸散发量有减少的趋势,说明适宜的雨水可以增大蒸散发量,而当降水量超过一定范围时,温度受降水影响而降低,进而影响到蒸散发量的大小。总体来看,土壤含水率的变化趋势与蒸散发量的趋势最为接近,呈先增加后减小的趋势,增加和减小幅度不大。二者之间有一定的回归关系(决定系数为 0.66),但当土壤含水率升高到一定程度,蒸散发量随之增加的速度放缓。因此,只有在土壤水分较低时,土壤水分对生态系统蒸散发量影响较大。由图 4-12 可以看出,风速整体呈减小的趋势,减小幅度不大。4 月日风速波动相对较大,5~9 月风速呈比较小的波动状态,范围为 1.50~1.83 m/s。在生长季初期,风速较大,蒸散发量却比较小;在生长季中期,风速和蒸散发量呈现相反趋势,即风速较小,蒸散发量较大。相对湿度对蒸散发量的影响如图 4-12 和图 4-13 所示,大部分时间蒸散发量和相对湿度的变化相反,呈显著负相关关系,即随着相对湿度降低蒸散发量升高,但总体来看,从 5 月开始,相对湿度介于 63.43%~78.11%,保持在较高水平。

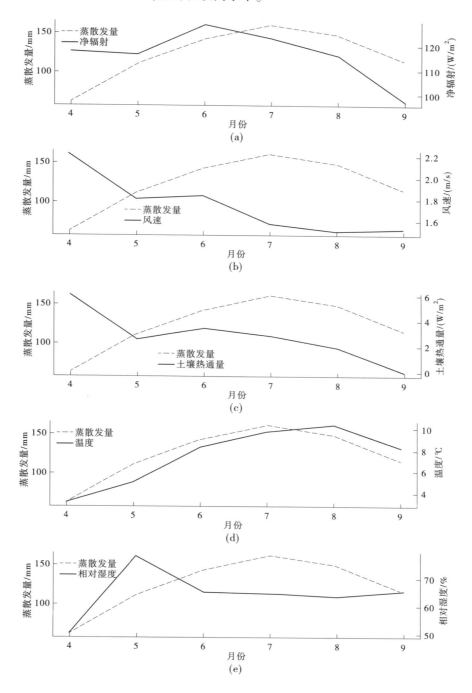

图 4-12　月蒸散发量与气象因子变化趋势

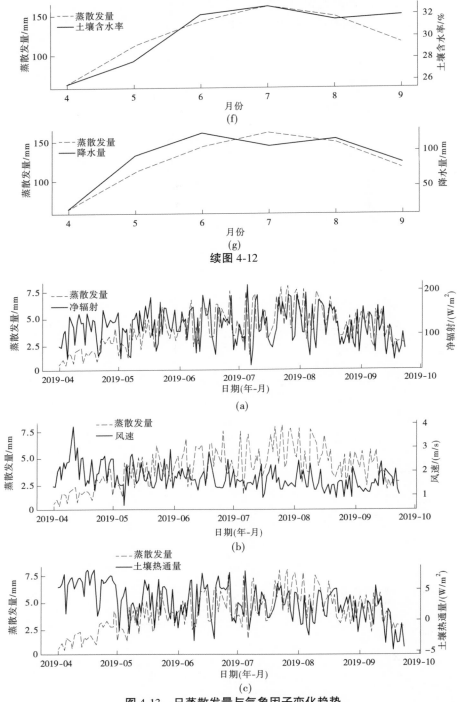

(f)

(g)

续图 4-12

(a)

(b)

(c)

图 4-13　日蒸散发量与气象因子变化趋势

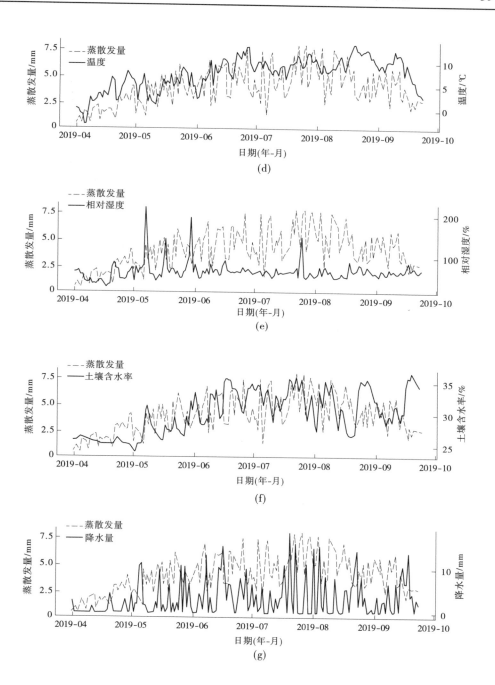

续图 4-13

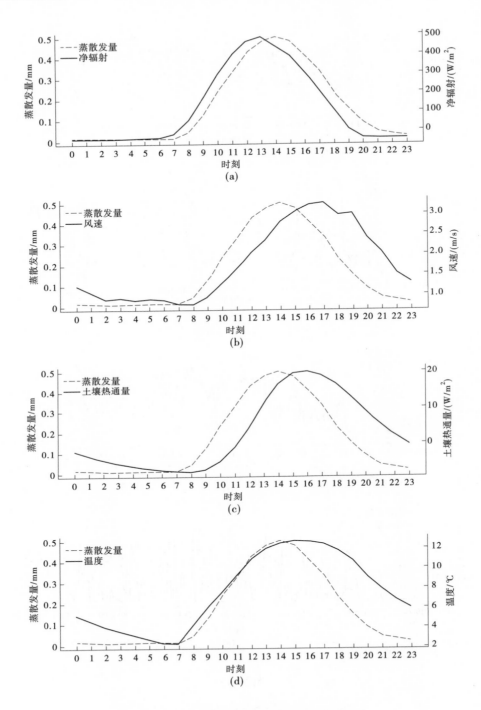

图 4-14　小时蒸散发量与气象因子变化趋势

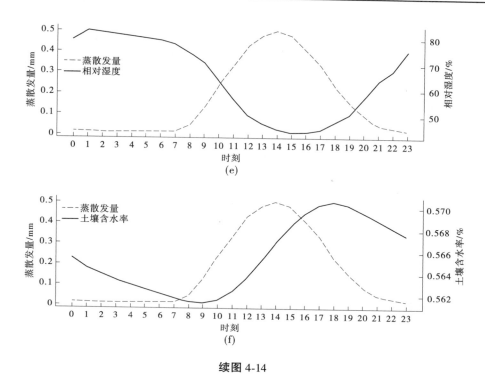

续图 4-14

4.2.4　小结

（1）玛沁研究区 2019 年 4~9 月月平均蒸散发量为 123.46 mm。蒸散发量主要集中在 5~9 月；7 月蒸散发量最高，达 160.88 mm。小时蒸散发量在一天的 13~14 时达到最高值。日蒸散发量与月蒸散发量变化趋势相似，年内整体呈正态分布趋势，蒸散发量主要集中在生长季。

（2）结合气象因子，玛沁研究区蒸散发量与净辐射、温度、相对湿度、土壤热通量、风速呈显著相关，相关性大小关系为：净辐射>温度>相对湿度>土壤热通量>风速>土壤含水率。依据随机森林模型中重要性估计方法，净辐射对蒸散发量的贡献较突出，其他气象因子对蒸散发量的重要度较低，其相对重要性依次为：净辐射、温度、风速、土壤热通量、相对湿度，这与蒸散发量与气象因子的相关性结论基本一致。

4.3　高寒荒漠蒸散特征及耗水规律

4.3.1　材料与方法

4.3.1.1　研究区概况

本研究区位于青藏高原唐古拉山沱沱河上游地区，是青藏高原的低温中心，属大陆性高原亚寒带和高原寒带。试验站位于北纬 34.210 602°、东经 92.452 105°，海拔 4 530 m，下垫面为典型高寒荒漠,年平均气温-2.50 ℃,年平均降水量367.59 mm,生长季内日平均净辐射为132.45 W/m²,年平均日照时数为2 967.9 h,年大风日数为117~154 d。植被类型为高寒荒漠化草甸,以莎草科高山嵩草(Kobresia pygmaea)、矮嵩草(K. humilis)、苔草(Carex tristachya)为主(许学莲等,2020),土壤类型为高山草甸土。

4.3.1.2 资料来源

研究资料来源于沱沱河站2019年4月1日到8月23日的涡动数据、气象数据。涡动数据主要包括潜热通量、潜热通量质量等级、显热通量、显热通量质量等级、蒸散发。气象数据包括气温(℃)、降水(mm)、相对湿度(%)、净辐射(W/m²)、风速(m/s)、土壤热通量(W/m²)、土壤含水率(%)、土壤温度(℃)。此外,还包括站点信息和仪器参数,站点信息主要包括经纬度、海拔、植被高度,仪器参数主要包括风速仪生产厂家(campbell scientific)、安装高度(3.28 m)、北向分离角(315°),气体分析仪模式(generic open path)。以上资料均来自青海省气象科学研究所。

4.3.1.3 研究方法

利用LoggerNet软件将原始涡动数据(TOB3)转换成可用于进一步分析的TOB1格式数据,利用EddyPro 6.1.0软件处理TOB1数据得到,沱沱河站每30 min的ET数据。分析不同时间尺度蒸散发量的变化、下垫面水分消耗情况、气象因子与蒸散发的变化关系,进而说明高寒荒漠植被类型的水分消耗特征。研究方法框图见图4-15。

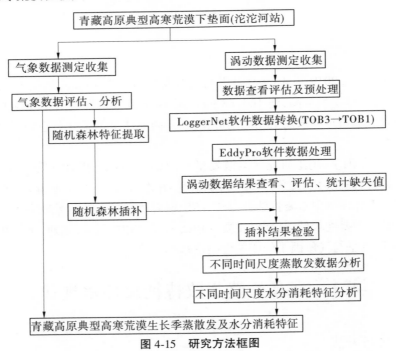

图4-15 研究方法框图

4.3.1.4 缺失数据处理方法

在长时间序列观测中,由于各种原因数据的缺失不可避免,本书中缺失数据用随机森林法进行插补。依据EddyPro 6.1.0软件处理得到的涡度蒸散发值与气象因子的相关性,选择相关性较高的 7 类气象因子(见表 4-5)进行随机森林法插补。对于插补结果,选择 40% 的样本量对其进行拟合度检验,结果表明:选择上述的 7 个气象特征进行随机森林法插补之后,拟合度较高。

表 4-5　蒸散发值与气象因子的相关性

气象因子	4 月	5 月	6 月	7 月	8 月
2 m 温度/℃	0.692**	0.586**	0.695**	0.609**	0.650**
净辐射/(W/m²)	0.734**	0.686**	0.707**	0.752**	0.786**
2 m 相对湿度/%	−0.582**	−0.362**	−0.606**	−0.590**	−0.616**
2 m 风速/(m/s)	0.492**	0.309**	0.427**	0.328**	0.278**
土壤热通量/(W/m²)	0.725**	0.675**	0.845**	0.797**	0.797**
5 cm 土壤含水率/%	0.579**	0.479**	0.677**	0.402**	0.488**
5 cm 土壤温度/℃	0.789**	0.668**	0.766**	0.695**	0.726**

注:**表示显著相关。

4.3.2　结果分析

4.3.2.1　不同时间尺度蒸散发变化分析

1. 蒸散发量小时变化动态

从 2019 年 4 月 1 日 1 时至 8 月 23 日 24 时实际小时蒸散发量如图 4-16、图 4-17 所示,小时涡度蒸散发量呈先增加后下降趋势,最大值出现在每日 12~17 时;小时最大蒸散发量出现在 5 月 22 日 14~15 时,达到 1.13 mm/h;小时平均蒸散发量最大值出现在 14~15 时,蒸散发量为 0.46 mm/h;蒸散发量昼夜变化规律:白天(8~20 时)大于夜间(20 时至次日 8 时)。

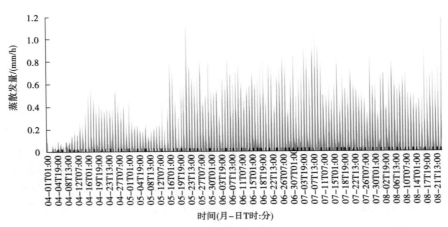

图 4-16　沱沱河小时尺度蒸散发量变化

2. 蒸散发量日变化动态

从 2019 年 4 月 1 日至 8 月 23 日实际日蒸散发量如图 4-18 所示,涡度蒸散发量总体

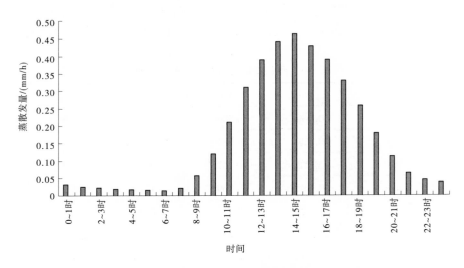

图4-17　沱沱河小时平均蒸散发量变化

呈先增加后下降趋势,最大值出现在7月7日,蒸散发量为8.58 mm/d。最小值出现在4月2日,蒸散发量为0.30 mm/d。从4月1日至4月26日,日蒸散发量呈增加趋势,从4月26日至5月14日,日蒸散发量呈降低趋势,从5月21日开始,蒸散发量一直处于较高水平,日蒸散发量在5.07 mm/d上下波动,至7月22日,日蒸散发量开始出现缓慢下降趋势。

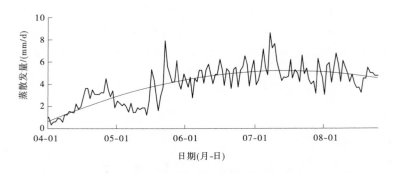

图4-18　沱沱河日尺度蒸散发量变化

3. 蒸散发量旬变化动态

从2019年4月上旬到8月中旬实际旬蒸散发量如图4-19所示,旬蒸散发量呈波动变化趋势。从4月上旬到5月上旬,旬蒸散发量先增加后减小;5月中旬到5月下旬,旬蒸散发量增加幅度较大;从6月上旬到7月上旬,涡度蒸散发量呈线性增加趋势;从7月中旬到8月中旬,涡度蒸散发量呈先增加后减小的趋势;其中4月上旬蒸散发量最小,为8.61 mm,7月上旬蒸散发量最大,达60.43 mm。

4. 蒸散发量月变化动态

2019年4~7月实际月蒸散发量如图4-20所示,月蒸散发量呈线性增加趋势。其中7月月蒸散发量最大,4月月蒸散发量最小,月平均蒸散发量为117.18 mm。

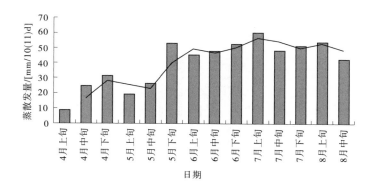

图 4-19　沱沱河旬尺度蒸散发量变化

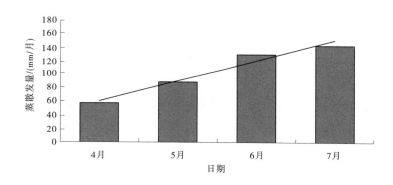

图 4-20　沱沱河月尺度蒸散发量变化

4.3.2.2　不同尺度下垫面水分消耗(IETP)变化特征

1. 小时尺度下垫面水分消耗(IETP)变化特征分析

从图 4-21 可以看出:平均小时 IETP 除在 0~8 时和 21~23 时为负值,其余时间均为正值;白天小时平均 IETP 为 0.23 mm,夜晚小时平均 IETP 为−0.03 mm;小时尺度 IETP 最大值出现在 15~16 时。以上结果表明:白天下垫面处于水分消耗状态,夜间则为水分吸收状态,在 15~16 时水分消耗最为严重。

微气象条件变化分析表明:白天小时平均净辐射值为 320.57 W/m²,夜晚小时平均净辐射值为−57.95 W/m²,说明随着净辐射的降低,蒸散发量减小,IETP 值降低;小时平均气温在 7~17 时呈增加趋势,从 18 时到次日 6 时呈下降趋势,土壤含水率变化与此基本一致,相对湿度变化与气温变化与之相反,说明随气温升高,蒸散发量增加,IETP 值升高,空气相对湿度减小;但值得注意的是随气温升高土壤含水率增加,推测蒸散发水分来源与土壤水分关系密切。

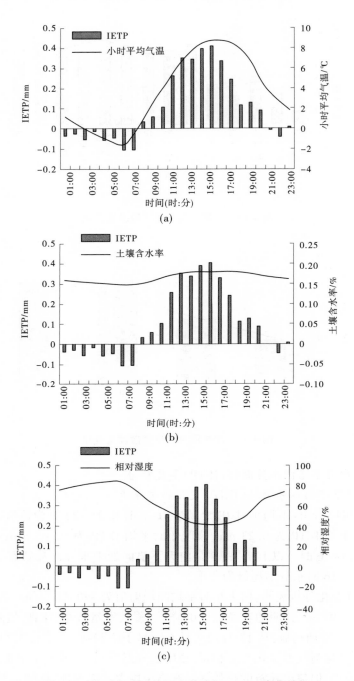

图 4-21　小时尺度下垫面水分消耗(IETP)变化特征

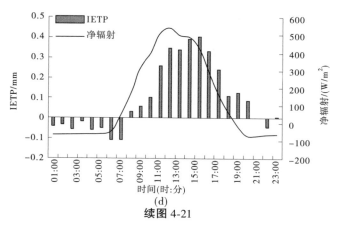

(d)

续图 4-21

2. 日尺度下垫面水分消耗(IETP)变化特征分析

从图 4-22 可以看出:从 4 月 1 日到 8 月 23 日共有 19 d IETP 是负值,平均 IETP 为 -4.87 mm,气象资料表明这 19 d 均有降雨,平均降水量为 7.98 mm/d,平均蒸散发量为 3.11 mm/d,且 7 月 31 日降水量最大为 15.60 mm/d,当日 IETP 最小,为 -12.60 mm,其余 时间 IETP 均为正值,表明大部分时间下垫面以水分消耗为主。

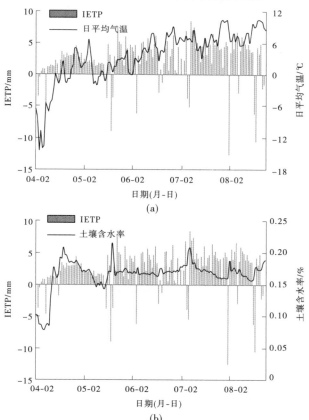

图 4-22　日尺度下垫面水分消耗(IETP)变化特征

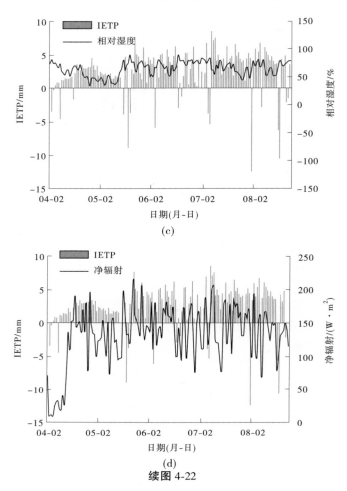

(c)

(d)

续图 4-22

　　微气象条件变化分析表明:降水过程会致使当日空气温度下降,下垫面蒸散发活动减弱。从 4 月 1 日开始,日平均气温、净辐射迅速上升,蒸散发量增加,相对湿度下降,下垫面水分开始消耗。但是土壤含水率随之上升并保持较高水平,推测土壤水分来源于冻土消融。

　　3. 旬尺度下垫面水分消耗(IETP)变化特征分析

　　从图 4-23 可以看出:4 月上旬和 5 月中旬 IETP 为负值,分别为-11.60 mm 和-0.77 mm;旬最大 IETP 出现在 5 月下旬,达 43.57 mm;旬蒸散发量最大的 7 月上旬降水量为 30.40 mm/10 d,IETP 为 30.03 mm。表明 4 月上旬和 5 月中旬下垫面水分以吸收为主,5 月下旬下垫面水分消耗最为严重。

　　微气象条件变化分析表明:4 月上旬净辐射和平均气温较低,蒸散发量较低,且降水较多,因此下垫面以水分吸收为主;5 月中旬因降水量大引起净辐射和气温降低,且相对湿度迅速增加,因此蒸散发量较小,IETP 较小,下垫面水分以少量吸收为主。从 5 月下旬到 7 月中旬下垫面水分一直处于消耗状态,但是相对湿度和土壤含水率一直保持较高水平,推测可能与这段时间降水丰富及深层土壤水分补给有关。

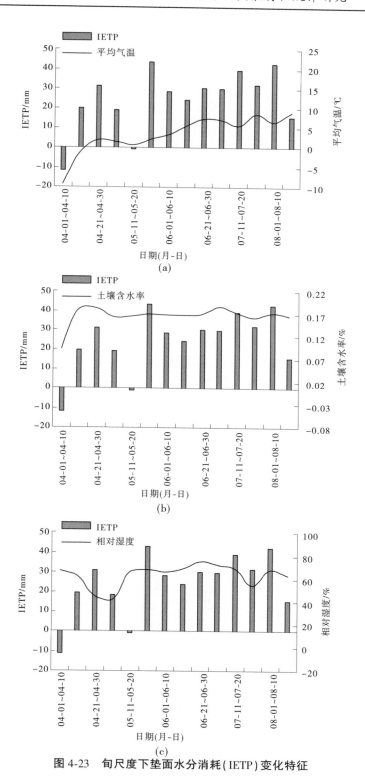

图 4-23 旬尺度下垫面水分消耗(IETP)变化特征

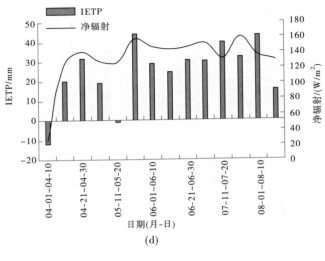

(d)

续图 4-23

4. 月尺度下垫面水分消耗(IETP)变化特征分析

从图 4-24 可以看出:4~7 月,IETP 值呈线性增加趋势,7 月最大为 101.68 mm,4 月最小为 40 mm,表明生长季内下垫面水分变化总体以消耗为主。

微气象条件变化分析表明:月平均气温和净辐射都呈增加趋势,蒸散发量随之增加,各月 IETP 均为正值,说明下垫面一直处于水分消耗状态。但土壤含水率呈逐月增加趋势,说明土壤水分一直处于补给状态。

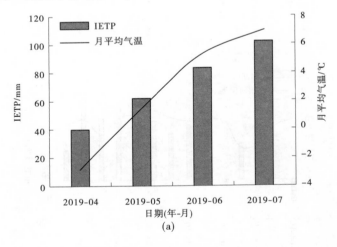

(a)

图 4-24　月尺度下垫面水分消耗(IETP)变化特征

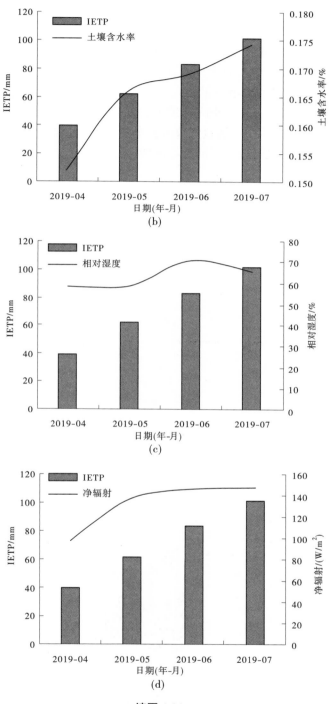

续图 4-24

4.3.3　小结

　　本章利用涡动通量数据和气象资料,分析青藏高原典型高寒荒漠植被下垫面的 ET 变化特征,探究高寒荒漠下垫面的水分消耗状况。结果表明,2019 年沱沱河站生长季总蒸散发量为 581.15 mm,7 月蒸散发量最大,4 月蒸散发量最小,其中日蒸散发量最大值出现在 7 月 7 日,达 8.58 mm。生长季降水量达 235.70 mm,日均 IETP 值为 2.38 mm,表明下垫面一直处于水分消耗状态。通过气象条件分析进一步推测,蒸散发水分来源与土壤水分关系密切,尤其是温度升高引起的土壤冻融。

第 5 章　小流域"四水"转化观测试验

5.1　试验方案

在三江源区选取 3 处代表不同下垫面类型、不同生态系统的小流域,选取合理的径流监测断面,对小流域降水、气温、水位、径流等水文要素进行观测,并结合植物耗水试验观测结果,应用相关性分析等方法对小流域范围内的降水过程、径流过程以及降水、径流之间的转化过程与关系成因进行分析,得出小流域尺度范围内大气水、地表水各自的时空分布特点及相互之间的转化关系和周期变化特征。观测小流域内的降水过程,历时、雨强、大气水转化为地表水的过程分析。

5.2　试验场布设

根据三江源区二期功能分区,统筹考虑三江源区典型生态系统和植被地带性分布等因素,研究选择了 3 处小流域"四水"转化观测点,开展了代表不同海拔梯度、地貌类型的小流域"四水"转化试验原位观测。试验观测场地涵盖森林、高寒草地、沼泽、灌丛、荒漠等不同生态系统类型,海拔范围为 2 941~4 161 m。观测站点分布情况如表 5-1 所示。

表 5-1　观测站点分布情况

序号	地点	坐标	海拔/m	观测项目	代表类型
1	泽库县麦秀林场	35.280 6°N 101.936 3°E	2 941	降水、气温、水位、径流、典型植被蒸渗	森林、草地
2	玛沁县大武镇	34.480 2°N 100.203 1°E	3 775	降水、气温、水位、径流、典型植被蒸渗	高寒草地、灌丛
3	玉树市隆宝滩	33.211 786°N 96.508 195°E	4 161	降水、气温、水位、径流、典型植被蒸渗	高寒草地、高寒沼泽

在各流域分别布设了 Φ20 型自记式雨量筒,观测降水量、温度;在各流域出口布设水文监测断面,长 2 m、宽 1.5 m,并通过 L 形管道设置水位观测井,布设 HOBO 自记水位计,每 30 min 记录断面处水压数据,在观测期用 LS251 型流速仪观测断面处的流速并计算流量,通过相关性分析,建立水压-流量关系方程。

5.3　小流域基本情况

5.3.1　泽库县麦秀林场

　　监测小流域位于黄南州泽库县麦秀林场,国道 G213 东侧,地形为低山沟壑浅山地,坡度平缓,多为 12°~25°,海拔为 2 877~3 270 m,流域面积为 0. 148 9 km²。流域内沿地形有数条沟道,在出山口汇聚后汇入隆务河。在小流域出口设置量水堰监测径流,坐标 101°56′10. 56″E、35°16′50″N,观测降水量、气温、水位、径流等水文要素。流域多年平均气温 5. 6 ℃,年降水量 350~450 mm,多集中于 7~8 月。流域生态类型为森林、草地,主要乔木树种有青海云杉、白桦、祁连圆柏。流域基本情况见图 5-1。

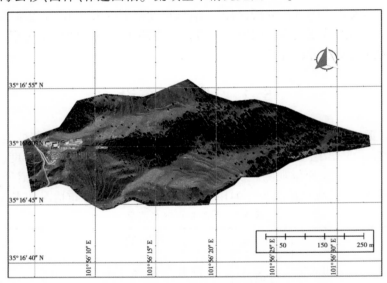

图 5-1　泽库县麦秀林场监测流域基本情况

5.3.2　玛沁县大武镇

　　监测小流域位于玛沁县大武镇,S205 西北侧,距县城 3 km。为山涧沟道形成的小流域,主要由两条支沟组成,在出山口汇聚流经 451 m 后潜入地下,最终汇入桑曲。流域内海拔为 3 770~4 090 m,流域面积为 0. 617 4 km²。在小流域出山口处设置观测站、量水堰监测径流,坐标 100°11′56. 13″E、34°29′6. 57″N,观测降水量、气温、水位、径流等水文要素。多年平均气温 0 ℃,年降水量 500~600 mm,多集中在 6~9 月,年蒸发量 2 400~2 500 mm。流域生态类型为高寒草地和灌丛。流域基本情况见图 5-2。

5.3.3　玉树市隆宝滩

　　选取益曲隆宝滩水文站控制断面以上流域,位于玉树市境内西北部。东与巴塘河流域相邻,南与澜沧江支流子曲上游区分界,西与登额曲流域相接,北为通天河干流。益曲

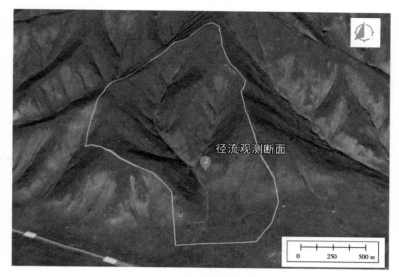

图 5-2　玛沁县大武镇监测小流域基本情况

发源于玉树市境西北部的沙俄茶交山北麓沼泽地,河源坐标 95°56′E、33°18′N,源流段称曲玛公牙,长约 25 km,沿河有大面积沼泽,河道曲折,水流平缓。流域内高山纵横,支流众多,最大支流为隆宝河,河长 44 km;第二大支流为交曲,长 22 km。河川径流以降水补给为主。

试验监测断面位于玉树市隆宝镇以北 3.3 km 的益曲河上,控制流域面积 452 km²。益曲隆宝滩水文站对益曲水位、径流进行观测,流域生态类型为高寒草地和沼泽。

5.4　数据观测

5.4.1　降水量

自记式雨量筒于 2019 年 6 月 18 日开始观测,至 10 月封冻,记录了小流域 6~10 月完整的雨量、气温变化过程。观测期降水变化过程如图 5-3~图 5-5 所示。

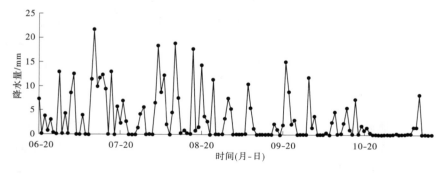

图 5-3　玛沁(海拔 3 775 m)降水变化过程线

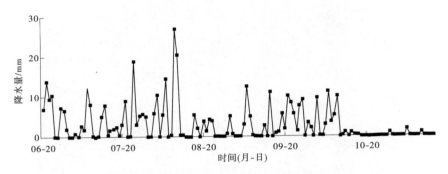

图 5-4　玉树(海拔 4 161 m)降水变化过程线

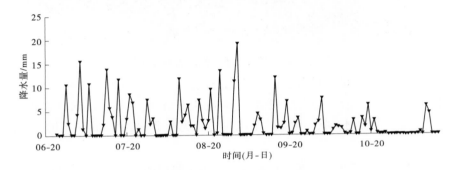

图 5-5　泽库(海拔 2 941 m)降水变化过程线

三个流域降水总量分别为玛沁 438 mm、玉树 404 mm、泽库 302 mm。

5.4.2　地表径流量

利用 HOBO 水位计在 6 月 18 日前后各出口断面水位开始观测,至 10 月封冻,记录了小流域 6~10 月有水状态下完整的水位、水温变化过程,通过流速仪测得数据和同时段的实际压强数据得出流量-压强关系式,从而计算出小流域完整的流量过程:

$$Q = 0.47 \times P^2, R^2 = 0.89 \tag{5-1}$$

式中,Q 为断面流量,m^3/s;P 为 HOBO 水位计测得的实际压强,kPa。

根据 HOBO 水位计气压数据即可求得时段流量,根据时段流量推求日平均流量,既而求得各流域 6~10 月的径流过程。经计算整理,流域径流过程如图 5-6~图 5-8 所示。

可以看出三个流域区间径流量基本相当,玛沁径流量最大,玉树径流量最小。

5.4.3　降水量与径流量相关性分析

径流是一个流域各种水文要素的综合表现,也是一个流域水文过程的结果,径流实质上是水分在下垫面垂向运动中,在各种因素综合作用下的发展过程,也是下垫面对降雨的再分配过程。(祁连山葫芦沟流域高山寒漠带非冻期水文特征《冰川冻土》2013 年 12 月)

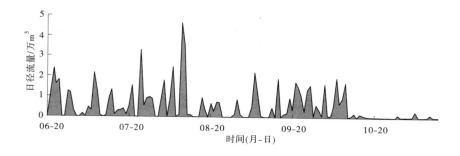

图 5-6 玛沁(海拔 3 775 m)径流过程

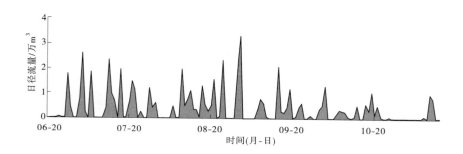

图 5-7 玉树(海拔 4 161 m)径流过程

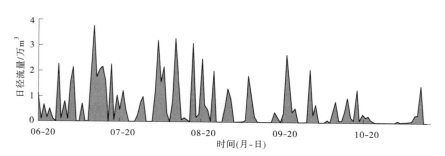

图 5-8 泽库(海拔 2 941 m)径流过程

根据小流域的降水量和日平均流量的关系(见图 5-9),可以看出日平均流量基本能够响应每次降水过程,小流域产流过程迅速,主要是因为小流域坡度陡峭,地表植被稀疏,土壤基质松散,有利于降水的下渗和产汇流,对径流贡献值较大。

根据各流域流量统计,最后求得各流域 6~10 月总径流量,计算得到各流域径流深;根据降水量求得各流域降水深,计算得出小流域产流系数分别为 0.5、0.68、0.72。

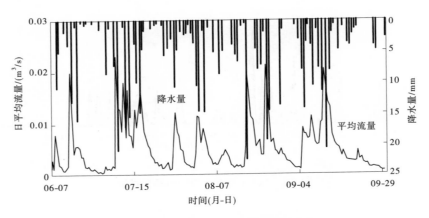

图 5-9　降水量与日平均流量相关曲线

5.5　小　结

（1）降雨量、30 min 最大雨强，60 min 最大雨强与径流量均呈显著线性相关，平均雨强与径流量的关系不显著。

（2）7 月之后河川径流主要受降水的制约，日径流量与前降水呈显著线性相关，整体上来讲，月河川径流量与月降水量亦呈显著的线性相关。

（3）虽然这只是试验点的初步结果，不能代表一个完整的水文年，但试验流域面积较小，在不同生态类型和下垫面具有代表性，降水–径流关系密切且响应迅速，下垫面蒸发微弱，因此得到的产流系数具有一定的区域代表性。

第 6 章　三江源区高精度栅格气象数据集生成

6.1　研究目的及意义

随着地球系统数值模式的发展,再分析资料的应用越来越广泛,已经成为必不可少的数据之一。其中,在陆气相互作用的研究是当前气象领域研究的一个热点,为了揭示地表与大气交换的物理及生物化学过程,使用陆面系统模式对地表的水文、生态等过程进行模拟是当前陆面过程研究的一个重要手段(李新等,2007),并由此产生了对陆面模式输入数据的需求。根据不同的科研需要,陆面系统模式对其输入数据的要求也不尽相同,但随着模式技术的发展,进行长时间、高分辨率的数值模拟是一个必然的趋势。这也是各国科研机构开发长时间序列、高时空分辨率模式输入数据的一个主要动机。

目前,用于数值模式输入的再分析资料很多,其中使用最为广泛的是美国生产的NCEP/NCAR 再分析资料(Kalnay et al.,1996;Kanamitsu et al.,2002)、欧洲中期天气预报中心的 ERA-interim 再分析资料(Uppala et al.,2005),以及日本的 JRA-25 再分析资料(Onogi et al.,2007)。此外,还有旨在用于陆面数值模式的 Princeton 驱动数据(Sheffield et al.,2006),专注于描述大气辐射状况的 GEWEX-SRB 数据(Pinker et al.,2003),以及根据 TRMM 卫星遥感数据和其他卫星数据反演得到的降水数据产品(Kummerow et al.,1998;王振会,2001)等。国内主要有中国气象局陆面数据同化系统(CLDAS-V2.0)近实时产品数据集(Shi C,2014),以及中国科学研究院青藏高原研究所开发的中国区域地面气象要素数据集(He J,2020)。这些数据产品中的大多数都覆盖了全球范围,或至少覆盖了地球表面的大部分面积,但这并不意味着同一产品中的数据在不同的区域都具有相同的可信度。由于全球范围观测数据的分布不均,以及数据同化系统自身存在缺陷等因素,数据产品中可能出现区域性的系统偏差。以上各类数据尤其是在青藏高原地区存在较大偏差,无法满足格点化气象分析以及水文、生态模型的应用需求。以 Princeton 数据为例,其辐射资料在中国区域就存在着非常显著的系统偏差。因此,为了满足省内外陆面数值模拟工作的需要,非常有必要消除既有资料中的偏差,开发出一套适用于青海高原的区域的长时间序列、高时空分辨率的陆面模式驱动数据,以求获得更好的模拟结果。

6.2　数据资料

青海省气象科学研究所与清华大学地球系统科学系阳坤教授团队联合开发的青海高时空分辨率地面气象要素数据集。该数据集是以国际上现有的 Princeton(普林斯顿)再分析资料、GLDAS(全球陆面数据同化系统)资料、GEWEX-SRB(全球能量和水循环交换计划地表能量辐射补偿)辐射资料,以及 TRMM 降水资料为背景场,融合了青海省气象局常规气象观测数据制作而成。其时间分辨率为 3 h,水平空间分辨率为 0.01°,包含近地面气温、地表气压、近地面空气比湿、近地面全风速、地面向下短波辐射、地面向下长波辐射、地面降水率共 7 个要素(变量),如表 6-1 所示。

表 6-1　各气象要素物理意义及单位

气象要素	变量名	单位	物理意义
近地面气温	temp	K	瞬时近地面(2 m)气温
地表气压	pres	Pa	瞬时地表气压
近地面空气比湿	shum	kg/kg	瞬时近地面空气比湿
近地面全风速	wind	m/s	瞬时近地面(风速仪高度)全风速
地面向下短波辐射	srad	W/m²	3 h 平均 (−1.5~+1.5 h) 向下短波辐射
地面向下长波辐射	lrad	W/m²	3 h 平均 (−1.5~+1.5 h) 向下长波辐射
地面降水率	prec	mm/h	3 h 平均 (−3.0~0 h) 降水率

6.2.1　地面气象观测数据

地面气象站观测数据包括青海省 1980~2003 年 1 日 4 次(6 h 时间分辨率)和 2004~2018 年国家气象站(50 个站)逐小时资料(气压、气温、降水、相对湿度、风速)以及日平均气温、日最高气温、日最低气温。青海省 50 个国家气象站信息见表 6-2。

表 6-2　青海省 50 个国家气象站信息

序号	区站号	站名	台站类型	经度	纬度	海拔/m
1	51886	茫崖	基准站	90°51′07″	38°14′59″	2 944.8
2	52602	冷湖	基准站	93°20′08″	38°44′36″	2 770.0
3	52633	托勒	基本站	98°25′05″	38°48′32″	3 367.0
4	52645	野牛沟	基准站	99°35′33″	38°25′31″	3 314.0
5	52657	祁连	基本站	100°14′30″	38°10′34″	2 787.4
6	52707	小灶火	基本站	93°40′41″	36°47′53″	2 767.0
7	52713	大柴旦	基准站	95°21′10″	37°51′08″	3 173.2
8	52737	德令哈	基本站	97°22′33″	37°22′28″	2 981.5
9	52745	天峻	一般站	99°01′11″	37°17′45″	3 417.1
10	52754	刚察	基准站	100°08′16″	37°19′50″	3 301.5
11	52765	门源	基本站	101°36′37″	37°22′44″	2 850.0
12	52818	格尔木	基准站	94°54′30″	36°25′15″	2 807.6
13	52825	诺木洪	基准站	96°25′45″	36°26′26″	2 790.4
14	52833	乌兰	基本站	98°29′19″	36°55′48″	2 950.0

续表6-2

序号	区站号	站名	台站类型	经度	纬度	海拔/m
15	52836	都兰	基本站	98°05′47″	36°17′45″	3 189.0
16	52842	茶卡	基准站	99°04′30″	36°47′17″	3 087.6
17	52853	海晏	一般站	100°59′22″	36°54′20″	3 010.0
18	52855	湟源	一般站	101°14′50″	36°40′44″	2 675.0
19	52856	共和	基本站	100°37′06″	36°16′27″	2 835.0
20	52862	大通	一般站	101°39′32″	36°57′58″	2 470.5
21	52863	互助	一般站	101°56′52″	36°49′18″	2 480.0
22	52866	西宁	基本站	101°45′08″	36°43′42″	2 295.2
23	52868	贵德	基本站	101°22′10″	36°00′59″	2 273.0
24	52869	湟中	一般站	101°34′37″	36°29′42″	2 667.5
25	52874	乐都	一般站	102°24′36″	36°29′09″	2 021.0
26	52875	平安	一般站	102°05′52″	36°29′57″	2 125.0
27	52876	民和	基准站	102°50′20″	36°19′30″	1 813.9
28	52877	化隆	一般站	102°15′27″	36°06′12″	2 834.7
29	52908	五道梁	基本站	93°04′50″	35°12′56″	4 612.2
30	52943	兴海	基准站	99°58′47″	35°35′27″	3 323.2
31	52955	贵南	基本站	100°44′24″	35°35′12″	3 120.0
32	52957	同德	一般站	100°35′50″	35°14′38″	3 148.2
33	52963	尖扎	一般站	102°01′00″	35°56′00″	2 085.7
34	52968	泽库	一般站	101°28′00″	35°02′00″	3 662.8
35	52972	循化	一般站	102°27′27″	35°51′14″	1 921.0
36	52974	同仁	基本站	102°01′57″	35°32′40″	2 475.0
37	56004	沱沱河	基准站	92°26′19″	34°12′58″	4 533.1
38	56016	治多	一般站	95°37′00″	33°51′00″	4 179.1
39	56018	杂多	基准站	95°17′00″	32°53′00″	4 066.4
40	56021	曲麻莱	基本站	95°48′00″	34°07′00″	4 175.0
41	56029	玉树	基本站	96°57′51″	33°00′05″	3 716.9
42	56033	玛多	基准站	98°13′00″	34°55′00″	4 272.3
43	56034	清水河	基本站	97°08′00″	33°48′00″	4 415.4
44	56043	玛沁	基本站	100°14′00″	34°29′00″	3 719.0
45	56045	甘德	一般站	99°54′00″	33°58′00″	4 050.0

序号	区站号	站名	台站类型	经度	纬度	海拔/m
46	56046	达日	基准站	99°39′00″	33°45′00″	3 967.5
47	56065	河南	基本站	101°36′00″	34°44′00″	3 500.0
48	56067	久治	基准站	101°29′00″	33°26′00″	3 628.5
49	56125	囊谦	基准站	96°28′00″	32°12′00″	3 643.7
50	56151	班玛	基本站	100°45′00″	32°56′00″	3 530.0

6.2.2 TRMM 卫星降水数据

采用 2004~2018 年 TRMM 卫星降水再分析数据(3B42),时间分辨率为 3 h,空间分辨率为 0.25°,数据为 3 h 平均降水率。TRMM 降水数据的准确度已成为国际公认的事实,TRMM 3B42 数据在本工作中不仅起到了为插值提供"背景"的作用,而且是作为判断某时刻某格点上是否出现降水的依据。这种通过卫星遥感数据判断降水是否发生的方法极大地克服了纯数学插值方法在格点上产生虚假降水的难题。区域内 40°N 以北地区,TRMM 数据未覆盖地区由 APHRODITE 降水数据集替代。

TRMM 是由美国国家宇航局和日本国家空间发展局共同研制的,于 1997 年 11 月成功发射的第一颗专门用于定量测量热带、亚热带降水的气象卫星。2015 年 4 月 8 日停止采集数据,服役 17 年。卫星设计轨道高度 350 km,倾角 35°,能够满足对热带地区加密观测的要求。2001 年 8 月,卫星轨道高度从 350 km 调整为 400 km,以延长其使用寿命。每天在南北纬 40°之间有 15~16 条轨道。卫星上搭载的用于降水观测的主要传感器有降水雷达(PR)、被动式微波辐射计(TMI)以及可见/红外传感器(VIRS)。其中 PR 是第一个星载降水雷达,能够观测降水的三维结构,工作频率 13.8 GHz,刈幅 220 km,星下点水平分辨率 4.3 km,垂直分辨率 0.25 km。

6.2.3 GLDAS 同化数据

GLDAS(global land data assimilation system,GLDAS)是描述全球陆地信息的模型,该模型包含了全球降雨量、水分蒸发量、地表径流、地下径流、土壤湿度、地表积雪的分布以及温度和热流分布等数据。模型的空间分辨率有 1°和 0.25°,时间分辨率有 3 h、1 d、一个月不等。GLDAS 数据可从 GES DISC(goddard earth sciences data and information services center,GES DISC)下载。

6.2.4 GEWEX-SRB 辐射数据

GEWEX-SRB 辐射数据主要是以国际卫星云气候计划(international satellite cloud climatology project,ISCCP)产品中的云参数以及 GMAO(global modeling and assimilation office,GMAO)再分析数据集作为输入由辐射传输模型计算得到的一套长时间序列的辐射数据。该数据自 1983 年 7 月开始,时间分辨率为 3 h,水平空间分辨率为 1.0°,主要包含地面向下短波辐射和向下长波辐射两个变量,本工作中只用到其中的地面向下短波辐射数据。

6.2.5 陆面模式驱动数据

Princeton 陆面驱动数据是由 Princeton 大学陆面水文研究组开发的一套旨在用于陆面过程数值模拟的格点资料。其时间序列覆盖了 1948~2006 年的近 60 年长度,时间分辨率为 3 h,水平空间分辨率为 1.0°。整个数据集共 7 个变量,分别为近地面气温、近地面气压、近地面空气比湿、近地面全风速、地面向下短波辐射、地面向下长波辐射、地面降水率。本工作中使用了近地面气温、近地面气压、近地面空气比湿、近地面全风速 4 个变量。Princeton 的时间分辨率为 3 h,水平空间分辨率为 1.0°,这两个指标均高于美国 NCEP/NCAR 再分析数据和欧洲中心 ERA-15 及 ERA-40 再分析数据的公开版本(时间分辨率 6 h,水平空间分辨率 2.5°)。

6.2.6 检验数据

利用青海省不同区域、不同海拔高度的 30 个区域气象站观测资料(见表 6-3)对生成的栅格数据进行检验。该数据在栅格数据生成过程中,未参与同化。

表 6-3 栅格数据集检验所需区域站信息

序号	站名	区站号	经度	纬度	测站海拔/m
1	大乌斯	51894	91°16′25″	37°57′04″	3 069.0
2	大风山	51896	92°08′27″	38°15′14″	2 710.0
3	甘森	51899	92°28′53″	37°16′39″	2 899.0
4	扎麻什	52654	100°00′34″	38°12′45″	2 913.0
5	涩北(气田)	52714	94°09′39″	37°20′54″	2 706.0
6	胡杨林	52814	94°25′39″	36°25′10″	2 794.0
7	察尔汗盐湖	52816	95°11′08″	36°47′42″	2 690.0
8	大格勒乡	52824	95°44′43″	36°26′35″	2 772.0
9	宗家乡	52829	96°57′09″	36°16′04″	2 776.0
10	香日德农场	52838	97°47′36″	36°03′34″	2 995.0
11	江西沟镇	52851	100°16′25″	36°36′57″	3 241.0
12	瓦里关	52859	100°53′52″	36°17′13″	3 816.0
13	乐都瞿县	52870	102°19′51″	36°22′13″	2 387.0
14	互助北山	52871	102°25′39″	36°53′28″	2 645.0
15	化隆群科	52878	102°01′32″	36°01′03″	2 084.0
16	楚玛尔河	52905	93°29′22″	35°22′34″	4 498.0
17	不冻泉	52906	93°55′41″	35°32′02″	4 613.0

序号	站名	区站号	经度	纬度	测站海拔/m
18	玉珠峰	52910	94°18′36″	35°43′48″	4 157.0
19	纳赤台	52911	94°33′09″	35°52′24″	3 574.0
20	巴隆乡	52931	97°30′02″	36°01′17″	3 008.0
21	河卡镇	52942	99°59′40″	35°53′30″	3 254.0
22	过马营镇木格滩	52953	100°55′25″	35°45′18″	3 314.0
23	马场	52958	100°39′19″	35°15′33″	3 291.0
24	通天河	55193	92°21′31″	33°53′52″	4 605.0
25	布玛德	55195	91°55′59″	33°26′31″	4 788.0
26	雁石坪	55196	92°04′18″	33°34′46″	4 717.0
27	江克栋	56001	92°51′24″	34°37′54″	4 782.0
28	曲麻河乡	56012	94°33′45″	34°30′15″	4 282.8
29	叶格乡	56013	95°12′21″	34°20′45″	4 289.8
30	隆宝	56028	96°24′31″	33°16′34″	4 202.0

6.3　技术方法

6.3.1　总体方案

目前,国内外主流的再分析数据/卫星数据在时间上和空间上具有较好的连续性和一致性,而且其中大多数的数据时间分辨率相对较高,而气象站点观测的气象要素数据(包括一些被当作实测数据使用的模式数据)在空间上分布极不均匀,且部分要素的时间分辨率较粗。因此,为了得到高时空分辨率的气象要素栅格数据产品,本数据集将这两类输入数据的优点相结合。先假定所需的再分析数据和卫星遥感数据相对于气象站观测数据的偏差在空间上是连续分布的,在每个站点对应的位置上求出该气象要素的偏差并将其插值到格点上,再订正原始的再分析资料和卫星遥感数据中的偏差,最终实现再分析和卫星遥感栅格资料与气象站点观测数据的融合。

偏差校正方面,在近地面气压、气温、全风速、比湿和降水率等 5 个要素数据集的建立过程中,采用差值法来表示再分析资料相对于观测数据的偏差。另外,采用比值法来描述向下短波辐射数据的偏差。

空间降尺度方面,选择了使用 ANU-Spline 插值方法来将站点数据插值到 0.01°空间分辨率格点。对于气温、气压等对地形高度比较敏感的变量,利用高分辨率的地形数据来提供高空间分辨率的信息;对于向下短波辐射数据等受云量影响较大的变量,采用高分辨率的卫星云图数据来提供高空间分辨率的信息。

6.3.2　数据产品生产的具体流程

6.3.2.1　气温、气压、比湿和全风速建立流程

1. 站点数据与格点数据的预处理

首先,对站点数据进行预处理,包括数据文件格式转换、数据单位转换以及对部分要素进行地形高度的订正(如气温、气压等)。其次,对格点数据进行预处理,包括数据格式转换(NetCDF 转二进制格式文件)、数据的空间裁剪(青海区域)、单位转换、高度订正及利用再分析资料中的参量计算得到相对湿度数据。

2. 格点数据空间插值

本工作中,采用双线性插值将气温、气压、比湿及风速 4 个要素的再分析资料的格点数据插到站点上,来解决再分析格点数据与气象站点观测数据在空间上不一致的问题,进行直接的比较。

3. "校正参数"的计算和空间插值

在时间分辨率方面,2004 年之前气象站点观测数据的时间分辨率为一日 4 次,而格点数据为一日 8 次。首先,以站点数据一日 4 次的时间分布为准来计算每个站点的"校正参数",再对每个站点上一日 4 次的"校正参数"进行时间降尺度——将其线性插值为一日 8 次的"校正参数"。为了避免线性插值导致校正结果出现物理意义上不合理的数据(如相对湿度大于 100% 的情况),还需在此对"校正参数"进行反向验证和修正。最后,再将"校正参数"从站点插值至 0.01° 格距的格点场上,为接下来的数据校正工作做好准备。

4. 数据校正

获得时空匹配的格点"校正参数"之后,将原始的 1.0° 空间分辨率格点再分析资料插值到 0.01° 空间分辨率的格点场上,使二者在格点场上的空间分布一致,最后将每个时次的待校正格点再分析数据与格点"校正参数"场相加。

5. 数据截取

首先,用一个空间分辨率为 0.01°、在青海陆地区域内为 1、青海陆地区域外为 0 的格点场去乘以校正后各个时次的格点数据,得到在青海区域内为正常数据、青海区域外为 0 的格点数据文件。其次,再将一个在青海陆地区域内为 0、青海陆地区域外为 1 的格点场去乘以 1×10^{36},得到在青海区域内为 0、青海区域外为缺测值的格点数据文件。最后,将上述两个步骤得到的结果相加,即可得到在青海区域内为正常数据、青海区域外为缺测值的格点数据文件。

气温、气压、比湿和全风速建立流程见图 6-1。

6.3.2.2　短波辐射产品建立工作的核心流程

不同于气温、气压、比湿和全风速的建立流程,向下短波辐射站点数据是由模式估计的日向下短波辐射总能量。首先,将格点再分析资料进行站点插值,并做时间升尺度处理,求出日平均的向下短波辐射数据,然后求出一日 1 次的"校正参数"(比值参数),再进行反向验证、修正并插值到 0.1° 格点后,假设"校正参数"在一天中不变,用其乘以一天 8 个时次的再分析格点数据,最终得到经过校正的数据。向下短波辐射产品建立流程见图 6-2。

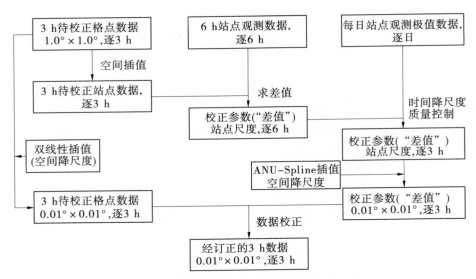

图 6-1　气温、气压、比湿和全风速建立流程

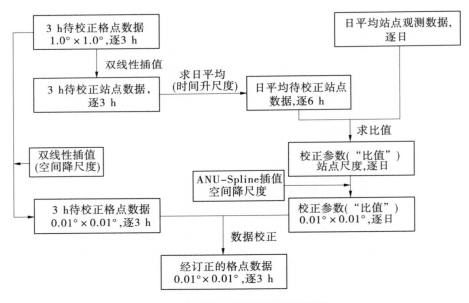

图 6-2　向下短波辐射产品建立流程

6.3.2.3　降水率产品建立工作的核心流程

降水率数据产品的建立过程有一个与其他变量都不同的地方,那就是降水的时空异质性很强。如果采用简单的数学插值方法注定会给大面积的格点上带来虚假的降水,为了克服这个困难,采用 TRMM 数据作为判断某一个格点上是否出现降水的依据。由于 TRMM 数据在 40°N 以北一般是没有有效数据的,而在本工作中唯一可以在这些地区填补 TRMM 资料空白的是时间分辨率为 1 d 的 APHRODIT 降水数据。降水率产品建立流程见图 6-3。

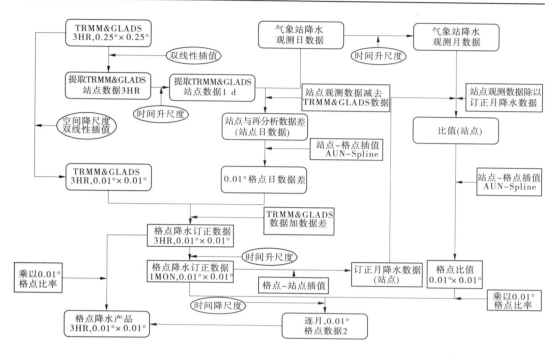

图 6-3 降水率产品建立流程

6.3.2.4 向下长波辐射建立工作的核心流程

向下长波辐射数据以上述气温、气压、比湿和向下短波辐射数据作为输入数据,使用 CD99 模式(Crawford and Duchon, 1999)直接计算出向下长波辐射数据。但是,CD99 模式中的云量是依据向下短波辐射得出的,而在夜间向下短波辐射为 0 时,就无法计算云量。因此,考虑到长波辐射的日变化相对较小,在本书中使用全天的平均云量来代替夜间的云量,从而进行计算。向下长波辐射建立流程见图 6-4。

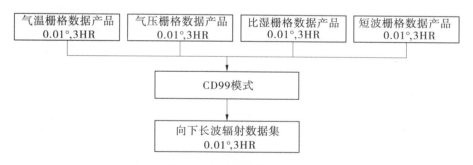

图 6-4 向下长波辐射建立流程

长波辐射数据产品的建立流程是所有变量中最为特殊的,与其他变量的"校正-降尺度"思路不同,长波辐射数据产品是将已经建立的气温、气压、比湿和向下短波辐射数据产品输入 CD99 模式(Crawford and Duchon,1999)一步到位计算得到的。下面对 CD99 模式进行简单介绍。CD99 模式主要可以通过以下方程来描述:

$$R_{lw} = \varepsilon\sigma T^4 \qquad\qquad (6\text{-}1)$$

$$\varepsilon = clf + (1 - clf)\left[1.24\left(\frac{e}{T}\right)^{\frac{1}{7}}\right] \qquad\qquad (6\text{-}2)$$

$$clf = 1 - \frac{R_{sw}}{R_{clr,sw}} \qquad\qquad (6\text{-}3)$$

式中,σ 为 Stefan-Boltzmann 常量,$\sigma = 5.67\times10^{-8}$;$T$ 为近地面气温,K;e 为水汽压,hPa;ε 为发射率;clf 为用云天的向下短波辐射(R_{sw})与晴空的向下短波辐射($R_{clr,sw}$)之比来表示的云量。

6.3.3　时间降尺度过程中的质量控制

　　为了避免在制作的数据产品中出现物理上不合理的数值,如负降水量、大于 100% 的相对湿度等情况,必须对插值结果进行质量控制。防止插值"过界"的最简单办法就是确定变量的变化阈值,并且将插值结果中超出阈值的数值校正到合理范围之内。

　　在气象站观测数据中,不仅包含各站点上每日各个时刻的观测数据,还包括部分变量的日变化极值。具体地,气象站数据中提供的日变化极值有日最高气温、日最低气温、日最高气压、日最低气压、日最低相对湿度、日最大 10 min 平均全风速等。对于提供了日变化极值的变量,采用观测的日变化极值作为该变量在当天的变化阈值。各变量的时间降尺度过程设定的阈值见表 6-4。

表 6-4　各变量的时间降尺度过程设定的阈值

变量	最低阈值	最高阈值
气温/K	气象站数据提供 (缺测则不设阈值)	CMA 数据提供 (缺测则不设阈值)
气压/Pa	CMA 数据提供 (缺测则不设阈值)	CMA 数据提供 (缺测则不设阈值)
相对湿度/%	CMA 数据提供 (缺测则用 0.0)	100.0
全风速/(m/s)	0.0	CMA 数据提供 (缺测则不设阈值)
向下短波辐射/(W/m²)	0.0	1 366.0
向下长波辐射/(W/m²)	—	—
降水率/(mm/h)	0.0	1 500.0

　　对于气象站资料中没有提供日变化极值的变量,则根据该变量的物理意义来确定阈值,如降水量不可能为负,那么降水量的最小阈值就是 0;相对湿度不可能超过 100%(至少在自然大气中如此),则相对湿度的最大阈值就是 100%。此外,为变量设定阈值并不是避免插值结果出现不合理数值的唯一途径,本书中还采用了 Logistic 变换的方法来避免出现相对湿度超过 100% 的情况。

6.3.4　空间插值中地形高度处理

气温、气压变量的数值随高度的变化是十分显著的,因此在对这两个变量的数据进行空间插值时必须考虑地形高程的影响。本书中采用的方法是:首先将 Princeton 格点再分析数据和气象站点观测数据中的气温和气压数据统一订正到海平面高度上;其次使用海平面气温、气压数据来完成校正和降尺度过程;最后再将校正后的数据订正回地形高度上,得到最终数据产品。

6.4　数据评估

6.4.1　评估方法

数据评估采用直接对比气象站点值和与其空间对应的卫星数据栅格格点值方法,对气象站点实测值与栅格数据估测降水值进行对比,方法主要包括均方根误差(RMSE)、相关系数(R)、平均绝对误差(MAE)、标准偏差(BIAS)。具体公式如下:

$$RMSE = \sqrt{\frac{1}{n}\sum_{i=1}^{n}(x_i - y_i)^2} \tag{6-4}$$

$$R = \frac{\sum_{i=1}^{n}(x_i - \bar{x})(y_i - \bar{y})}{\sqrt{\sum_{i=1}^{n}(x_i - \bar{x})^2}\sqrt{\sum_{i=1}^{n}(y_i - \bar{y})^2}} \tag{6-5}$$

$$MAE = \frac{1}{m}\sum_{i=1}^{m}|hx^{(i)} - y^{(i)}| \tag{6-6}$$

$$BIAS = \frac{\sum_{i=1}^{n}(x_i - y_i)}{\sum_{i=1}^{n}y_i} \times 100\% \tag{6-7}$$

式中,n 为数据记录的总个数;i 为全体数据中的第 i 个数据;x_i 为栅格数据提取的值;y_i 为台站观测的值。

6.4.2　月数据评估结果

利用青海省 50 个国家气象站和 30 个区域气象站对气温、降水、风速、相对湿度、气压 5 个要素的月值进行了检验。

6.4.2.1　**国家气象站数据检验**

对 1978~2018 年 50 个国家气象站的检验结果(见表 6-5)可以看出,栅格数据与地面气象站间的相关系数总体较高,其中气温相关系数高达 1.00;降水次之,为 0.97;风速相关系数达到 0.81;气压相关系数为 0.74;相对湿度最低,但也达到了 0.69。从各要素均方根误差、平均绝对误差以及标准偏差来看,风速数据相对最好,其次为气温数据。

表 6-5　国家气象站月尺度检验结果

要素	RMSE	R	MAE	BIAS
气温	1.12	1.00	0.98	−0.20
降水	31.53	0.97	20.95	1.92
风速	0.38	0.81	0.27	0.01
气压	9.46	0.74	8.85	0
相对湿度	36.82	0.69	32.91	−0.43

6.4.2.2　区域气象站数据检验

对 2016~2018 年 30 个区域气象站进行检验(见表 6-6),可以看出,栅格数据与地面气象站间的相关系数总体较高,其中气温相关系数高达 1.00;相对湿度次之,为 0.92;降水相关系数为 0.85;气压相关系数为 0.82;风速相关系数最低,为 0.74。从各要素均方根误差、平均绝对误差以及标准偏差来看,风速数据相对最好,其次为气温数据。

表 6-6　区域气象站月尺度检验结果

要素	RMSE	R	MAE	BIAS
气温	1.56	1.00	1.39	−0.36
降水	30.84	0.85	19.08	1.34
风速	0.96	0.74	0.88	0.13
气压	13.05	0.82	12.81	−0.04
相对湿度	5.65	0.92	4.72	−0.06

6.4.3　日数据检验

6.4.3.1　国家气象站数据检验

对 1978~2018 年 50 个国家气象站的日数据检验结果(见表 6-7)可以看出,栅格数据与地面气象站间的相关系数相差较大,其中气温相关系数高达 0.98;相对湿度次之,为 0.79;风速、降水、气压相关系数均小于 0.60。从各要素均方根误差、平均绝对误差以及标准偏差来看,气温数据相对最好,其次为相对湿度数据。

表 6-7　国家气象站日尺度检验结果

要素	RMSE	R	MAE	BIAS
气温	1.69	0.98	1.38	−0.23
降水	2.71	0.45	0.94	1.91
风速	0.83	0.52	0.62	0
气压	10.15	0.33	9.12	0
相对湿度	8.52	0.79	6.58	0.04

6.4.3.2　区域站数据检验

对 2016~2018 年 30 个区域气象站日数据进行检验（见表 6-8），可以看出，栅格数据与地面气象站间的相关系数相差很大，其中气温相关系数高达 0.96；相对湿度次之，为 0.61；风速相关系数为 0.26；降水和气压相关系数分别为 0.17、0.02。从各要素均方根误差、平均绝对误差以及标准偏差来看，气温数据相对最好，其次为相对湿度数据。

表 6-8　区域气象站日尺度检验结果

要素	RMSE	R	MAE	BIAS
气温	2.40	0.96	1.87	−0.39
降水	2.54	0.17	0.82	1.36
风速	1.57	0.26	1.26	0.13
气压	26.19	0.02	16.12	−0.05
相对湿度	12.51	0.61	9.50	0

30 个区域气象站具体检验结果见表 6-9~表 6-18。

表 6-9　各国家气象站日尺度气温回代检验结果

站名	RMSE	R	MAE	BIAS
茫崖	0.13	1.00	0.10	−0.01
冷湖	0.39	1.00	0.36	−0.09
托勒	0.29	1.00	0.23	0.11
野牛沟	1.20	1.00	1.19	−0.37
祁连	0.41	1.00	0.37	−0.14
小灶火	0.44	1.00	0.37	−0.06
大柴旦	0.21	1.00	0.17	−0.03
德令哈	0.28	1.00	0.22	0.04
天峻	0.48	1.00	0.43	−0.55
刚察	0.25	1.00	0.22	0.03
门源	0.24	1.00	0.20	0
格尔木	0.36	1.00	0.31	−0.04
诺木洪	0.57	1.00	0.55	−0.08
乌兰	0.25	1.00	0.22	0
都兰	0.37	1.00	0.31	−0.07
茶卡	0.52	1.00	0.38	−0.09
海晏	0.49	1.00	0.25	−0.09
湟源	0.59	1.00	0.52	−0.11
共和	0.25	1.00	0.21	0

续表 6-9

站名	RMSE	R	MAE	BIAS
大通	0.24	1.00	0.17	−0.01
互助	0.27	1.00	0.22	−0.03
西宁	0.43	1.00	0.38	−0.06
贵德	0.51	1.00	0.44	−0.05
湟中	0.39	1.00	0.32	−0.05
乐都	0.16	1.00	0.11	0
平安	0.18	1.00	0.14	−0.01
民和	0.67	1.00	0.66	−0.07
化隆	0.25	1.00	0.20	0.01
五道梁	0.22	1.00	0.17	0.03
兴海	0.52	1.00	0.41	−0.11
贵南	0.37	1.00	0.31	−0.06
同德	0.44	1.00	0.35	0.10
尖扎	0.30	1.00	0.22	0.01
泽库	0.46	1.00	0.39	4.74
循化	0.38	1.00	0.32	−0.03
同仁	0.33	1.00	0.29	−0.02
沱沱河	0.26	1.00	0.22	0.08
治多	0.37	1.00	0.24	−5.06
杂多	1.21	1.00	1.11	1.39
曲麻莱	0.28	1.00	0.20	−0.07
玉树	1.21	1.00	1.16	0.38
玛多	0.52	1.00	0.33	−0.11
清水河	1.18	1.00	1.15	0.52
玛沁	0.88	1.00	0.85	115.34
甘德	0.39	1.00	0.24	0.10
达日	0.34	1.00	0.20	1.61
河南	0.74	1.00	0.71	−7.67
久治	0.47	1.00	0.40	0.27
囊谦	0.70	1.00	0.64	0.13
班玛	2.00	1.00	1.98	1.18
均值	0.49	1.00	0.42	2.22

表 6-10　各区域气象站日尺度气温检验结果

站名	RMSE	R	MAE	BIAS
茫崖大乌斯	0.86	1.00	0.75	−0.06
冷湖大风山	0.87	1.00	0.72	−0.16
茫崖甘森	1.24	0.99	1.02	−0.21
祁连扎麻什乡夏塘村	1.86	0.98	1.61	−0.39
格尔木涩北气田	0.90	1.00	0.79	−0.11
格尔木郭勒木德镇胡杨林	1.18	1.00	1.05	−0.08
格尔木察尔汗盐湖	1.23	1.00	1.07	0.05
格尔木大格勒乡龙羊村	1.36	1.00	1.22	−0.16
都兰宗加乡	1.08	1.00	0.90	−0.13
都兰香日德农场	0.75	0.99	0.63	−0.07
共和江西沟镇	1.73	0.99	1.41	−0.37
共和瓦里关	2.10	0.99	1.93	−0.96
乐都区瞿昙镇吴家台	2.81	0.98	2.53	0.60
互助北山国家森林公园	3.95	0.96	3.45	−0.56
化隆群科	1.22	0.98	0.94	−0.01
格尔木楚玛尔河	0.94	0.99	0.76	−0.37
格尔木不冻泉	1.01	0.99	0.67	0.05
格尔木玉珠峰	1.59	0.99	1.31	−0.46
格尔木纳赤台	1.30	0.99	1.11	0.98
都兰巴隆乡	1.51	0.99	1.30	0.27
兴海河卡镇	1.04	0.99	0.84	−0.24
贵南过马营木格滩	0.65	1.00	0.44	0.02
同德马场	1.15	1.00	0.99	−0.31
格尔木通天河	1.67	0.96	1.18	−0.35
格尔木布玛德	2.78	0.98	2.48	−0.61
格尔木雁石坪	2.48	0.98	2.11	−0.57
格尔木江克栋	0.81	1.00	0.67	−0.27
曲麻莱曲麻河乡	1.03	0.99	0.89	−0.43
曲麻莱叶格乡	2.71	0.99	2.60	−0.97
玉树隆宝镇	1.76	0.99	1.49	−1.30
均值	1.52	0.99	1.29	−0.24

表 6-11　各国家气象站日尺度降水检验结果

站名	RMSE	R	MAE	BIAS
茫崖	5.07	0.95	2.68	1.40
冷湖	2.18	0.97	0.97	1.23
托勒	28.48	0.95	18.04	1.66
野牛沟	39.51	0.89	26.09	1.96
祁连	35.36	0.90	23.65	1.77
小灶火	4.00	0.89	1.95	1.45
大柴旦	9.88	0.95	5.73	1.60
德令哈	21.53	0.92	13.01	1.70
天峻	36.42	0.89	23.77	2.09
刚察	35.88	0.87	23.38	1.73
门源	40.82	0.89	29.45	1.92
格尔木	4.86	0.92	2.65	1.49
诺木洪	6.77	0.95	3.24	1.57
乌兰	20.98	0.92	12.73	1.76
都兰	22.01	0.90	14.15	1.93
茶卡	22.83	0.92	14.18	1.85
海晏	35.09	0.85	23.84	1.84
湟源	35.77	0.87	25.16	1.90
共和	28.35	0.88	19.47	1.84
大通	42.65	0.83	29.44	1.89
互助	38.70	0.86	27.80	1.89
西宁	32.64	0.88	23.03	1.80
贵德	22.08	0.89	15.08	1.71
湟中	41.68	0.87	30.52	2.04
乐都	27.23	0.87	18.24	1.74
平安	27.12	0.88	18.17	1.69
民和	27.63	0.87	18.48	1.80
化隆	37.46	0.86	26.63	1.89

续表 6-11

站名	RMSE	R	MAE	BIAS
五道梁	31.06	0.92	19.80	1.94
兴海	35.59	0.89	23.35	1.87
贵南	40.42	0.90	27.29	1.75
同德	39.00	0.86	27.11	1.85
尖扎	31.02	0.88	20.16	1.72
泽库	40.35	0.89	28.59	1.73
循化	23.45	0.87	14.89	1.65
同仁	34.84	0.89	24.66	1.91
沱沱河	29.03	0.90	18.23	1.80
治多	35.53	0.84	23.90	1.81
杂多	43.00	0.88	29.38	1.83
曲麻莱	36.35	0.89	25.26	1.90
玉树	39.98	0.84	27.58	1.91
玛多	29.24	0.89	20.44	1.96
清水河	45.06	0.86	32.13	2.19
玛沁	41.63	0.89	29.09	1.75
甘德	42.17	0.85	30.80	1.89
达日	45.33	0.88	32.65	1.95
河南	45.75	0.89	32.95	1.88
久治	56.17	0.87	41.62	1.85
囊谦	45.48	0.87	30.18	1.81
班玛	49.99	0.87	36.76	1.88
均值	31.87	0.89	21.77	1.80

表 6-12　各区域气象站日尺度降水检验结果

站名	RMSE	R	MAE	BIAS
茫崖大乌斯	7.95	0.61	4.43	0.86
冷湖大风山	2.66	0.33	1.61	−0.76
茫崖甘森	7.68	0.24	4.44	−0.45
祁连扎麻什乡夏塘村	40.72	0.80	26.19	1.77

续表 6-12

站名	RMSE	R	MAE	BIAS
格尔木涩北气田	5.06	0.38	1.88	0.17
格尔木郭勒木德镇胡杨林	6.76	0.60	3.57	0.42
格尔木察尔汗盐湖	4.94	0.57	2.25	0.46
格尔木大格勒乡龙羊村	6.06	0.62	2.65	1.66
都兰宗加乡	7.55	0.69	4.17	0.38
都兰香日德农场	23.13	0.66	13.91	1.39
共和江西沟镇	50.25	0.81	31.20	1.72
共和瓦里关	41.23	0.21	26.22	0.92
乐都区瞿昙镇吴家台	42.58	0.88	23.13	2.07
互助北山国家森林公园	41.32	0.76	27.24	1.28
化隆群科	36.74	0.87	21.56	1.50
格尔木楚玛尔河	25.66	0.84	15.46	0.68
格尔木不冻泉	26.96	0.53	14.00	0.41
格尔木玉珠峰	35.54	0.29	19.80	0.77
格尔木纳赤台	21.22	0.24	9.88	−0.13
都兰巴隆乡	18.70	0.78	10.74	1.05
兴海河卡镇	49.83	0.74	30.31	2.43
贵南过马营木格滩	35.60	0.44	22.30	1.29
同德马场	46.54	0.85	30.93	1.45
格尔木通天河	25.86	0.82	14.27	0.84
格尔木布玛德	36.07	0.84	21.59	1.62
格尔木雁石坪	37.86	0.77	22.23	1.55
格尔木江克栋	42.35	0.87	25.08	1.73
曲麻莱曲麻河乡	23.19	0.70	14.00	0.20
曲麻莱叶格乡	54.59	0.21	23.08	0.18
玉树隆宝镇	45.71	0.73	27.85	1.86
均值	28.34	0.62	16.53	0.98

表 6-13　各区域气象站日尺度风速检验结果

站名	RMSE	R	MAE	BIAS
茫崖	0.24	0.86	0.12	-0.03
冷湖	0.29	0.88	0.17	0
托勒	0.31	0.81	0.19	-0.02
野牛沟	0.32	0.62	0.17	-0.04
祁连	0.22	0.68	0.11	-0.02
小灶火	0.27	0.87	0.13	-0.03
大柴旦	0.22	0.84	0.11	-0.03
德令哈	0.20	0.84	0.12	-0.05
天峻	0.25	0.86	0.15	-0.01
刚察	0.27	0.72	0.14	-0.02
门源	0.18	0.79	0.10	-0.05
格尔木	0.19	0.83	0.11	-0.04
诺木洪	0.25	0.87	0.18	-0.09
乌兰	0.19	0.85	0.10	-0.03
都兰	0.27	0.69	0.14	-0.04
茶卡	0.36	0.78	0.21	-0.04
海晏	0.36	0.66	0.20	-0.01
湟源	0.25	0.86	0.14	-0.05
共和	0.24	0.79	0.14	-0.07
大通	0.20	0.69	0.10	-0.02
互助	0.21	0.51	0.12	-0.06
西宁	0.17	0.67	0.09	-0.06
贵德	0.20	0.82	0.12	-0.05
湟中	0.21	0.65	0.12	-0.04
乐都	0.28	0.79	0.16	-0.08
平安	0.25	0.62	0.16	-0.02
民和	0.19	0.69	0.10	-0.03
化隆	0.19	0.61	0.10	-0.04

续表 6-13

站名	RMSE	R	MAE	BIAS
五道梁	0.37	0.91	0.21	-0.04
兴海	0.28	0.76	0.16	-0.08
贵南	0.22	0.60	0.11	-0.04
同德	0.25	0.62	0.14	-0.03
尖扎	0.20	0.59	0.11	0
泽库	0.28	0.66	0.17	-0.03
循化	0.31	0.84	0.21	0.05
同仁	0.22	0.87	0.11	-0.07
沱沱河	0.36	0.83	0.19	-0.04
治多	0.43	0.57	0.26	-0.11
杂多	0.24	0.61	0.12	-0.05
曲麻莱	0.31	0.65	0.16	-0.05
玉树	0.22	0.74	0.12	-0.06
玛多	0.30	0.80	0.17	-0.05
清水河	0.30	0.66	0.15	-0.03
玛沁	0.22	0.67	0.12	-0.04
甘德	0.25	0.80	0.14	-0.04
达日	0.30	0.54	0.15	-0.05
河南	0.22	0.76	0.12	-0.04
久治	0.23	0.54	0.12	-0.04
囊谦	0.27	0.59	0.15	-0.08
班玛	0.20	0.61	0.10	-0.06
均值	0.26	0.73	0.14	-0.04

表 6-14　各区域气象站日尺度风速检验结果

站名	RMSE	R	MAE	BIAS
茫崖大乌斯	0.73	0.47	0.62	0.18
冷湖大风山	0.81	0.77	0.63	0.09
茫崖甘森	0.85	0.58	0.62	-0.14

续表 6-14

气温	RMSE	R	MAE	BIAS
祁连扎麻什乡夏塘村	0.75	0.14	0.58	−0.26
格尔木涩北气田	0.64	0.68	0.50	−0.09
格尔木郭勒木德镇胡杨林	1.02	0.53	0.94	0.41
格尔木察尔汗盐湖	0.89	0.17	0.80	−0.05
格尔木大格勒乡龙羊村	3.38	0.04	3.28	−0.65
都兰宗加乡	1.18	0.43	1.06	0.56
都兰香日德农场	1.13	0.12	0.86	0.42
共和江西沟镇	2.24	0.40	2.16	−0.45
共和瓦里关	1.05	0.04	0.81	−0.10
乐都区瞿昙镇吴家台	1.33	0.17	1.26	1.31
互助北山国家森林公园	2.75	0.02	2.70	−0.73
化隆群科	1.04	0.10	0.96	−0.60
格尔木楚玛尔河	0.65	0.61	0.51	−0.28
格尔木不冻泉	1.45	0.03	1.20	0.25
格尔木玉珠峰	0.96	0.60	0.87	0.34
格尔木纳赤台	1.76	0.11	1.71	0.90
都兰巴隆乡	1.24	0	1.06	0.50
兴海河卡镇	1.53	0.15	1.48	−0.42
贵南过马营木格滩	1.48	0.46	1.42	0.87
同德马场	0.44	0.54	0.37	−0.01
格尔木通天河	0.57	0.72	0.46	−0.12
格尔木布玛德	0.67	0.72	0.53	−0.06
格尔木雁石坪	0.85	0.78	0.70	−0.20
格尔木江克栋	0.73	0.55	0.55	−0.17
曲麻莱曲麻河乡	2.36	0.68	2.32	−0.48
曲麻莱叶格乡	1.82	0.57	1.77	−0.41
玉树隆宝镇	1.32	0.75	1.28	−0.31
均值	1.26	0.40	1.13	0.01

表 6-15　各国家气象站日尺度气压检验结果

站名	RMSE	R	MAE	BIAS
茫崖	15.04	0.82	15.00	−0.02
冷湖	15.26	0.82	15.22	−0.02
托勒	18.30	0.82	18.26	−0.03
野牛沟	4.04	0.94	3.95	−0.01
祁连	16.84	0.83	16.81	−0.02
小灶火	15.35	0.83	15.32	−0.03
大柴旦	16.11	0.78	16.07	−0.02
德令哈	11.14	0.86	11.11	−0.02
天峻	21.66	0.57	21.56	−0.03
刚察	15.27	0.92	15.24	−0.02
门源	12.59	0.89	12.57	−0.02
格尔木	16.02	0.85	15.99	−0.02
诺木洪	17.05	0.84	17.02	−0.02
乌兰	12.80	0.86	12.77	−0.02
都兰	19.05	0.82	19.02	−0.03
茶卡	17.08	0.71	17.02	−0.02
海晏	15.30	0.77	15.25	−0.04
湟源	16.61	0.89	16.58	−0.02
共和	11.75	0.89	11.73	−0.02
大通	10.52	0.76	10.45	−0.02
互助	10.30	0.87	10.26	−0.01
西宁	11.46	0.92	11.44	−0.01
贵德	12.17	0.95	12.15	−0.03
湟中	14.87	0.85	14.85	−0.02
乐都	6.87	0.83	6.72	−0.01
平安	9.07	0.95	9.05	−0.01
民和	14.51	0.98	14.49	−0.02
化隆	10.98	0.76	10.92	−0.01
五道梁	31.36	0.91	31.33	−0.06
兴海	18.80	0.87	18.77	−0.04
贵南	15.68	0.86	15.65	−0.02

续表 6-15

站名	RMSE	R	MAE	BIAS
同德	10.57	0.91	10.54	−0.01
尖扎	4.90	0.90	4.82	−0.01
泽库	23.34	0.90	23.31	−0.05
循化	10.70	0.62	10.35	−0.01
同仁	12.01	0.63	11.92	−0.03
沱沱河	31.16	0.83	31.12	−0.05
治多	26.10	0.78	26.06	−0.04
杂多	15.05	0.90	15.02	−0.02
曲麻莱	25.03	0.89	25.00	−0.04
玉树	9.91	0.95	9.89	−0.02
玛多	23.91	0.91	23.88	−0.04
清水河	39.61	0.79	39.57	−0.06
玛沁	11.84	0.94	11.81	−0.02
甘德	24.64	0.84	24.61	−0.04
达日	23.22	0.90	23.19	−0.04
河南	11.20	0.94	11.16	−0.02
久治	15.08	0.95	15.06	−0.02
囊谦	14.08	0.91	14.06	−0.02
班玛	1.98	0.97	1.91	0
均值	15.76	0.85	15.72	−0.02

表 6-16　各区域气象站日尺度气压检验结果

站名	RMSE	R	MAE	BIAS
茫崖大乌斯	24.54	0.58	24.50	−0.11
冷湖大风山	15.69	0.72	15.64	−0.02
茫崖甘森	17.34	0.71	17.30	−0.02
祁连扎麻什乡夏塘村	26.03	0.48	25.98	−0.03
格尔木涩北气田	18.63	0.39	18.52	−0.02
格尔木郭勒木德镇胡杨林	5.93	0.83	5.87	−0.04

续表 6-16

站名	RMSE	R	MAE	BIAS
格尔木察尔汗盐湖	15.69	0.81	15.66	−0.08
格尔木大格勒乡龙羊村	9.62	0.91	9.60	−0.01
都兰宗加乡	7.92	0.91	7.89	−0.04
都兰香日德农场	17.95	0.79	17.92	−0.02
共和江西沟镇	23.28	0.42	23.20	−0.06
共和瓦里关	42.27	0.53	42.21	−0.32
乐都区瞿昙镇吴家台	2.49	0.78	2.28	0
互助北山国家森林公园	23.98	0.11	21.20	−0.16
化隆群科	1.48	0.89	1.21	0
格尔木楚玛尔河	30.89	0.87	30.85	−0.23
格尔木不冻泉	34.02	0.84	33.97	−0.06
格尔木玉珠峰	26.61	0.69	26.54	−0.04
格尔木纳赤台	15.02	0.74	14.96	−0.02
都兰巴隆乡	14.74	0.81	14.72	−0.08
兴海河卡镇	19.65	0.88	19.63	−0.03
贵南过马营木格滩	23.17	0.81	23.14	−0.06
同德马场	21.37	0.79	21.34	−0.03
格尔木通天河	26.73	0.60	26.66	−0.12
格尔木布玛德	21.35	0.73	21.28	−0.09
格尔木雁石坪	19.45	0.70	19.37	−0.09
格尔木江克栋	29.90	0.91	29.86	−0.13
曲麻莱曲麻河乡	28.93	0.54	28.86	−0.12
曲麻莱叶格乡	5.12	0.68	4.84	−0.09
玉树隆宝镇	21.03	0.84	20.99	−0.03
均值	19.69	0.71	19.53	−0.07

表6-17　各国家气象站日尺度相对湿度检验结果

站名	RMSE	R	MAE	BIAS
茫崖	7.76	0.37	2.77	0.10
冷湖	7.99	0.33	3.16	0.12
托勒	12.96	0.38	5.03	0.11
野牛沟	14.70	0.36	5.11	0.10
祁连	13.04	0.39	4.70	0.10
小灶火	8.19	0.37	3.19	0.10
大柴旦	9.37	0.31	3.42	0.11
德令哈	9.37	0.50	3.57	0.11
天峻	12.92	0.59	4.92	0.11
刚察	13.27	0.49	5.04	0.11
门源	14.52	0.40	5.33	0.10
格尔木	7.95	0.36	3.01	0.11
诺木洪	8.62	0.42	3.63	0.12
乌兰	10.77	0.47	4.17	0.11
都兰	10.27	0.47	3.87	0.10
茶卡	11.29	0.54	4.36	0.09
海晏	15.11	0.35	5.91	0.11
湟源	13.86	0.47	5.61	0.11
共和	11.36	0.56	4.09	0.09
大通	13.30	0.43	4.99	0.09
互助	14.81	0.38	5.72	0.10
西宁	13.44	0.47	5.23	0.10
贵德	10.28	0.64	4.15	0.09
湟中	14.04	0.44	5.25	0.10
乐都	12.34	0.46	4.40	0.09
平安	12.07	0.49	4.21	0.09
民和	12.50	0.50	4.48	0.09
化隆	14.81	0.44	5.86	0.11

续表 6-17

站名	RMSE	R	MAE	BIAS
五道梁	13.40	0.56	4.64	0.09
兴海	12.22	0.65	4.45	0.08
贵南	13.00	0.56	4.84	0.10
同德	12.44	0.58	4.64	0.10
尖扎	10.98	0.55	3.84	0.09
泽库	15.01	0.48	5.75	0.08
循化	11.40	0.55	4.47	0.09
同仁	11.85	0.55	4.51	0.09
沱沱河	12.40	0.57	4.37	0.09
治多	12.41	0.60	4.85	0.10
杂多	11.76	0.60	3.98	0.08
曲麻莱	12.55	0.58	4.56	0.09
玉树	12.23	0.56	4.61	0.10
玛多	12.71	0.48	4.60	0.10
清水河	14.91	0.44	5.21	0.09
玛沁	13.82	0.48	5.04	0.10
甘德	15.23	0.38	5.80	0.10
达日	14.48	0.36	4.93	0.09
河南	15.13	0.40	5.26	0.09
久治	15.44	0.37	5.49	0.09
囊谦	11.67	0.61	4.05	0.09
班玛	14.11	0.44	5.04	0.10
均值	12.40	0.47	4.60	0.10

表 6-18 各区域气象站日尺度相对湿度检验结果

站名	RMSE	R	MAE	BIAS
茫崖大乌斯	18.60	0.03	12.80	0.36
冷湖大风山	17.71	0.10	12.08	0.33
茫崖甘森	18.46	0.03	13.37	0.26
祁连扎麻什乡夏塘村	31.77	0.11	23.92	0.60
格尔木涩北气田	15.14	0.13	10.19	0.39
格尔木郭勒木德镇胡杨林	19.27	0.16	13.79	0.30
格尔木察尔汗盐湖	18.30	0.11	13.76	0.47

续表 6-18

站名	RMSE	R	MAE	BIAS
格尔木大格勒乡龙羊村	19.33	0.24	16.19	0.77
都兰宗加乡	19.12	0.23	14.30	0.22
都兰香日德农场	22.86	0.23	15.49	0.39
共和江西沟镇	32.53	0.09	22.16	0.49
共和瓦里关	36.44	0.11	27.64	0.22
乐都区瞿昙镇吴家台	28.18	0.29	20.48	0.29
互助北山国家森林公园	39.82	0.36	32.80	0.62
化隆群科	27.97	0.43	19.26	0.42
格尔木楚玛尔河	28.32	0.21	18.43	0.35
格尔木不冻泉	30.26	0.25	20.76	0.42
格尔木玉珠峰	28.40	0.16	21.32	0.27
格尔木纳赤台	24.14	0.11	18.07	0.33
都兰巴隆乡	20.49	0.14	17.90	0.05
兴海河卡镇	27.78	0.36	18.84	0.45
贵南过马营木格滩	30.27	0.29	20.55	0.45
同德马场	31.78	0.35	24.01	0.59
格尔木通天河	28.45	0.30	20.20	0.50
格尔木布玛德	28.18	0.21	20.42	0.36
格尔木雁石坪	29.51	0.22	20.64	0.46
格尔木江克栋	28.98	0.28	19.13	0.37
曲麻莱曲麻河乡	28.53	0.22	18.76	0.36
曲麻莱叶格乡	27.96	0.25	18.25	0.33
玉树隆宝镇	30.37	0.30	20.70	0.41
均值	26.30	0.21	18.87	0.39

6.4.4　与其他同类数据对比

通过挑选 2018 年 6 月和 9 月 NCEP、ERA5、CLDAS 三类数据集与青海长序列高精度气象要素栅格数据集进行检验对比,提取了青海省 30 个区域气象站月数据,结果显示,青海长序列高精度气象要素栅格数据集气温数据相关系数分别为 0.84 和 0.74(见表 6-19),明显高于其他数据集,均方根误差和平均绝对误差明显低于其他数据,而且时空分辨率方面亦有优势。对于降水数据,亦采用相同的检验方法,结果显示,青海长序列高精度气象要素栅格数据集降水数据相关系数分别为 0.61 和 0.51(见表 6-20),明显高于其他数据集,均方根误差和平均绝对误差明显低于其他数据,同样,时空分辨率方面亦有优势。

表 6-19　与其他同类数据集气温检验结果

数据集名称	决定系数	RMSE/℃	MAE/℃
QMFD(201806)	0.84	3.78	1.46
QMFD(201809)	0.74	2.99	1.39
CLDAS(201806)	0.81	5.45	5.63
CLDAS(201807)	0.75	4.15	1.77
ERA5(201806)	0.68	3.81	2.20
ERA5(201809)	0.52	2.88	1.97
NCEP(201806)	0.17	12.1	10.24
NCEP(201809)	0.05	13.8	13.51

表 6-20　与其他同类数据集降水检验结果

数据集名称	决定系数	RMSE/mm	MAE/mm
QMFD(201806)	0.61	38.44	19.32
QMFD(201809)	0.51	37.88	21.79
CLDAS(201806)	0.03	63.89	97.43
CLDAS(201807)	0.04	46.82	82.11
CMAP(201806)	0.22	43.22	39.21
CMAP(201809)	0.16	44.73	51.16
ERA5(201806)	0.51	43.17	61.55
ERA5(201809)	0.47	44.78	70.54
GPCP(201806)	0.28	38.36	35.55
GPCP(201809)	0.27	40.86	29.09

6.5　栅格数据产品

6.5.1　气温

三江源区 1979~2018 年平均气温为 -17.6~9.6 ℃,其中高值区位于区域东部以及中南部部分地区,低值区位于西部大部。三江源区春季、夏季、秋季以及冬季的平均气温分别为 -3.1 ℃、6.7 ℃、-3.2 ℃、-13.4 ℃,如图 6-5 所示。

6.5.2　降水率

三江源区 1979~2018 年平均降水率为 0.03~0.1 mm/h,其中高值区位于区域南部大部,低值区位于北部以及中部部分地区。另外,CMFD 产品在冬季降水率方面表现不佳,如图 6-6 所示。

6.5.3　风速

三江源区 1979~2018 年平均风速为 1.2~4.9 m/s,其中高值区位于区域西部大部以及东部部分区域,低值区位于东南部以及中部部分地区。三江源区春季、夏季、秋季以及冬季的平均风速分别为 3.6 m/s、2.9 m/s、3.1 m/s、3.8 m/s,如图 6-7 所示。

6.5.4　比湿

三江源区 1979~2018 年平均比湿为 0.001~0.005 kg/kg,其中高值区位于区域东部以及中南部部分区域,低值区位于西部以及中北部地区。三江源区冬季的平均比湿最低,为 0.001 kg/kg;夏季平均比湿最高,为 0.006 kg/kg,如图 6-8 所示。

6.5.5　气压

三江源区 1979~2018 年平均气压为 51.2~80.8 kPa,其中高值区位于区域东北部,低值区位于西部、中部以及东南部地区。三江源区春季、夏季、秋季、冬季的平均气压分别为 62.0 kPa、62.2 kPa、62.3 kPa、61.8 kPa,如图 6-9 所示。

6.5.6　向下长波辐射

三江源区 1979~2018 年向下长波辐射为 188.8~303.3 W/m²,其中高值区位于区域东部大部以及中部,低值区位于西部以及中北部部分地区。三江源区春季、夏季、秋季、冬季的平均长波辐射分别为 236.5 W/m²、289.4 W/m²、243.0 W/m²、200.0 W/m²,如图 6-10 所示。

6.5.7　向下短波辐射

三江源区 1979~2018 年向下短波辐射为 188.8~303.3 W/m²,其中高值区位于区域西部以及中部大部,低值区位于东部以及中南部部分地区。三江源区春季、夏季、秋季、冬季的平均短波辐射分别为 244.8 W/m²、252.3 W/m²、172.6 W/m²、134.9 W/m²，如图 6-11 所示。

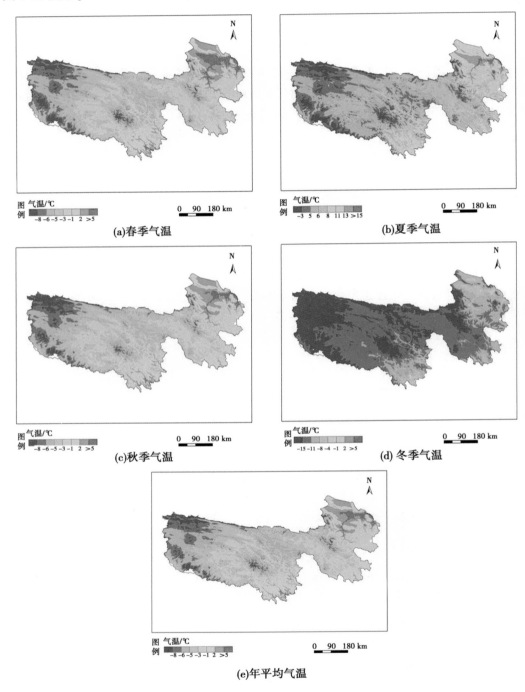

图 6-5　三江源区气温栅格数据空间分布

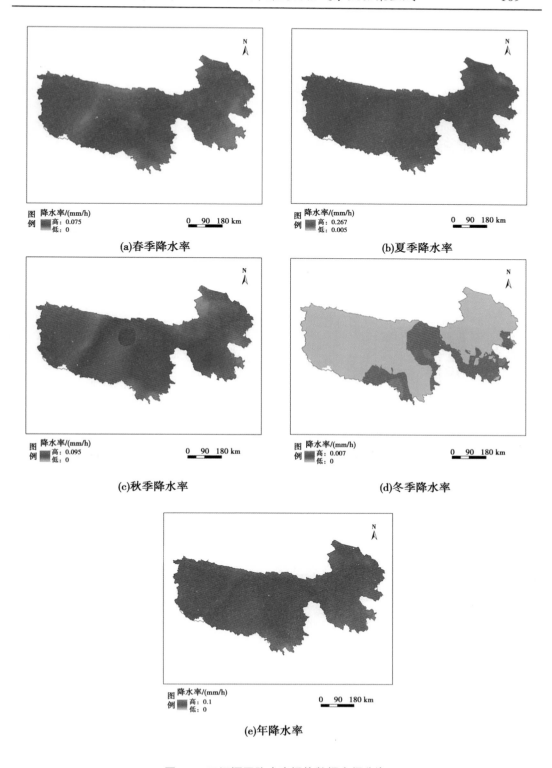

图 6-6　三江源区降水率栅格数据空间分布

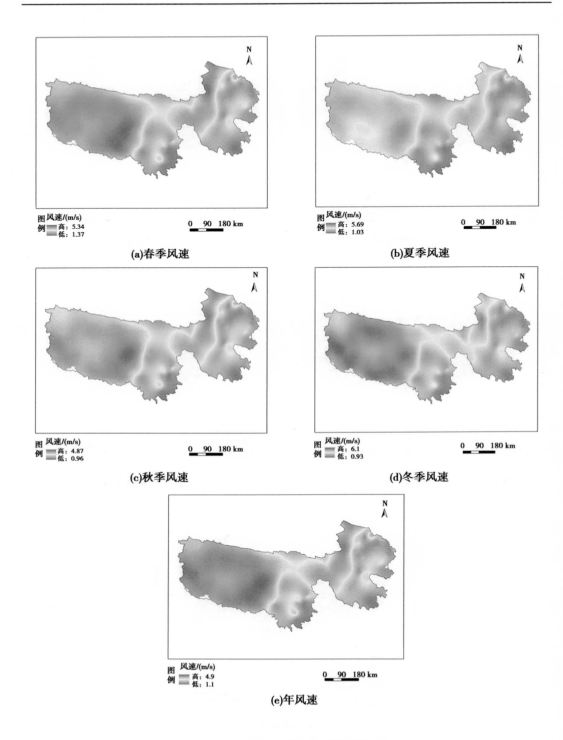

(a)春季风速　　　　　　　　　　(b)夏季风速

(c)秋季风速　　　　　　　　　　(d)冬季风速

(e)年风速

图 6-7　三江源区风速栅格数据空间分布

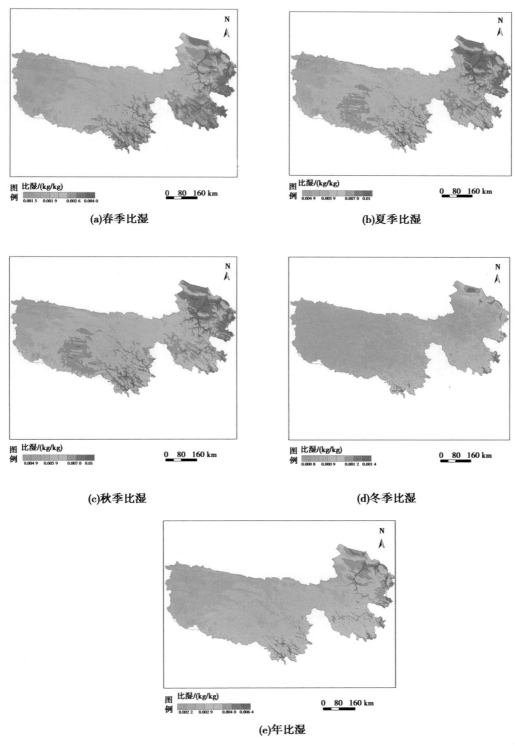

图 6-8　三江源区比湿数据空间分布

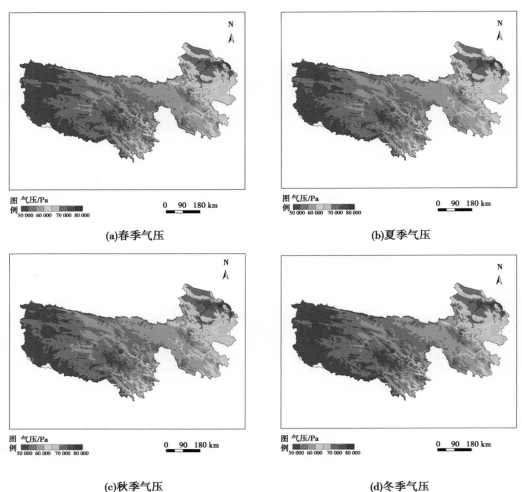

(a)春季气压　　　　　　　　　　　　　　　　(b)夏季气压

(c)秋季气压　　　　　　　　　　　　　　　　(d)冬季气压

(e)年气压

图 6-9　三江源区气压栅格数据空间分布

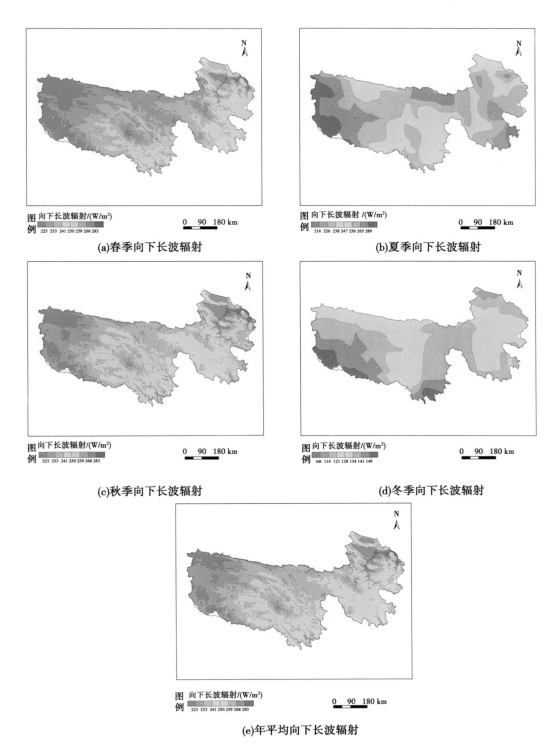

(a)春季向下长波辐射

(b)夏季向下长波辐射

(c)秋季向下长波辐射

(d)冬季向下长波辐射

(e)年平均向下长波辐射

图 6-10　三江源区向下长波辐射栅格数据空间分布

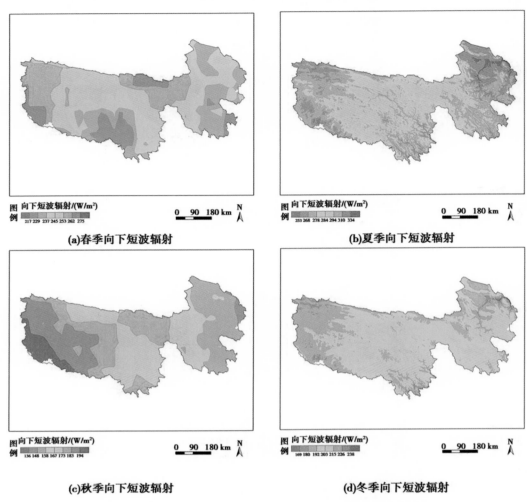

(a)春季向下短波辐射   (b)夏季向下短波辐射

(c)秋季向下短波辐射   (d)冬季向下短波辐射

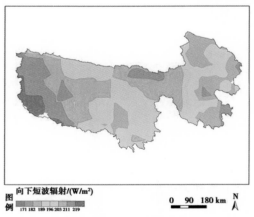

(e)年平均向下短波辐射

图 6-11　三江源区向下短波辐射栅格数据空间分布

6.5.8　小结

（1）构建了 1979~2018 年长达 40 年的青海省近地面气压、气温、风速、降水率、比湿、向下长波辐射和向下短波辐射 7 个气象要素逐 3 h 0.01°×0.01°栅格数据集,弥补了空间上无站点地区的气象数据,为气候变化、生态评估、水资源评估提供基础数据。

（2）通过检验评估,青海省高精度气象栅格数据集月气温数据,相关系数达到 0.99 以上,均方根误差小于或等于 1.56 ℃;日气温数据,相关系数达到 0.99 以上,均方根误差小于或等于 2.4 ℃;月降水数据,相关系数达到 0.85 以上,均方根误差小于 32.0 mm。相关系数、均方根误差及标准偏差指标方面表现较好,能够满足项目以及其他领域的需求。

6.5.9　存在的问题

（1）数据集精度还不够高。目前,该数据集虽然相对于其他数据集在时空分辨率及精度方面具有一定的优势,但受限于高原地区站点稀少以及地形复杂的影响,数据集仍然具有较大的误差,需要进一步在资料应用、技术融合等方面加强攻关,着力提升数据集精度。

（2）区域气象站点数据融合问题。由于青海省区域气象站建设时间不统一,且分布不均匀,进行数据插值时,往往因地形,导致插值梯度变化太大,数据集出现奇异值,需要进一步控制数据质量,增加控制值,有效地融合区域站气象数据。

6.5.10　下一步研究计划

本书将从数据层面、技术层面、应用层面开展进一步研究。具体如下:

（1）加强对全省区域气象站观测资料、卫星资料以及其他观测数据的融合。目前青海省气象局已有 800 余个气象站,对于栅格数据集的构建提供了最真实的地面观测数据。卫星资料在青藏高原地区的应用越来越广泛,且精度亦较高,利用卫星资料与站点资料进行融合是有效的手段。

（2）利用机器学习方法,开展多源数据的融合。机器学习方法在各领域的应用逐渐兴起,呈现出较好的应用效果,有利于解决目前存在的数据融合问题。

（3）加强对数据的应用评估。在气候变化分析、水文模型等方面进一步加强应用,评估数据集在各领域的应用效果,进一步完善和改进数据集,真正为青海地区的科研和业务工作提供强有力的支撑作用。

第 7 章　不同尺度地貌特征对降水影响研究

7.1　研究目的及意义

地形在降水形成发展中起着重要的作用,地形对天气气候的影响主要有热力作用和动力作用,地形通过相应的热力作用和动力作用使空气层中的天气系统和大气环流发生变化,从而引发云系和局地降水的变化。数值模式和统计回归方法是研究降水地形效应的重要手段。目前很多学者从地理、地形因子角度来研究地形对降水量分布的影响,舒守娟等(2007)采用偏最小二乘法,建立了中国区域年、季节降水量和地理地形因子的关系模型,能解释70%以上因变量的变异,相关系数基本在 0.84 以上;张杰等(2008)采用多元逐步回归方法,分类建立了青藏高原雨季逐月降水量和地理、地形因子间的关系模型;杨森等(2011)采用偏相关分析,得出西北旱区月降水量与经度、纬度、海拔的相关系数较高,与纬度存在显著性负相关;唐建(2020)采用主成分逐步回归方法,建立了天山山区降水地理地形因子估算模型,得出模型能较好地反映天山降水特征及季节变化;孙佳等(2011)构建了耦合坡度、坡向和主导风向的局地地形因子,通过回归分析建立了逐年6~9月降水量与地理和局地地形因子的关系模型。

地形与青海降水有着密切关系,地形本身尺度及其大气相互作用的复杂性导致地形的热力、动力、微物理效应十分复杂。青海三江源区,由于地形的热力、抬升等作用,这一带低涡和切变活动比较频繁,有利于气流抬升作用,降水量较多。三江源区地形复杂,气象站点稀疏,因此本章拟通过分析不同地形因子与降水之间的关系,以揭示地形在降水中的作用,为降水空间变异的机制研究提供参考。

7.2　研究方法

7.2.1　数据来源

研究所用的地形因子数据(高程、坡度、坡向、起伏度)由 SRTM(shuttle radar topography mission,SRTM)数据利用 ArcGIS 遥感软件进行提取所得,SRTM 高程数据由美国太空总署(NASA)和国防部国家测绘局(NIMA)联合测量,其中 90 m 栅格分辨率的地形高程数据已公开发布。气象观测数据共采用 791 个气象站点,其中 50 个国家级地面气象观测站时间为 1951~2020 年,791 个区域站时间为 2016~2020 年,数据内容为年降水量、月降水量、经度、纬度。

7.2.2 统计分析

通过相关分析,分析了青海地区 50 个国家气象站 1951~2020 年均降水量、791 个区域气象站 2016~2020 年均降水量与地理因子(经度、纬度)和地形因子(高程、坡度、起伏度)之间的关系。

7.2.3 数值模拟

除了统计回归方法,数值模式是研究降水地形效应的重要手段。WRF(weather research and forecasting,WRF)模式作为应用较为广泛的天气气候模式,其地形数据长期以来使用的是由美国地质调查局(united states geological survey,USGS)提供的 30 s 分辨率(约 1 km)数据,该全球地形资料可以满足大尺度数值模拟分析中对地形分布精度的要求,但在地形分布复杂的小尺度分析应用中则略显不足。蒋立辉等(2015)得出 SRTM 数据更真实地反映北京地区的地形高度特征,尤其是地形复杂区域的高度特征,增强了 WRF 模式在北京地区复杂地形条件下的风场模拟能力。

鉴于 SRTM 数据具有现实性强、精度较高及免费获取等优点,以及地形对降水的重要性,利用 WRF 模式比较了使用不同分辨率地形数据及引入真实台站海拔对三江源区夏季降水模拟的影响。研究结果可以为 WRF 默认地形高度数据集的替换提供一种途径,也可为不同地形资料在三江源区的应用及模式的本地化提供一定的参考。

WRF 模式是由美国国家环境预报中心(NCEP)、美国国家大气研究中心(NCAR)等机构研发的中尺度天气预报模式,为完全可压缩非静力模式,采用 F90 语言编写。水平方向采用 Arakawa C 网格点,垂直方向采用地形跟随质量坐标,时间积分采用 3 阶或 4 阶的 Runge-Kutta 算法。本书使用的模式是 WRFV3.7.1 版本。

模拟采用 2 层嵌套方案,其中 D02 包含整个青海省,模式参数设置见表 7-1。模拟区域中心点纬度和经度分别为 36°N、95°E,垂直层次为 30 层,模式层顶气压为 50 hPa。使用 NCEP/NCAR 的 6 h FNL 全球再分析资料(1°×1°)作为模式的初始场和侧边界条件。模拟积分时间为 2014 年 5 月 20 日 00 时 00 分 00 秒 UTC 至 9 月 1 日 00 时 00 分 00 秒 UTC,模拟结果输出间隔为 1 h,模式前 11 d 视为模式调整期数据予以舍弃。本书以最内层嵌套区域结果进行分析研究。

参数化方案选取参考了本地化参数化方案,优选夏季最优组合(沈晓燕等,2018),其中微物理参数化采用 Thompson 方案,积云对流参数化采用 KF 方案,长、短波辐射分别采用 RRTM 方案及 Duhbia 方案,边界层采用 ACM2 方案,近地层采用 Monin_Obukhov 方案,陆面过程采用 Noah 方案。

地形高度数据包括:WRF 自带 USGS 地形高度数据,分辨率为 30 s(约 1 km),SRTM 数据(分辨率为 90 m),青海省 48 个国家级地面气象观测站海拔高度资料。其中,SRTM 数字高程数据,利用 ArcGIS 遥感软件进行了镶嵌及格式转换,使用 Fortran 处理生成了可利用于 WRF 的青海省高分辨率地形高度数据,数据范围为(30°N~45°N,85°E~105°E);青海省 48 个国家级地面气象观测站海拔高度资料利用最近点赋值法,将海拔高度数据赋值到距离实况站点最近的模式格点。

表 7-1　模拟区域基本参数设置

区域	格点数	水平网格距/km	积分步长/s
D01	150×130	27	54
D02	160×130	9	18

用于模拟结果验证的资料包括:青海省 48 个国家级地面气象观测站同期逐日降水资料,全球范围内 0.1°的半小时多源卫星融合降水产品(IMERG)。全球降水观测(global precipitation measurement,GPM)计划是一个包含全球多个国家不同卫星的卫星群,该计划提供下一代全球降水和雪的观测,GPM 能够提供全球范围内 0.1°的半小时多源卫星融合降水产品(IMERG)(唐国强等,2015)。

青海降水夏季较多,因此模拟时段选择 2014 年 6~8 月,进行了 Case1、Case2、Case3 及 Case4 共四组模拟,地形高度数据设置如下:其中 Case1,WRF 模式自带的 USGS 地形高度数据,分辨率为 30 s(约 1 km);Case2,SRTM3 90 m 分辨率数据;Case3,在 Case1 地形数据的基础上,引入青海 48 个台站海拔高度改变模式局地地形;Case4,在 Case2 的基础上,引入青海 48 个台站海拔高度改变模式局地地形。四组试验大气强迫场数据均相同,用以分析不同地形数据对 2014 年夏季(6~8 月,下同)降水模拟的影响。

降水检验采用标准化均方根误差(E)、晴雨预报准确率(PC)、风险评分(threst score, TS)及预报偏差(BIAS)作为检验指标。选用青海省 48 个地面气象观测站作为检验站点,利用最近点赋值法,采用距离检验站点最近的模式输出格点与相应站点进行对比,计算相应检验指标。

其公式如下:

$$ME = \frac{1}{N} \sum_{i=0}^{N} (F_i - O_i) \tag{7-1}$$

$$E = \frac{1}{\delta_{obs}} \left[\frac{1}{N} \sum_{i=1}^{N} (F_i - O_i)^2 \right]^{1/2} \tag{7-2}$$

$$\delta_{obs} = \sqrt{\frac{\sum_{i=1}^{N} (O_i - \overline{O})^2}{N-1}}; PC = \frac{NA + ND}{NA + NB + NC + ND} \tag{7-3}$$

$$TS_K = \frac{NA_K}{NA_K + NB_K + NC_K} \tag{7-4}$$

$$BIAS_K = \frac{NA_K + NB_K}{NA_K + NC_K} \tag{7-5}$$

式中,N 为站点样本总数;F_i 为第 i 个站点样本预报值;O_i 为第 i 个站点样本实况观测值; NA 为有降水预报正确站(次)数;NB 为空报站(次)数;NC 为漏报站(次)数;ND 为无降水预报正确的(站)次数;K 为降水检验级别;NA_K 为 K 级别降水预报正确的站点样本数; NB_K 为 K 级别降水空报的站点样本数;NC_K 为 K 级别降水漏报的站点样本数;ND_K 为无降水预报正确的站点样本数;$\overline{O}$ 为观测值时间平均。

7.3　结果分析

7.3.1　年降水量与地理因子的回归分析

从图 7-1 可看出,对于地理因子而言,年降水量与纬度呈现负相关,决定系数为 $-0.518\ 457$,越往北降水越少,与经度呈现正相关($R^2 = 0.495\ 432$),往东降水量增加,102°E 之后略有降低。从图 7-2 可看出,青海降水随海拔总体呈现正相关($0.267\ 115$),随海拔先增大后减小,海拔 3 500 m 左右为降水最大高程带,与宁理科(2013)得出天山降水随海拔变化结果相近。坡度、起伏度对青海降水相关性较小,具体还需进一步分析。

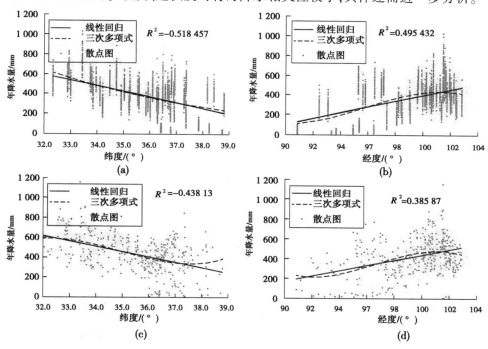

图 7-1　2020 年降水量与地理因子(纬度、经度)关系曲线
[(a)、(b)代表国家站;(c)、(d)代表区域站)]

7.3.2　不同地形高程数据对三江源区夏季降水影响的模拟分析

比较模式台站海拔与实际测站海拔之间的差值[见图 7-3(a)],三江源区模式地形高度总体高于实际台站地形高度。其中玉树模式海拔与实际海拔之间相差最大,模式海拔比实际海拔分别高 580 m,相差较大的站主要位于三江源区南部。比较不同分辨率地形高度数据[见图 7-3(b)]可看出,相对于模式自带 USGS 地形高度资料,更高分辨率的 SRTM 数据三江源区地形高度增加,增加幅度为 10~40 m。

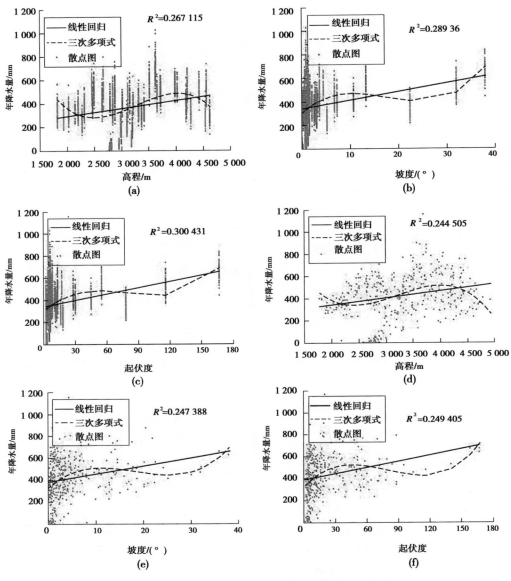

图 7-2　2020 年降水量与地形因子(高程、坡度、起伏度)关系曲线

[(a)、(b)、(c)代表国家站;(d)、(e)、(f)代表区域站]

从 GPM 多源卫星融合降水产品(IMERG)2014 年青海省夏季累积降水量(图略)可以看出,2014 年夏季青海省累积降水量由南到北递减,三江源区降水量最多,超过 450 mm,祁连山区、青海东部降水量次之,约为 300 mm,海西州降水量(50 mm 以内)最少。通过控制试验(Case1)得出,WRF 模式能较为准确地模拟出降水量从南至北递减的空间分布。

WRF 模式(Case1)模拟青海省 2014 年夏季 24 h 累积降水量平均晴雨预报准确率为 71.8%,其中玉树预报准确率最高,超过 81.5%;最低在循化,预报准确率为 51.7%。从

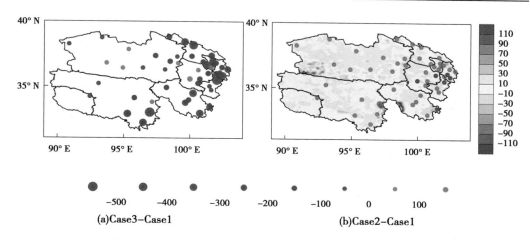

图 7-3　地形高度差值　（单位：m）

空间分布上来看,青海海西北部、三江源区南部预报准确率最高,达 80% 左右;青海东部地区预报准确率较低,约为 60%。青海省 2014 年夏季 24 h 累积降水量平均 TS 评分为 58.4%,空报率为 29.8%,漏报率为 11.8%。从空间分布上来看,三江源区南部、海北大部 TS 评分较高(约 80%),除海西大部、海东部分站点外,TS 评分都超过 50%(图略)。TS 评分分布与青海降水次数分布较为一致,三江源南部地区、祁连山区降水次数较多,海西大部降水次数少。海西大部地区 TS 评分低与该地区降水次数较少有关。

从分量级评分来看,小雨平均 TS 评分为 54.4%,三江源南部、祁连山区小雨预报准确率较高,超过 70%。中雨平均 TS 评分为 8.3%,海西中北部、祁连山区、海南中部、玉树大部分地区中雨预报准确率较高。WRF 模式模拟青海 2014 年夏季整体小雨预报偏多,尤其是海西西部,海西和唐古拉山区中雨预报偏少,玉树北部、果洛、海南、黄南地区中雨预报偏多(图略)。

综合来看,青海平均降水次数较少的地区,如海西大部,晴雨预报准确率较高,TS 评分较低;平均降水次数较多的地方,如三江源区、祁连山区,晴雨预报准确率和 TS 评分均较高;海南中部、海东大部地形较为复杂,TS 评分均较差。

图 7-4 和图 7-5 分别给出了使用不同模式地形数据对 2014 年青海省夏季降水标准化均方根误差(E)及降水 TS 评分(TS)的影响。

使用 SRTM 90 m 分辨率地形资料(Case2)48 个站点中 19 个站点的 E 减小,这些站点位于海西大部、三江源区南部,以及青海东部[见图 7-4(a)]。有 10 个站点减小幅度超过 10%,其中 6 个站点位于海西,4 个站点位于青海东部,较为显著的站点有格尔木(57.2%)和小灶火(40.5%)。17 个站点的 TS 评分增加,位于海西中部、果洛北部及青海东部[见图 7-5(a)],增加较为显著的站点有都兰(11.1%)和大柴旦(7.2%)。

在 USGS 地形资料基础上引入台站海拔(Case3)24 个站点的 E 减小。减小幅度较大的站点大部位于海西,较为显著的站点有小灶火(51.5%)和茶卡(26.5%)[见图 7-4(b)]。18 个站点的 TS 评分增加,增加站点分布于海西、玉树、果洛、青海东部地区[见图 7-5(b)]。

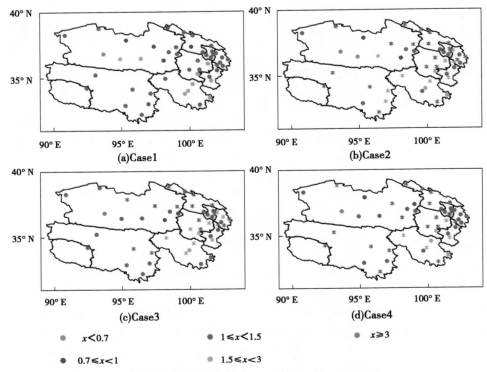

图 7-4　降水标准化均方根误差[(b)~(d)中圆点代表 E 相对 Case1 减小，
星号代表 E 相对 Case1 增大]　(单位:mm)

　　在 SRTM 地形资料基础上引入台站海拔(Case4)26 个站点的 E 减小。减小幅度较大的站点分布于海西及青海东部,较为显著的站点有小灶火(51.3%)和诺木洪(29.8%)[见图 7-4(c)]。23 个站点的 TS 评分增加,增加站点位于海西大部、青海东部地区,较为显著的站点为循化,增加了 9%[见图 7-5(c)]。其中 Case4 青海东部站点的 E 减小显著,有 16 个站点减小,平均减小幅度为 9.31%,而 Case2、Case3 仅有 10 个站点减少,平均减小幅度为 7.96%、8.88%。

　　三江源区在 USGS 地形资料基础上引入台站海拔(Case3)大部地区 E 减小,三江源中部地区 TS 评分增加,使用 SRTM 90 m 分辨率地形资料(Case2),由于海拔误差增大,三江源区 E 增大,TS 评分减小。

7.4　小　结

　　地形与青海降水有着密切关系,青海三江源区由于地形的热力、抬升等作用,这一带低涡和切变活动比较频繁,有利于气流抬升作用,降水量较多。三江源区地形复杂,气象站点稀疏,鉴于 SRTM 数据的优越性,研究了地形因子与降水的关系,同时利用 WRF 模式比较了使用不同地形高程数据对三江源区夏季降水模拟准确度的影响。

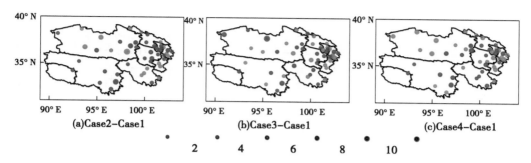

图 7-5　TS 评分差值(红色代表 TS 评分增加,蓝色代表 TS 评分减小)　(%)

(1)年降水量与经度、纬度、海拔相关性较高。与纬度呈现负相关,越往北降水越少,与经度呈现正相关,往东降水量增加,随海拔先增大后减小,海拔 3 500 m 左右为降水最大高程带,坡度、起伏度与青海降水相关性较小,具体还需进一步分析。

(2)三江源区模式地形高度总体高于实际台站地形高度。相差较大的站主要位于果洛、玉树南部。相对于模式自带 USGS 地形高度资料,使用更高分辨率的 SRTM 数据时,三江源区模式地形高度增加,增加幅度为 10~40 m。

(3)WRF 模式能较好地模拟出青海夏季累积降水量从南至北递减的空间分布,从空间分布上来看,三江源区南部预报准确率和 TS 评分较高(约 80%),三江源区在 USGS 地形资料的基础上引入台站海拔(Case3)大部地区 E 减小,三江源区中部 TS 评分增加,使用 SRTM 90 m 分辨率地形资料的(Case2)由于海拔误差增大,三江源区 E 增大,TS 评分减小。

第 8 章　基于遥感的蒸散估算与主要生态景观耗水阈值研究

8.1　研究目的及意义

近几十年来,受全球气候变化影响,素有"江河源""中华水塔"之称的三江源区,出现气温升高、降水增加等现象,暖湿化趋势明显(刘晓琼,2019;孟宪红,2020)。三江源区属于生态环境脆弱区,对气候变化较为敏感,在暖湿化背景下,该地区冰川退缩、冻土消融,水循环加剧,蒸散发显著增加,这对地区社会经济发展与生态环境保护产生重大影响(Jung,2010;张永勇,2012;白晓兰,2017)。因此,探析地表能量平衡与水循环过程,对三江源区水资源可持续利用与生态环境保护工作具有重要的现实意义。

陆面蒸散发(ET)是地球陆地表层通过土壤蒸发与植物蒸腾作用消散至大气中的水汽总和,维系着地表水分、碳与能量循环三者之间的关系,是自然生态系统水资源耗散的主要途径(王浩,2009;Xiong,2015)。在蒸散发准确估算的基础上,开展其时空变化特征分析,对气象学、水文学、生态学等诸多领域都具有至关重要的作用(杨林山,2014;邓兴耀,Yu,2015;Adam,2018)。然而,ET 作为连接生态与水文过程的纽带,受气象、水文、农业等多因素控制,是一种复杂的生理与物理过程,虽然可通过水量平衡法、蒸渗仪、大孔径激光闪烁仪、涡动相关仪等进行直接测量,但这些方法存在设备成本高、空间连续性差等问题,并且这些站点尺度的观测空间代表性非常有限,难以准确反映区域尺度蒸散发的时空分布格局(Goulden,2014;王卫光,2018;黄蓉,2019)。

相比之下,遥感技术具有覆盖范围广、成本低、受地形影响弱等特点,因此成为当前获取区域尺度蒸散发时空分布信息的主流方法。目前,常见的遥感蒸散发模型有 Penman-Monteith 模型、Priestley-Taylor 模型、SEBAL 模型、S-W 双层模型、特征空间模型等。虽然上述模型能够有效弥补地面观测方法空间代表性差的缺陷,在世界范围内得到了广泛应用,但大部分模型在实际应用中仍需要地面实测数据支撑,以实现蒸散发准确模拟,这严重限制了其在地面实测数据匮乏地区的应用。以本书研究区三江源区为例,该地区地形复杂,自然环境恶劣,常规气象站点的观测密度严重低于全国平均水平。此外,大部分遥感蒸散发模型受云量干扰明显,通常仅适用于晴天条件,蒸散发的时空连续模拟也存在较大挑战。相对来说,基于蒸发比(EF)的遥感蒸散发模型能够在很大程度上摆脱地面实测数据的限制,是实测数据匮乏条件下大尺度蒸散发遥感估算的有效途径(张宝忠,2015)。以地表温度-植被指数(Ts-VI)特征空间法为例,该方法仅需要地表温度与植被指数两个遥感参数,便可以实现蒸发比的遥感估算。虽然该方法在实测资料匮乏地区具有较好的应用前景,但仍存在时空连续性差、经验性强等缺陷。在此背景下,本书基于 MODIS (moderate-resolution imaging spectroradiometer,MODIS)遥感数据,构建了具有明确物理基础的时空二维特征空间模型,逐像元进行蒸发比的遥感估算,进而通过全天气条件下地表净辐射的遥感估算,在日尺度实现了三江源区陆面蒸散发连续遥感估算,并基于估算结果,分析了该地区蒸散发的时空变化特征和主要影响因子。此外,考虑到三江源区的主要植被类型为草地和草甸,其耗水量的时空变化格局直接影响着该地区畜牧业的可持续发展与生态环境保护。本书进一步针对研究区的生态现状及放牧需求,对不同植被类型的耗水规律进行重点分析,并统计相关耗水阈值,以期为该地区的畜牧业发展与生态环境保护工作提供相关依据。

8.2　研究区及数据方法介绍

8.2.1　研究区

三江源区地处青藏高原腹地、青海省南部,介于北纬 31°33′~36°17′、东经 89°25′~102°16′,总面积约 35.7 万 km^2,是黄河、长江、澜沧江的源头汇水区,也是我国重要的水源涵养生态功能区之一(韦晶,2015;刘晓琼,2019)。该地区地形复杂、山脉众多,整体呈西高东低之势,平均海拔 4 500 m。区内气候为典型的高原大陆性气候,冷热两季交替,干湿两季分明,日照充足,辐射强烈,多年平均降水量约为 400 mm,随海拔变化具有明显的空间差异性(张继平,2015;白晓兰,2017)。三江源区地理位置与海拔分布见图 8-1。

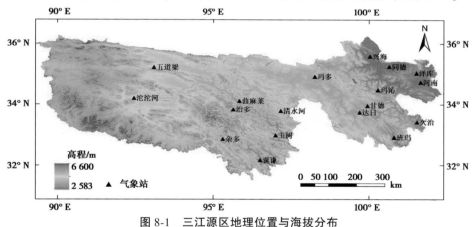

图 8-1　三江源区地理位置与海拔分布

8.2.2　试验数据

8.2.2.1　MODIS 数据

MODIS 是搭载在 TERRA 与 AQUA 卫星上的中分辨率成像光谱仪,共有 36 个光谱波段,实现可见光到热红外的全光谱覆盖(刘闯,2000)。TERRA 与 AQUA 均为太阳同步极轨卫星,本书采用的数据均来自 TERRA 卫星,在上午 10:30 过境。MODIS 目前共有 44 个数据产品,表 8-1 列出了本书涉及的 7 种产品。其中,MOD03、MOD06_L2、MOD07_L2、MOD11A1 和 MCD43B3 用于地表净辐射的估算;MOD13A2 通过 3 次样条插值法获得日尺度归一化植被指数,用于植被覆盖度的估算;MCD12Q1 用于分析不同植被类型的耗水规律。

表 8-1　书中涉及的 MODIS 产品

MODIS 产品	分辨率/km	所用参数
MOD03	1	太阳天顶角
MOD06_L2	1	云量、云的光学厚度、云的发射率、云顶温度和地表温度
MOD07_L2	5	空气温度与露点温度
MOD11A1	1	地表温度与地表发射率
MOD13A2	1	归一化植被指数
MCD12Q1	0.5	生态景观类型
MCD43B3	1	白空与黑空反照率

8.2.2.2　气象站点数据

　　三江源区共有 18 个国家级气象站点,分别为五道梁、兴海、同德、泽库、沱沱河、治多、杂多、曲麻莱、玉树、玛多、清水河、玛沁、甘德、达日、河南、久治、囊谦和班玛(见图 8-1)。本书获取 2011~2019 年日尺度气象数据,包括降水、空气温度、相对湿度和风速。

8.2.2.3　植被类型/土地利用数据

　　为降低不同植被类型/土地利用数据对结果分析带来的不确定性,本书选用 3 种植被类型/土地利用数据,用于分析不同植被类型的耗水规律,分别为中国 1∶100 万植被类型空间分布数据、2015 年中国土地利用现状遥感监测数据与 2011~2019 年 MCD12Q1 遥感数据,如表 8-2 表示。

表 8-2　研究中涉及的植被类型/土地利用数据

数据类别	分辨率/km	分类系统
MCD12Q1 遥感数据	0.5	IGBP 分类系统
中国 1∶100 万植被类型空间分布数据	1	中国植被分类系统
中国土地利用现状遥感监测数据	1	中国土地资源分类系统

8.2.2.4　GLEAM 数据集

　　本书蒸散发遥感估算的精度是通过与其他蒸散发产品对比分析来进行说明的。虽然目前遥感蒸散发产品种类较多,但考虑到数据集实时更新情况及其覆盖范围,最终选用 GLEAM(the global land evaporation amsterdam model, GLEAM) 数据集 (Miralles, 2010; Martens, 2017) 作为对比对象。GLEAM 数据集采用 Priestley-Taylor 模型对全球陆面蒸散发进行反演,诸多研究表明,该数据集在中国具有较高精度(杨秀芹,2015;李佳,2021)。本书选用 GLEAM 数据的空间分辨率为 0.25°,时间分辨率为月尺度,时间跨度为 2011~2019 年。

8.2.3　研究方法

　　本书采用地表温度植被指数(T_s-VI)特征空间法来估算陆面蒸散发。该方法的基本假设是,在均一大气条件下,若研究区内存在足够多可以充分反映地表土壤湿度和植被覆盖度变化情况的像元,则由 T_s 和 VI 构成的散点图将形成具有物理意义的三角形或梯形边界,其上、下边界分别代表蒸散发的最小值(干边)和最大值(湿边)。在干湿边界的约束下,通过线性插值的方法,可以求得任意像元的蒸发比(EF),进而结合地表净辐射(R_n)估算结果,实现陆面蒸散发的遥感估算。可以看出,传统特征空间法应用的基本前提是均一的大气条件。因此,严格来讲,该方法仅适用于特定的空间尺度,难以直接应用于三江源区此类地形复杂、大气条件异质性强的地区。基于此,本书提出时空二维地表温度-植被指数特征空间法,即基于地表能量平衡原理,逐像元构建特征空间的干湿边界,从而实现三江源区蒸散发的遥感估算。针对 MODIS 遥感数据受云量影响、时空连续性差问题,本书首先基于时空二维特征空间法进行晴天条件下蒸发比的估算,随后对其插值获得有云天数据,最终得到逐日时空连续分布结果。晴天和有云条件下净辐射的遥感估算则参考 Bisht 等(2005,2010)的方法实现,具体结果详见余晓雨等(2022)论述。

具体来讲,像元尺度干边(T_{smax})的求解参考 Sun 等(2012)、Long & Singh(2012)、Zhu 等(2017)的研究,求解公式如下:

$$T_{smax} = \frac{(1-\alpha_s)S_d + \varepsilon_{ss}\varepsilon_a\sigma T_{asd}^4 - \varepsilon_{ss}\sigma T_{asd}^4}{4\varepsilon_{ss}\sigma T_{asd}^3 + \rho c_p/[r_{as}(1-c_s)]} + T_{asd} \tag{8-1}$$

式中,下角标"s"和"d"表示这些参数适用于纯裸土或极端水分胁迫条件;σ 为斯蒂芬-玻尔兹曼常数;ε_{ss} 为裸土地表发射率,取值 0.95(Zhang R.,2008);ρ 为空气密度;c_p 为空气比热容;c_s 为土壤热通量(G)与地表净辐射的常数比,取值 0.315(Kustas,1990);S_d 和 ε_a 分别为下行短波辐射和空气发射率,可通过 Bisht 和 Bras(杨秀芹,2015)的方法求得;r_{as} 为裸土空气动力学阻抗,可通过风速求得(Brutsaert,1982);T_{asd} 为极端水分胁迫条件下裸土的空气温度,可通过 Szilagyi 等(2017)的方法由湿球温度(T_{wb})和露点温度(T_d)求得。

湿边(T_w)可参考 Szilagyi(2014)的文章,由 T_{wb} 进行代替,求解公式如下:

$$T_w = T_{wb} \approx \frac{\gamma T_a + T_d\Delta(T_d)}{\gamma + \Delta(T_d)} \tag{8-2}$$

式中,γ 为湿度计常数,一般取值 0.066 4 kPa/℃;T_a 为近地表空气温度,根据 Zhu 等(2013)的方法求得;$\Delta(T_d)$ 为饱和水汽压随 T_d 变化曲线的斜率。

在 T_{smax}、T_w 已知情况下,瞬时蒸发比计算公式如下:

$$EF = 1.26[a(1-f_c) + f_c]\frac{\Delta}{\Delta + \gamma} \tag{8-3}$$

$$a = 1 - \exp\left(\frac{T_s + f_c T_{smax} - T_{smax} - f_c T_a}{T_{smax} + f_c T_w - f_c T_{smax} - T_w}\right) \tag{8-4}$$

式中,Δ 为饱和水汽压随 T_a 变化曲线的斜率;T_s 为地表温度;f_c 为植被覆盖度,根据 Gillies 等(1997)的研究由归一化植被指数(NDVI)求得,公式如下:

$$f_c = \left(\frac{NDVI - NDVI_{min}}{NDVI_{max} - NDVI_{min}}\right)^2 \tag{8-5}$$

式中,$NDVI_{max}$ 与 $NDVI_{min}$ 分别为 NDVI 在研究区内纯植被覆盖和纯裸土条件下的 NDVI 值,参考 Zhu 等(2013)的研究,分别取值 0.86 和 0.05。

上述方法求得的地表净辐射和蒸发比均为卫星过境时刻瞬时数据。在其基础上,本书根据蒸发比日尺度不变假设,来实现日尺度蒸发比估算(Tang,2017;Cui,2020)。日尺度净辐射($R_{n,daily}$)的估算,则根据 Rivas 等(2013)的方法由地表净辐射瞬时估算值转化求得,公式如下:

$$R_{n,daily} = 0.43R_n - 54 \tag{8-6}$$

最终,根据 EF 定义,基于下式,求得日尺度蒸散发:

$$ET = R_{n,daily}EF \tag{8-7}$$

8.3　蒸散发估算结果分析

8.3.1　精度评价

为保证本书蒸散发估算结果的合理性,首先进行精度评价。由于该地区缺乏陆面蒸散发的实测数据,本书以 GLEAM 数据集(Miralles,2010;Martens,2017)作为参考进行对比说明。此外,甘海洪(2020)逐年(2011~2017 年)也对三江源区的逐月蒸散发进行遥感估算。基于此,分别在月、年尺度上将本书估算结果与上述两种数据进行对比分析。如图 8-2(a)是 3 组数据在年尺度上蒸散发的对比结果,可以看出,与本书估算结果相比,GLEAM 数据集的估算结果整体偏小,年变化幅度也较为平缓;相比之下,甘海洪的估算结果总体偏大,且年际波动较大,3 个结果差异明显。为进一步分析这两组数据与本书估算结果的细节差异,在月尺度上进行进一步对比,结果见图 8-2(b)和图 8-2(c)。可以看出,本书估算结果与两组数据均呈现高度正相关性,相关系数分别为 0.99 和 0.96,差异较小。从平均绝对误差(MAE)来看,本书估算结果与甘海洪的估算结果更为接近;从均方根误差(RMSE)来看,本书估算结果与 GLEAM 数据集更为接近。研究分析表明,虽然本书估算结果与这两套数据存在差异,但在月尺度上表现出较好的相关性,且年尺度变化介于两者之间。这说明,本书估算结果达到了现有遥感蒸散发产品的精度要求,可用于分析三江源区蒸散发的时空变化特征。

8.3.2　蒸散发时空分布格局及影响因子分析

8.3.2.1　蒸散发时空分布格局

2011~2019 年,三江源区蒸散发时间变化情况如图 8-3 所示,从年际变化来看[见图 8-3(a)],年均蒸散发量变化范围为 392.63~461.07 mm,多年平均值为 420.04 mm,最大值和最小值分别出现在 2012 年和 2016 年;从变化趋势上看,蒸散发量在 2011~2019 年整体呈现先减少后增加的趋势,标准差为 20.39 mm。2012~2016 年,蒸散发量逐年递减,年均减少 17.11 mm;2016~2018 年,蒸散发量逐年增加,年均增加 17.88 mm。从年内变化来看[见图 8-3(b)],不同年份的蒸散发变化趋势基本一致,均呈单峰形分布,蒸散发量主要集中在 4~9 月,约占全年蒸散发量的 88%。其中,除 2015 年的峰值在 6 月外,其余年份的峰值在 7 月;各年份谷值均在 12 月。1~6/7 月,蒸散发量持续增加至峰值,之后便持续下降,于 12 月接近零。按照气象部门的气象划分法,以 3~5 月为春季,6~8 月为

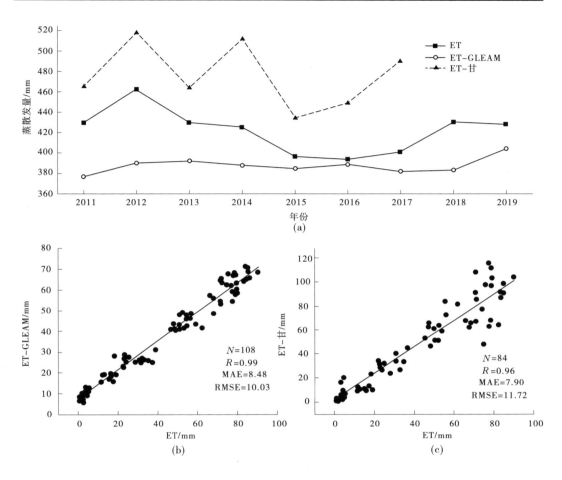

图 8-2 本书蒸散发估算结果与 GLEAM、甘海洪(ET-甘)对比分析

夏季,9~11 月为秋季,12~2 月为冬季。按此划分方式,春夏秋冬四季年际变化的标准差分别为 12.19 mm、11.75 mm、3.89 mm 和 0.45 mm。由此判断,2011~2019 年三江源区冬季蒸散发年际变化最小,秋季蒸散发年际变化次之,春季与夏季波动较大。

图 8-4 是三江源区 2011~2019 年多年平均蒸散发量空间分布图,为消除水体影响,对湖泊进行了剔除。可以看出,研究区三江源陆面蒸散发具有明显的空间异质性,由东南到西北呈逐渐减少的趋势。陆面蒸散发的高值主要位于中南部、东南边缘低海拔地带;低值大多出现在西北边缘地带,通过与地形图对比表明,部分位于区内高海拔地区,说明陆面蒸散发与其地形特征相关。为便于分析四季的空间变化,本书选取四季代表月份进行阐述,分别为 1 月、4 月、7 月、10 月,如图 8-5 所示。可以看出,蒸散发空间分布的异质性具有明显的季节差异。其中,由于研究区位于青藏高原腹地,冬季(1 月)气温较低,水循环缓慢,陆面蒸散发均值最小(7.77 mm),空间变异性也最小,标准差仅为 0.14 mm;夏季(7 月)陆面蒸散发均值最大(233.45 mm),与其他季节相比,东南地区明显高于其他地区,标准差为 4.76 mm;春季(4 月)与秋季(10 月)的陆面蒸散发均值差异较小,分别为 101.79

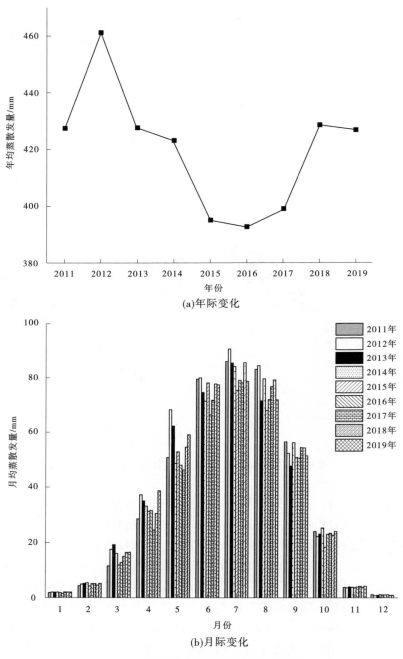

(a)年际变化

(b)月际变化

图 8-3　三江源区蒸散发尺度变化趋势图

mm 和 79. 27 mm,但从图 8-5 可以看出,春季的变化幅度明显高于秋季,标准差分别为 4. 18 mm 和 1. 83 mm。

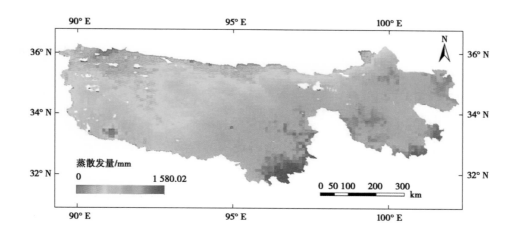

图 8-4　三江源区 2011～2019 年多年平均蒸散发量空间分布图

8.3.2.2　蒸散发影响因子分析

本书通过研究蒸散发、降水量、海拔三者之间的相互关系,进行三江源区蒸散发的影响因子分析。鉴于该地区气象站点的海拔为 3 194～4 620 m,将该范围以 200 m 为间隔划分为 7 个高度带,分别命名为 Z1(3 194～3 400 m)、Z2(3 400～3 600 m)、Z3(3 600～3 800 m)、Z4(3 800～4 000 m)、Z5(4 000～4 200 m)、Z6(4 200～4 400 m)、Z7(4 400～4 620 m),并逐一统计各高度带多年平均蒸散发量。图 8-6 中折线为 18 个气象站点提取到的站点尺度陆面蒸散发与降水量数据,可以看出,这两组数据虽然在趋势上并非完全一致,但具有较高的相关性,相关系数为 0.71。其中,降水量在 Z1、Z2 高度带的波动较大,与蒸散发量平缓的走势截然不同;在 Z3～Z7 区间,两组数据走势大体一致,同时随着海拔的增加呈弱减趋势。蒸散发量与降水量前期差异较大有两方面原因:一是研究区气象站点空间分布不均,从图 8-6 中可以看出,站点大多集中在海拔较低的东部与中部,而西部高海拔区较少,仅有两个,因此提取结果受地形影响显著;二是站点数目仅为 18 个,不足以充分反映研究区整体的海拔分布。与站点提取结果相比,图 8-6 中各高度带多像元统计的蒸散发量与海拔之间的关系更具代表性,且规律性明显,蒸散发量随海拔的增加总体呈现先增加后减少的趋势,呈单峰形分布,峰值位于 Z3 高度带,为 474.72 mm;Z1～Z6 各高度带之间蒸散发量差异较小,相比之下,Z7 高度带蒸散发量较低,为 418.22 mm,与 Z3 高度带蒸散发量的差值高达 56.50 mm;Z1～Z3 区间蒸散发量增加较慢,各高度带平均约增长 8.14 mm,而 Z3～Z7 区间下降较快,各高度带平均约下降 14.13 mm,尤其是 Z5～Z7 区间,各高度带约下降 26.57 mm。

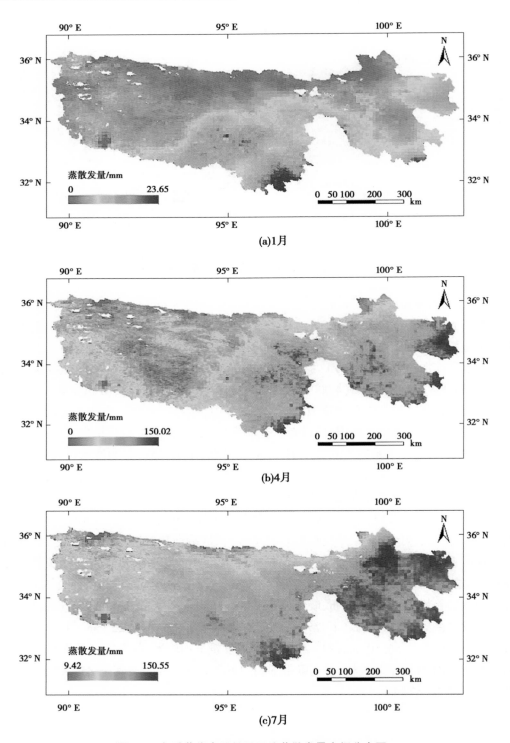

图 8-5　各季节代表月份月平均蒸散发量空间分布图

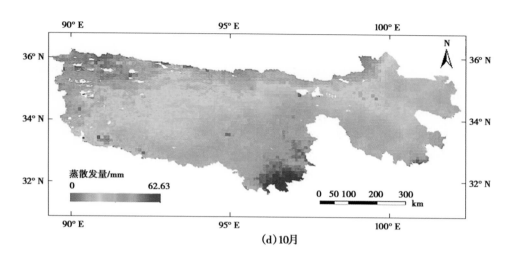

(d)10月

续图 8-5

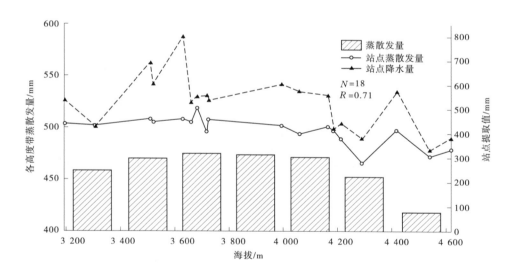

图 8-6　耗水量-蒸散发量-降水量关系图

8.4　主要生态景观耗水阈值分析

　　植被的耗水量受植被类型与植被覆盖度两方面影响。植被覆盖度是指区域内植被（包括冠层、枝叶等）在地面的垂直投影面积占总面积的百分比,可以反映植被的覆盖程度(Gitelson,2002)。三江源区植被变化受海拔、降水等多方面影响,其植被覆盖度总体呈西北低、东南高的趋势。为分析植被覆盖度与陆面蒸散发之间的关系,本书提取三江源区所有像元,共得到 241 013 个样本点,如图 8-7 所示。可以看出,研究区内植被覆盖度与陆面蒸散发之间呈高度正相关性,相关系数为 0.78。图 8-7 中样本点大多集中在 280~600 mm,存在部分异常值,这是因为本书侧重于陆面蒸散发的遥感估算,湖泊周边地区存在误差。此外,陆面蒸散发本身的估算结果也存在一定的不确定性。

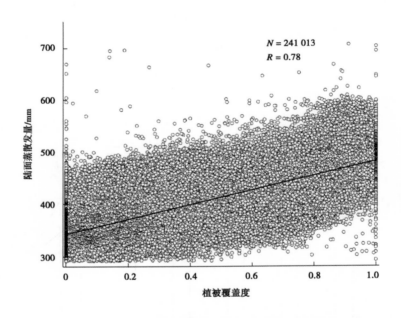

图 8-7　三江源区植被覆盖度与蒸散发量之间的关系

　　研究区内地形复杂,植被类型多样,水平地带性与垂直地带性分布规律较为明显。为进一步分析不同植被类型对蒸散发的影响及其耗水规律,本书基于 3 种植被类型分类系统对区内植被进行划分,得到相应的植被类型图(简称类型图)。由于植被类型图的空间分辨率较为粗糙,为降低异常值的影响,本书未采用各植被类型耗水量的最大值、最小值,而以其第十百分位数、平均值、中位值、第九十百分位数进行阈值分析。如图 8-8 所示为主要生态景观类型单位面积耗水量 4 种阈值的关系图(按平均值由小到大排序),表 8-3~表 8-5 是其相应的阈值统计信息,表 8-6~ 表 8-8 为其相应的耗水总量统计信息。需要特别说明的是,本书采用的地表温度–植被指数特征空间法侧重于陆面蒸散发的遥感估算,因此表图中的统计信息均对水体进行了剔除,由于不同植被分类图的水体分类在面积上存在差别,这也导致了表 8-8 中的面积汇总结果存在差异。

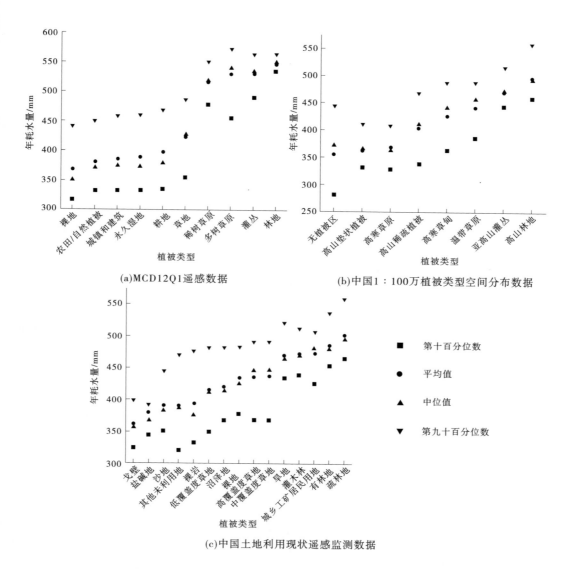

(a)MCD12Q1遥感数据

(b)中国1:100万植被类型空间分布数据

(c)中国土地利用现状遥感监测数据

图 8-8　三江源区主要生态景观类型单位面积年均耗水阈值图

注:图中数据以展现不同植被类型为主,其他类型有所省略。

表 8-3　三江源区 MCD12Q1 遥感数据各类型耗水阈值统计信息　　　单位:mm

植被类型	第十百分位数	平均值	中位值	第九十百分位数
裸地	315.75	367.97	350.27	440.59
农田/自然植被	332.56	380.59	370.99	449.11
城镇和建筑	331.60	385.51	374.63	458.57
永久湿地	332.91	389.02	373.67	459.58
耕地	335.21	397.63	378.92	467.50
草地	355.05	423.36	427.72	486.48
稀树草原	477.66	518.30	519.84	551.37
多树草原	455.35	530.78	540.83	572.83
灌丛	490.11	539.47	535.73	564.02
林地	534.50	548.74	550.89	564.18

表 8-4　三江源区 1:100 万植被类型空间分布数据各类型耗水阈值统计信息　单位:mm

植被类型	第十百分位数	平均值	中位值	第九十百分位数
无植被区	281.18	355.32	372.04	443.28
高山垫状植被	331.75	363.93	365.50	410.44
高寒草原	327.70	368.45	362.65	408.75
高山稀疏植被	337.94	403.82	410.95	469.88
高寒草甸	363.72	426.39	440.79	486.99
温带草原	385.58	442.13	456.91	488.77
亚高山灌丛	443.89	471.69	472.94	516.92
高山林地	459.25	496.72	493.56	559.44

表 8-5　三江源区土地利用现状遥感监测数据各类型耗水阈值统计信息　　单位:mm

植被类型	第十百分位数	平均值	中位值	第九十百分位数
戈壁	325.36	361.82	356.33	399.33
盐碱地	344.25	379.71	367.07	391.80
沙地	351.04	390.51	382.68	445.23
其他未利用地	320.44	390.55	386.90	469.81
裸岩	332.79	393.84	375.35	476.55
低覆盖度草地	349.62	415.48	411.40	481.33
沼泽地	367.59	420.22	414.90	482.18
裸地	377.96	434.72	425.36	483.03
高覆盖度草地	368.03	436.61	446.15	491.10
中覆盖度草地	368.33	438.00	447.06	491.15
旱地	434.87	469.86	465.39	521.68
灌木林	439.71	472.75	469.88	512.26
城乡工矿居民用地	426.83	473.81	480.79	507.92
有林地	454.52	486.22	481.16	535.99
疏林地	465.01	502.31	496.23	559.70

表 8-6　三江源区 MCD12Q1 遥感数据各类型面积与耗水总量信息

植被类型	面积/万 km²	面积比例/%	耗水量/亿 m³
林地	0.0014	0.0040	0.08
灌丛	0.0002	0.0006	0.01
稀树草原	0.0031	0.0088	0.16
多树草原	0.0086	0.0244	0.46
农田/自然植被	0.0880	0.2496	3.35
永久湿地	0.0866	0.2456	3.37
耕地	0.0898	0.2547	3.57
城镇和建筑	0.1017	0.2884	3.92
裸地	3.8774	10.9967	142.68
草地	31.0030	87.9273	1312.55
合计	35.2598	100	1470.15

表 8-7　三江源区 1:100 万植被类型空间分布数据各类型面积与耗水总量信息

植被类型	面积/万 km²	面积比例/%	耗水量/亿 m³
温带草原	0.38	1.08	16.80
高山林地	0.39	1.11	18.88
无植被区	0.71	2.02	24.87
高山垫状植被	1.34	3.82	47.67
高山稀疏植被	2.23	6.36	88.44
亚高山灌丛	1.97	5.61	91.51
高寒草原	7.77	22.14	280.76
高寒草甸	20.30	57.85	850.22
合计	35.09	100	1 419.15

表 8-8　三江源区土地利用现状遥感监测数据各类型面积与耗水总量信息

植被类型	面积/万 km²	面积比例/%	耗水量/亿 m³
城乡工矿居民用地	0.01	0.03	0.53
旱地	0.09	0.26	4.14
有林地	0.12	0.35	5.74
盐碱地	0.19	0.56	7.18
裸地	0.20	0.59	9.90
疏林地	0.20	0.59	8.72
沼泽地	0.60	1.77	25.22
沙地	0.75	2.21	29.47
灌木林	1.10	3.24	52.10
裸岩	1.81	5.33	78.97
高覆盖度草地	1.98	5.83	78.03
其他未利用地	2.15	6.33	83.91
戈壁	2.47	7.27	89.42
中覆盖度草地	8.72	25.67	381.96
低覆盖度草地	13.58	39.98	564.15
合计	33.97	100	1 419.44

可以看出,虽然三种类型图的分类系统与耗水量彼此差异明显,但仍可大致分为裸地/无植被区、草地/草甸、灌丛/灌木林和林地四类主要生态景观类型,耗水量按平均值大小排序为林地>灌丛/灌木林>草地/草甸>裸地/无植被区,这也与植被特性(一般木本植物的耗水量高于草本植物的)相符。从图 8-8 中可以看出,除个别植被类型外,三种分类系统中耗水量的第十百分位数、平均值、中位值、第九十百分位数大体按上述四类主要生态景观类型增长。其中,平均值和中位值之间差异较小,且增长稳定;第十百分位数和第九十百分位数波动较大。相对来说,裸地/无植被区中包含的土地利用类型较多,如沙地、裸岩等,但其各自的耗水量平均值基本在 400 mm 以下。受气候影响,研究区草地/草甸的占地面积最广,因此其第十百分位数与第九十百分位数之间的范围更加宽泛。相比之下,灌丛/灌木林、林地这两类生态景观类型耗水量的第十百分位数与第九十百分位数之间的范围相对较小。不同生态景观类型第十百分位数与第九十百分位数之间的范围不一致受多方面影响:一是生态景观类型自身分布,相比之下,灌丛/灌木林、林地这两类的耗水量较高,只能分布在少数地区;二是三种植被分类系统的分类方式均为一元分类(非此即彼),但实际上不同生态景观类型存在交叉,因此各生态景观类型耗水量的下限较为合理,上限只是相对值,易存在误差,这也是本书侧重分析各植被类型耗水量第十百分位数与第九十百分位数的原因之一。

从耗水量来看,各分类系统中耗水量的第十百分位数最小值为裸地、无植被区、戈壁类型,按图 8-8(a)、(b)、(c)顺序,分别为 315.75 mm、281.18 mm 和 325.36 mm;第九十百分位数最大值均为林地,具体植被类型为多树草原、高山林地和疏林地,其值分别为572.83 mm、559.44 mm 和 559.70 mm。造成同种植被类型不同分类系统下耗水量存在差异的原因有以下两个方面:一是植被分类系统本身的不确定性造成的统计误差,譬如对比分析表明区内同一位置,在不同分类系统下的植被类型会存在显著差异;二是植被类型像元数目的大小也影响统计结果,图 8-8 中的耗水量为多像元统计的结果,这在一定程度上降低了蒸散发估算结果的不确定性,因此对于草地/草甸、裸地/无植被区这类分布面积较广的植被类型而言,不同分类系统下的耗水量差异较小,而对灌丛/灌木林和林地此类分布较少的类型,不同分类系统下的统计结果差异相对明显。三种类型图中面积最大的类型分别为草地、高寒草甸和低覆盖度草地,耗水量分别为 423.36 mm、426.39 mm 和415.48 mm,平均值为 421.74 mm,这也与研究区多年平均蒸散发量 415.09 mm(剔除水体后)相差无几。

就耗水总量而言,三江源区以草地/草甸为主,其占地面积最大,为最主要的植被耗水项,但因分类系统的不同有些许差异。图 8-8(a)中,以草地类型为主,其总面积为 31.003 0万 km², 占比 87.927 1%, 耗水总量高达 1 312.55 亿 m³; 图 8-8(b)中,高寒草原和高寒草地总面积分别为 7.77 万 km² 和 20.30 万 km²,两者总体占比 79.99%,耗水总量 1 130.98亿 m³; 图 8-8(c)中,草地细分为高覆盖度草地、中覆盖度草地和低覆盖度草地 3 个亚类,其面积分别为 1.98 万 km²、8.72 万 km² 和 13.58 万 km²,其中以中、低覆盖度草地为主,整体占比 65.64%, 耗水总量 946.11 亿 m³。林地为单位面积耗水量最高的植被类型,对应至图 8-8 中分别为林地[见图 8-8(a)]、高山林地[见图 8-8(b)]、有林地和疏林地[见图 8-8(c)]。但因其占地面积较小,因此耗水总量偏低,三种类型图的林地面积占比分别为 0.004 0%、1.10% 和 0.93%,耗水总量分别为 0.08 亿 m³、18.88 亿 m³ 和 14.46 亿 m³。

8.5　小　结

本书基于地表温度-植被指数特征空间法,利用 MODIS 产品对三江源区日尺度蒸散发进行估算,进而对其时空变化特征及影响因子进行分析,得出以下结论:

(1)2011~2019 年,三江源区蒸散发量总体呈先减少后增加的趋势,蒸散发量峰值和谷值分别出现在 2012 年(461.27 mm)和 2016 年(392.63 mm),9 年平均值为 420.04 mm。年内季节变化呈单峰形分布,蒸散发主要集中在 4~9 月,约占全年总蒸散发量的 88%。

(2)受降水与海拔影响,研究区蒸散发空间分布具有明显的异质性,总体由东南到西北呈逐渐减少趋势。上述空间异质性具有明显的季节差异,从代表月份陆面蒸散发空间分布的标准差来看,从冬季、秋季、春季、夏季,空间差异性逐步增强。

(3)三江源区蒸散发分布垂直地带性明显,在海拔 3 194~4 620 m 呈单峰形分布,峰值出现在 3 800~4 000 m 高度带;站点尺度年蒸散发量与降水量之间的相关系数为 0.71,两者随海拔高度前期差异较大,后期走势大体一致。

(4)植被耗水量受植被覆盖度与植被类型双方面控制,区内植被耗水量与植被覆盖度的相关系数为 0.77;单位面积耗水量按大小排序为林地>灌丛/灌木林>草地/草甸>裸地/无植被区;三江源区植被类型以草地为主,年均耗水总量最高,而林地因占比较小,耗水总量偏低。

(5)不同植被分类系统下,主要生态景观类型耗水量的第十百分位数、平均值、中位值、第九十百分位数大体随上述四种类型升高。受气候影响,草地/草甸的耗水量阈值范围宽泛,而灌丛/灌木林和林地的耗水量阈值范围相对较小。

第 9 章　三江源区"四水"转化模拟模型与通量评估

9.1　研究目的及意义

众所周知,水在世界各国的社会经济发展(能源生产、农业、家庭和工业用水供应)中发挥着重要作用,是全球和区域环境的重要组成部分(WMO,1991;Miao and Ni,2009)。然而,由于人口快速增长、灌溉农业规模扩大、工业以及经济技术发展,全球可利用水资源,特别是人均水资源面临巨大压力(Eduardo et al.,2016)。此外,由于人类活动迅速增加(如大坝建设、灌溉和工业增加)以及气候变化(如气温升高和降水模式改变)的综合影响,近几十年来,世界各地不同区域的水文循环发生了很大变化(Cohen et al.,2014)。生活、农业和工业对淡水需求的不断增加,也导致了严重的水资源短缺,亟须进行更加复杂的水资源管理(Xuan et al.,2018)。

为实现科学合理的水资源规划、管理及区域的可持续发展,了解水文要素的变化及其精确量化至关重要(Brasil Pinto et al.,2011),尤其是降水、蒸散、径流、基流、地表径流、土壤水和融雪水等关键水文要素。三江源区位于干旱半干旱的高海拔地区,被称为"中华水塔",是中国重要的生态屏障(JIA et al.,2009;Lv et al.,2010;Liu et al.,2013;Tong et al.,2014;Jiang and Zhang,2016),水资源和生态环境对气候变化和快速增加的人类活动(如灌溉和大坝建设)非常敏感(Zhang et al.,2017)。因此,为了更好地进行水资源规划和管理,保护三江源区生态环境,了解区域水文要素的转化及其定量化意义重大。

9.2　研究方法

本书使用美国水文工程中心(HEC)开发的水文建模系统 HEC-HMS 模型(William and Fleming,2010)对三江源区的"四水"转化进行研究分析。四水即大气水(降水和蒸散)、地表水、基流和土壤水分含量,如图 9-1 所示。HEC-HMS 模型主要输入数据包括 DEM、土地覆盖和土壤数据,这些数据首先在 ArcGIS 系统中进行处理。利用 SRTM 的 DEM 数据提取流域特征信息,如河流长度和流域面积等,使用土壤数据和土地覆盖数据提取模型的初始参数信息,如冠层储量、土壤储量、土壤入渗和土壤张力储量等。其他主要输入有气候数据、序列数据,包括降水、温度、风速、日照时长和相对湿度等。为了研究三江源区水文循环的所有主要组成要素,首先利用径流观测资料对模型进行率定,然后使用径流观测资料以及其他水文要素参数(如通过数字滤波法获得的基流、土壤水分、蒸散发量、雪水当量以及从遥感和再分析数据集获得的陆地水储量变化)对模型进行验证。HEC-HMS 模型主要输出包括径流量、基流、地表径流量、土壤湿度、雪水当量、潜在蒸散发、地下水储量等(见图 9-1)。率定后的模型还可用于估算三江源区融雪和冰川对径流的贡献。

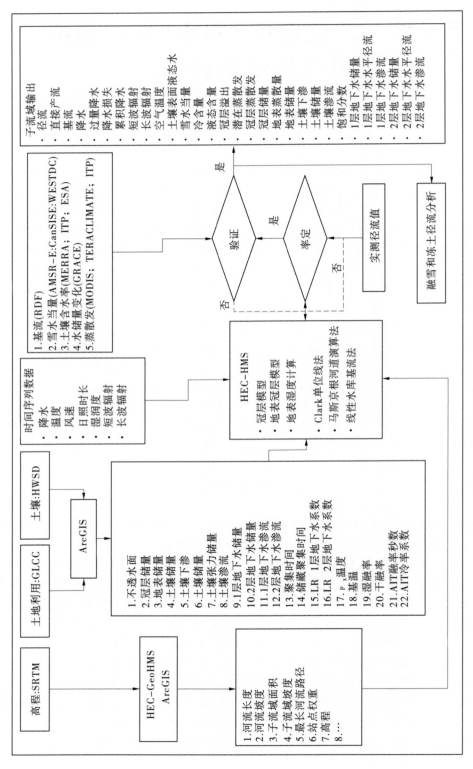

图 9-1 利用水文模型构建水循环中主要水文要素的方法流程

9.2.1　HEC-HMS 模型

HEC-HMS 模型在全球范围内得到广泛应用,例如应用于洪水建模、水资源评估、影响评估、城市洪水、洪水预警系统、径流恢复、水资源可利用量预报、径流预报等(Yimer et al.,2009;Verma et al.,2010b;Meenu et al.,2012;Halwatura and Najim,2013;Ramly and Tahir,2016;Mahmood and Jia,2017a;Zema et al.,2017)。该模型包括半分布式建模的 7 种损失方法(如土壤蓄水量法、SCS-CN 法、格林-安普特法)和分布式建模的 4 种损失方法(如网格化格林-安普特法和网格化土壤蓄水量法),7 种单位线法(如运动波法、Snyder 单位线法、Clark 法和 ModClark 法),5 种基流方法(如线性水库和月固定值)和 6 种河道演算法(如移滞演算法和马斯京根法),使用动态冠层和简单冠层两种方法来处理冠层截留及土壤蒸腾,使用简单地表方法来估计地表水储量。

建立流域模型包括 4 个重要内容:①流域模型,包含流域物理特征(如流域面积)和流域参数(如土壤入渗、存储和渗透)的所有信息;②气象模型,主要用于计算气候变量的空间分布;③控制设定,用以设定模型的模拟时段;④数据管理器,用于存储气候变量的时间序列,例如流量、风速、温度和降雨量(Verma et al.,2010a;William and fiemin,2010)。更多详细情况可参考模型的技术参考手册和用户手册(Feldman,2000;William and Fleming,2010)。模型既可以用于离散水文事件的模拟,也可以用于连续水文现象的模拟,主要区别在于连续模拟需要计算蒸散发量(William and Fleming,2010)。

9.2.2　研究区域设置

流域划分是建立流域水文模型的第一步,方法是将流域划分为小的流域或网格并计算其子流域面积、河流长度、子流域坡度、河流坡度等地形特征。本书使用 SRTM-DEM 提取澜沧江源区、黄河源区和长江源区的流域界限,如图 9-2 所示。将澜沧江源区、黄河源区和长江源区分别分为 9 个、29 个和 46 个子流域,然后利用土壤和土地覆盖数据估算每个子流域土壤储水量、地表储水量和入渗量等所有初始参数值(见图 9-2)。

本书以三江源区为研究区,采用土壤蓄水量法、克拉克单位线法、马斯京根河道演算法、线性水库基流法、彭曼-蒙蒂斯法、动态冠层法和简单曲面法等方法建立流域模型。设定气象模块时,采用泰森多边形法在空间尺度上计算各子流域的降水量,采用彭曼-蒙蒂斯法计算蒸散发量。其他许多研究中均有类似的流域模型设置(Fleming and Neary,2004;García et al.,2008;Verma et al.,2010b;Meenu et al.,2012;Halwatura and Najim,2013;Gyawali and Watkins David,2013;Waikhom and K Jain,2015;Samady,2017;Bhuiyan et al.,2017;Ouédraogo et al.,2018)。

土壤蓄水量法是 HEC-HMS 中一种先进的连续且复杂的计算损失和超渗雨量的方法。土壤蓄水量法模拟了水在地下水层和土壤剖面层中随时间的移动(William et al.,2010)。基于土壤蓄水量法的 HEC-HMS 模型使用了 5 个分层来表示流域,涉及的参数包括地表凹陷蓄水量、冠层截留蓄水量、土壤蓄水量、入渗率、张力带蓄水量、土壤渗滤速率、蓄水深度、浅层和深层地下水的蓄水系数和渗滤率。整个过程如图 9-3 所示。

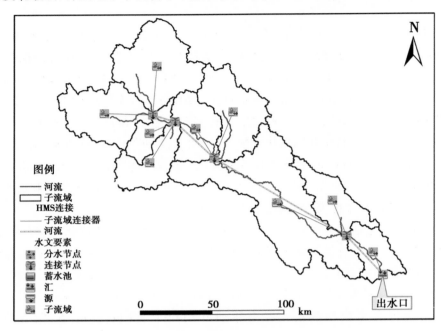

(a)澜沧江香达站以上

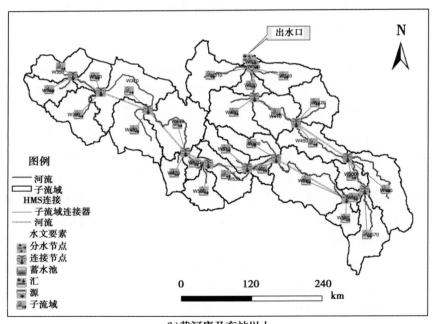

(b)黄河唐乃亥站以上

图 9-2　流域划分图

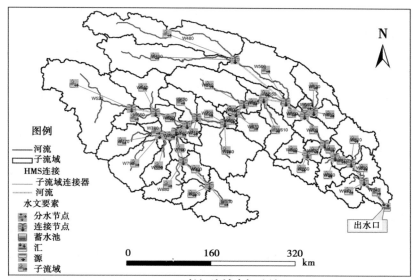

(c)长江流域直门达站以上

续图 9-2

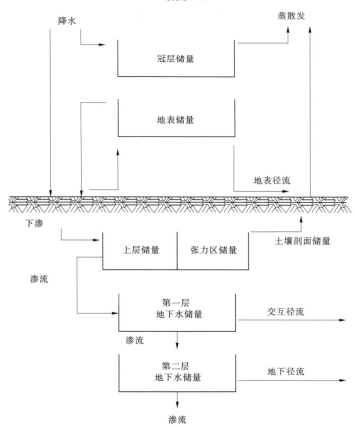

图 9-3　HEC-HMS 土壤蓄水量算法示意图

土壤蓄水量法将降水量作为输入数据,通过树冠蓄水(后文将详细介绍树冠法),将其与可用地表水蓄水量汇合。如果汇合后的水量超过了土壤剖面的潜在入渗能力,则多余的水量将成为地表径流。之后,利用渗透水量下渗填充土壤并储存。土壤储存区分为上部储存区和张力储存区两部分。降水可以从上层渗透到第一个地下水层,但不能从张力区渗透。渗透到最顶层地面层(GW1)的水将被输送至基流层,而剩余的水则会渗入更深的地下水层(GW2)。然后,GW2层中的水向下渗透到深层含水层(基本上从系统中流失),GW2中多余的水作为基流流入河流。根据蓄水层的特点,将GW1和GW2的来水转化为径流,然后输送至流域出口。将第二层地下水赋存系数取为零,可将地下水赋存层数减为一层。在这种情况下,只有一个地下水蓄水层(GW1)向线性水库供水,利用线性水库基流法把蓄水作为基流。该模型不能同时跟踪降水量和蒸散发量(Bennett and Peters,2000)。首先,它引导降水通过系统,只有当水分位于树冠、地表或张力土壤储存区,以及降水不存在时,才计算蒸散发量。土壤蓄水量法首先计算冠层蓄积的蒸散发量,然后再计算地表蓄积量。如果前两个存储组件的潜在蒸散发量不满足,则该算法将张力区存储中的水去除。根据张力带的最大蓄水量和土壤蓄水深度,张力区的水分去除速度较慢。

线性水库基流法只能与土壤蓄水量损失法结合使用,将地下水流的储存和运动模拟为水在蓄水层中的储存和移动。土壤蓄水量法中地下水层1的流出量是一个线性水库的流入量,从土壤蓄水量法中地下水层2的流出量是另一个线性水库的流入量。两个线性水库的流出量之和为流域的总基流量。目前,版本的HEC-HMS V4.3中只有两个地下水蓄水层。本书中对每个地下蓄水层仅使用一个水库。在校准过程中,需要确定两个参数(GW1存储系数和GW2存储系数)(Feldman,2000;William et al.,2010;Samady,2017)。线性水库的基本概念如

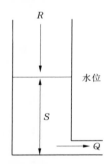

图9-4　线性水库基流法概念图

图9-4所示,其基于水平衡方程($R = Q + dS/dT$),其中,R为地下水补给量,Q为地下水蓄水量流出量,dS/dT为规定时间间隔内的蓄水变化量。

克拉克单位线法将土壤蓄水量损失法获得的过量降水转化为直接地表径流。它是一种合成单位线法,在校准过程中有两个参数(储存系数和集合时间)需要优化。最后,利用马斯京根河道演算法这一简单的质量守恒方法将水流从一个点转移到另一个点,在标定过程中得到行程时间(K)和马斯京根系数(X)(William et al.,2010)。

冠层模块是连续模拟建模中的重要组成部分,是土壤蓄水量法的重要组成部分,代表了流域内植被的存在。树冠拦截了部分降水,然后蒸发到大气中,减少了直接落在地面上的降水量。植被的另一个重要过程是蒸腾作用,即植物通过根从土壤中提取水分。HEC-HMS中有两种冠层方法,即简单冠层法和动态冠层法。在简单冠层法中,每个子流域的作物系数在时间上是相同的(如每天都相同),并且在空间上也可以相同,HEC-HMS中作物系数大多直接简单设定为0.7。在动态冠层法中,作物系数在空间和时间上都是动态变化的(William and Fleming,2010)。本书采用动态冠层法,作物系数根据全球月平均叶面积指数,1981~2015年数据集(Mao and Yan,2019)进行估算。

由于三江源区是第三极的一部分,融雪和冰川融水产生径流。本书采用温度指数法模拟该地区融雪和冰川融水。

如图 9-2 所示,构建三江源区模型时,共有 18 个水文参数需要在校准过程中进行优化,这些参数的初始值使用土地利用/覆盖、土壤数据和流域特征进行估算(Ahbari et al., 2018)。

9.2.3 基于温度指数法的融雪量估算

融雪是全球许多地区水文循环的主要组成元素,也是供水和设计洪水分析的重要考虑因素(Mullem and Garen,2004)。因此,利用水文模型准确模拟融雪径流具有十分重要的意义。估算融雪量的方法有两种:基于物理机制的能量平衡法和基于概念的温度指数法(Fazel et al., 2014)。

能量平衡法是测量能量平衡方程中的每一项,并模拟积雪内部的能量通量。然而这种方法需要大量数据,发展中国家多数流域数据存在缺失,在大多数情况下并不适用。另一种方法是温度指数法,最常见的是度-日模型,即用空气温度来描述所有能量通量,尽管有很多局限性,但由于方法简单,因此应用广泛(Mullem and Garen,2004)。根据 Hock (2003)论述,该方法应用广泛主要有以下几点原因:①数据(气温和降水量)可获取;②气温插值和预测简单;③具有可比性;④计算要求较低;⑤操作简单。图 9-5 描述了温度指数法在 HEC-HMS 模型中每个高程带工作的一般流程。在 HEC-HMS 模型中,每个子带被划分为 1~10 个高程带,每个子带可以表示为一个基于高程范围创建的小子带。可以根据高程范围和地形的复杂性创建高程带的数量,如果高程范围大、地形复杂,高程带的数量会较多,本书平均使用 3 个海拔带。此外,流域的递减率必须估算。本书对三江源区通过温度和海拔的回归分析,得到递减率为每千米-5.3~6 ℃。如图 9-5 所示,温度、降水量及测点与高程带平均高程差是温度指数法的主要输入量,高程带的区域温度则利用递减率、测点温度及测点与高程带平均高程差进行计算。以下方程则用于估算各高程带的区域温度:

$$T_b = T_g + (-LR \times ED) \tag{9-1}$$

式中,T_b、T_g、LR 和 ED 分别是高程带的估计温度、测点气温、递减率及测点与高程带平均高程差。

临界温度是温度指数法中的一个重要参数,用于判断降水是呈雨态还是雪态(William and Fleming,2010),Jennings 等 (2018)发现北半球的平均临界温度为 1 ℃,94% 的台站临界温度范围为-0.4~2.4 ℃,高海拔地区如青藏高原及其周边地区,临界温度可能高达 4.5 ℃,本书使用 1.5 ℃作为临界温度值。如果气温高于临界温度,降水就会以雨的形式出现在地表或积雪上。当雨落在积雪上时,如果降雨强度大于规定值,则会导致积雪融化(湿融或雨融),本书使用 10 mm/d 作为降雨强度规定值。如果气温低于临界温度,那么降水就以雪的形式发生。

融雪量是根据区域气温、基准温度和每个时间单位的融化率系数计算的。如果空气温度低于基准温度(通常为 0 ℃),则认为融雪量是零。同样,冷含量是根据空气温度和积雪温度计算的。液态水量是液态水在地表径流或渗透之前储存在积雪中的融化水量(William and Fleming,2010)。

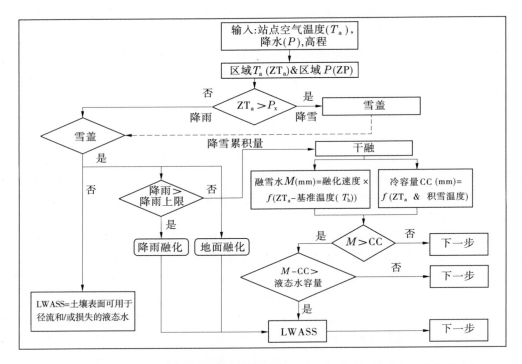

图 9-5　HEC-HMS 融雪模型(温度指数法)示意图(其中 P_x 是区分雪和雨的临界温度)

9.2.4　模型率定、验证及参数敏感性分析

利用直门达、唐乃亥、吉迈和玛曲站观测径流资料,以 2006~2010 年为序列率定 HEC-HMS 模型,以 2001~2015 年和 1981~2005 年为验证期分别进行前向验证和后向验证。由于香达水文站部分观测数据的缺失,在该站以 2007~2011 年为模型率定期,验证期为 2012~2015 年和 1981~1992 年。模型参数率定前,需要进行参数敏感性分析,使用局部敏感性分析法来确定流域的敏感参数。敏感性分析法可分为两种,即局部分析法和全局分析法 (Haan, 2002)。局部分析法即每次模拟仅改变 1 个参数的值而保持其他所有参数不变,从而得到该参数的变化对模拟结果的影响;全局分析法则是使用各参数的初始值运行模型,记录参数和模拟结果的每次变化以计算各参数对输出结果的百分比影响,从而确定敏感参数。本书采用的参数敏感性分析方法具体步骤是:每次变动每个参数值的 10%(在初始值为 -40%~+40%),通过观察模拟的径流量来确定敏感参数,计算洪峰流量(PF)和径流总量 (TFV)随每个参数变化的结果,以此判断敏感参数,如图 9-6 所示。所有参数按照敏感性排序(从最敏感到最不敏感),最大入渗量、储水系数、土壤排水量和地表水储量这 4 个参数对洪峰流量敏感,地下水第 1 层和第 2 层的渗透系数和储水系数对径流总量敏感,这表明三江源区最大入渗在洪峰流量条件下更活跃,径流总量条件下地下水 2 层渗流更活跃。

对于参数率定,首先将每个敏感参数变动 5% 得到其大致优化值,再利用模型的内置优化算法确定每个参数的最终优化值。根据已有研究(García et al., 2008;Verma et al., 2010a;Meenu et al.,2012; Mahmood and Jia,2016;Mahmood and Jia,2019),本书采用 3 个常用指标[纳什效率系数(E)、均方根误差(RMSE)和体积百分比(PVD)]和图表来评价模型的可用性。

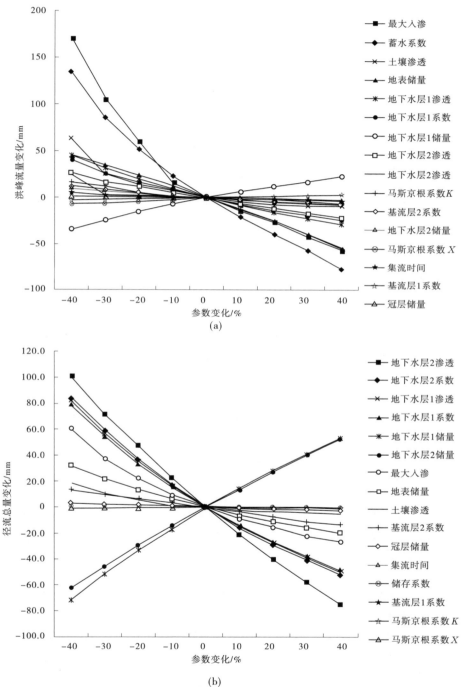

图 9-6　各参数变化时洪峰流量和径流总量的变化

$$R^2 = \frac{\sum (Q_{\text{obs}} - \overline{Q}_{\text{obs}}) \times (Q_{\text{sim}} - \overline{Q}_{\text{sim}})}{\sqrt{\sum (Q_{\text{obs}} - \overline{Q}_{\text{obs}})^2 \times (Q_{\text{sim}} - \overline{Q}_{\text{sim}})^2}} \tag{9-2}$$

$$\text{PVD}(\%) = 100 \times \frac{Q_{\text{sim}} - Q_{\text{obs}}}{Q_{\text{obs}}} \tag{9-3}$$

$$E = 1 - \frac{\sum (Q_{\text{sim}} - Q_{\text{obs}})^2}{\sum (Q_{\text{obs}} - \overline{Q}_{\text{obs}})^2} \tag{9-4}$$

$$\text{RMSE} = \sqrt{\frac{1}{n} \sum_{i=1}^{n} (Q_{\text{sim}} - Q_{\text{obs}})^2} \tag{9-5}$$

9.2.5　冻土径流估算

冻土对寒区水文具有重要意义,它直接影响着水分在土壤中的渗透过程并通过积雪间接影响热量的传递(Cherkauer and Lettenmaier,1999)。冻土区对全球及区域水循环和生态过程产生了深远影响,特别是气候寒冷干燥的青藏高原地区(Gao et al.,2018)。

在介绍三江源多年冻土区径流的估算方法之前,首先通过长江源区的多年冻土概念图来了解冻融过程在一年内是如何发生的。图9-7是长江源区年内水循环组成,主要是多年冻土层(Xu et al.,2016)。图9-8考虑土壤剖面温度、站气温观测值以及温度带(考虑海拔因素的站气温)(Yang et al.,2003;Luo et al.,2017;Yurong et al.,2018;Wang et al.,2019)。冻融过程与气温呈高度相关,若无法获取土壤剖面温度,气温观测值则只能粗略估计冻土径流过程(Hu and Feng,2005;Luo et al.,2016,2017)。研究使用的土壤剖面温度是 NASA 的 MERRA 产品,包含6个深度(100 mm、200 mm、400 mm、800 mm、1.5 m 和 10 m)的土壤温度。如图9-8所示,6~9月的温度保持在冰点以上,整个活动层均有利于基流的形成;10月开始土壤封冻,有些会持续封冻到4月。Yang 等(2003)提到10月是五道梁站(10月7日)和沱沱河站(10月27日)土壤封冻的起始月份。Guo and Wang(2013)指出10月是青藏高原土壤封冻的平均月份。在此期间(10月至次年4月),降雪是主要的降水形式,地表下渗量可以忽略不计,地表径流量接近0,基流减少到最小值。如图9-7所示,在5月(融化月)温度升高至冰点以上,冻土开始形成基流,积雪也开始融化,地表下渗量和地表径流量增加。Yang 等(2003)指出在1997年9月至1998年8月期间,沱沱河站解冻从4月中旬(4月15日)开始,五道梁站的解冻期始于4月下旬(4月27日)。从空间分布上,5月长江源区上游开始解冻,下游则4月开始解冻。

本书提出了两种估算冻土径流对水循环影响的方法,即图解法和建模法。第一种方法是图解法。首先要将基流值估算出来,基流分割的方法有递归数字滤波法,如 Eckhart 滤波法、Lyne&Hollick 滤波法等(Lyne and Hollick,1979;Eckhardt,2005;Indarto et al.,2016),图解法请参考相关文献(Tallaksen,1995;Smakhtin,2001;Gonzales et al.,2009;Indarto et al.,2016),以及稳定同位素法(Klaus and McDonnell,2013)。水文模型亦可估算基流值,如文献(Liu et al.,2015;Stadnyk et al.,2015),如图9-9所示。其次是确定过渡期。过渡期是指冻土层开始参与水循环的时期,时长一般为几天或几个月,可借助土壤剖面温度来确定。若无法获取土壤温度数据,可依据气温以及冬季过后基流开始增加的时

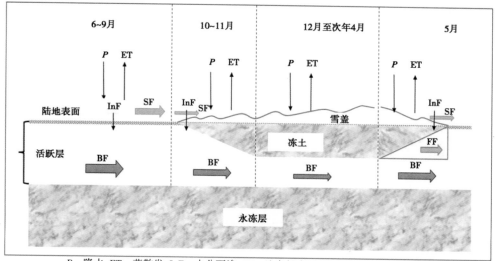

P—降水;ET—蒸散发;InF—水分下渗;SF—地表径流;BF—基流;FF—冻土径流。

图 9-7　长江源区冻土层的概念图

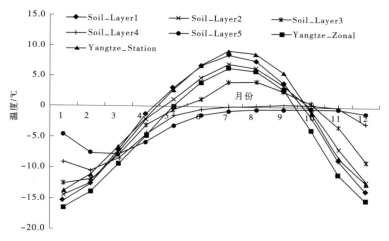

图 9-8　长江源区月土壤温度及平均气温

注:土壤温度数据来源于 NASA 的 MERRA 产品;Soil_Layer 1~5:1~5 层土壤层深度,深度分别为 100 mm、200 mm、400 mm、800 mm 和 1 500 mm;Yangtze_Zonal:考虑高程的各子流域温度带;Yangtze_Station:流域所有观测站的加权平均气温。

间来判定过渡期。例如,在三江源区解冻常始于 3~4 月、结束于 4~5 月(Yurong et al.,2018)。可以看到,长江源区直门达水文站 1982~2015 年的过渡期是 5 月,由于观测数据显示经过漫长的干燥寒冷期,浅层土壤温度、平均气温和基流值在 5 月开始增加,意味着冻土在 5 月开始参与基流的形成。过渡期具有时空差异性,流域上游(五道梁气象站以上)的过渡期在 5 月,下游(直门达水文站附近)过渡期则为 4 月或 3 月。通过绘制与 11 月至次年 4 月基流量平行的线(AB)可估算冻土的融雪径流对水循环的影响,5 月的基流线与 AB 之间的差(线段 CD)即为冻土形成的基流量。图解法的主要假设是在过渡期无

水分下渗和根系蒸散发。另外,假设下渗的水分在过渡期全部发生蒸散发。图 9-9 展示
了每月的基流水位,每日或日间的基流水位也可以表示冻土融雪形成的基流量。

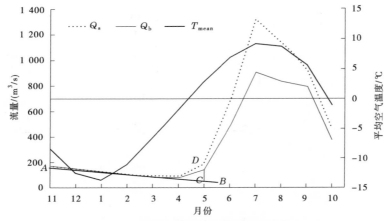

图 9-9　冻土区融雪径流基流量示意图

注:本图为长江源区直门达水文站 1981~2015 年月平均径流量(Q_s)、基流量(Q_b)和平均气温(T_{mean})观测值。

　　第二种方法是建模法。在完成水文模型参数率定和验证后,模拟过渡期两个基流水
位曲线。一个基流水位曲线为观测到的气候数据模拟中的虚线,称为正常基流水位曲线
(NBH);另一个基流水位曲线中的实线是在过渡期将气温保持在冰点以下模拟得到的,
称为修正基流水位曲线(MBH)。如图 9-10 所示,过渡期的气温保持在冰点以下时,土壤
会像冬天一样冻结,而冻结的土壤(之前形成基流部分)将不再形成基流。图 9-11(a)是
在过渡期平均气温高于冰点时各水文要素组成,图 9-11(b)是平均气温降低至冰点以下
时的水文要素。对过渡期两个基流水位曲线用水量平衡方程可以确定来自冻土融雪形成的
基流量。正常基流水位曲线和修正基流水位曲线的水量平衡方程分别可表示为:

$$P_1 = Q_1 + ET_1 + \Delta S_1 \tag{9-6}$$

$$P_2 = Q_2 + ET_2 + \Delta S_2 \tag{9-7}$$

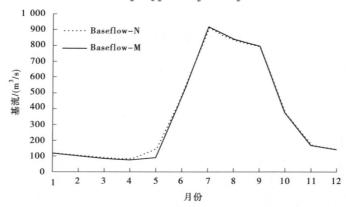

图 9-10　正常基流水位曲线和修正基流水位曲线

注:Baseflow-N:气候要素观测值的模拟结果;Baseflow-M:保持温度在冰点以下的修正后数据模拟结果。

式中,P、Q、ET 和 ΔS 分别为过渡期(5 月)的降水量、径流量、蒸散发量和储水变化量。

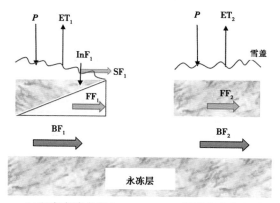

图 9-11 过渡期水文要素概念图

由于降水量在过渡期内保持不变,即 $P_1 = P_2$,故式(9-6)和式(9-7)可合并为式(9-8):

$$Q_1 + ET_1 + \Delta S_1 = Q_2 + ET_2 + \Delta S_2 \tag{9-8}$$

径流由总基流量(TBF)和地表径流(SF)组成,将 Q=TBF+SF 代入式(9-8)得到:

$$TBF_1 + SF_1 + ET_1 + \Delta S_1 = TBF_2 + SF_2 + ET_2 + \Delta S_2 \tag{9-9}$$

由于地表径流和基流相互独立,可将式(9-9)中的 SF 移除。TBF 可分为冻土径流(FF)和非冻土径流(BF),故得到下式:

$$BF_1 + FF_1 + ET_1 + \Delta S_1 = BF_2 + FF_2 + ET_2 + \Delta S_2 \tag{9-10}$$

由于无法从 BF_1 分割出 FF_1,将式(9-10)的 BF_1+FF_1 替换成 TBF_1 得到式(9-11):

$$FF_2 = TBF_1 - BF_2 + (ET_1 - ET_2) + (\Delta S_1 - \Delta S_2) \tag{9-11}$$

从上述公式可估算径流中的融雪径流。式中,仅过渡期的 TBF_1 和 BF_2 是已知的,ΔS_1 和 ΔS_2 在较长时间(≥10 年)分析中大小可忽略不计(Li et al., 2007;Zhu et al., 2019)。因此,ET_1 和 ET_2 可通过水量平衡方程(ET=P-Q)来估算,如果假设 $ET_1 - ET_2$ = 0,则式(9-11)可简化为

$$FF_2 = TBF_1 - BF_2 \tag{9-12}$$

上面的方程代表了上文讨论过的图解法。虽然在更长的时期内可以忽略存储的变化(≥10 年),但是不能轻易忽略蒸散发的影响。

9.2.6 基流分割

基流是河川径流的重要组成部分,但很难通过观测获取基流资料(Miller et al., 2014)。先前研究(Nathan and McMahon,1990;Brodie and Hostetler,2005;Murphy et al., 2009)表明基流分割方法(如图解法和数字滤波法)得到不断发展和完善。由于三江源区缺少基流观测数据,且研究需要驱动 HEC-HMS 模型模拟得到的基流值,采用被广泛使用的递归数字滤波法(RDF)(Nathan and McMahon,1990)进行基流分割,计算公式如下:

$$f_k = \alpha f_{k-1} + \frac{1+\alpha}{2}(y_k - y_{k-1}) \tag{9-13}$$

式中,f_k 为在 k 时刻的瞬时径流;α 为滤波器参数;y_k 为径流。

Nathan 和 McMahon(1990)研究推荐值为日径流 $\alpha = 0.925$,时径流 $\alpha = 0.095$,本书中选用三江源区日径流。

9.2.7　陆地水储量估算

陆地水储量(TWS)的变化对全球及区域水文循环和水资源管理有深远影响(Chen et al.,2017),是理解大区域水文、气候和生态过程的重要基础。陆地水储量主要包括地表水、冰雪水、土壤水以及地下水储存。陆地水储量的变化难以直接测量获取,特别是在偏远地区(Xu,2017),如三江源区。本书使用 HEC-HMS 水文模型估算三江源区陆地水储量变化;其中陆地水储量包括冠层截流量(S_{canopy}),地表水储量($S_{surface}$),土壤水储量(S_{soil}),第 1、2 层地下水储量($S_{ground1}$、$S_{ground2}$)以及冰雪水储量 SWE(S_{swe}),计算公式如下:

$$TWS = S_{canopy} + S_{surface} + S_{soil} + S_{ground1} + S_{ground2} + S_{swe} \tag{9-14}$$

$$TWSC = TWS_t - TWS_{t-1} \tag{9-15}$$

式中,TWSC 为陆地水储量变化值(正值或负值);TWS_t 为 t 时刻的陆地水储量。由于三江源区缺少陆地水储量观测数据,可用遥感数据代替观测值驱动 HEC-HMS 模型,从而评估陆地水储量变化。下载 GRACE 数据处理中心的 3 种数据,即 GFZ、TU-CSR 和 TU-CSR-Mascon,时间范围是 2002~2015 年。2004~2009 年的 GRACE 陆地水储量值相对异常,使用 HEC-HMS 模型模拟 2000~2009 年的陆地水储量以对异常值做适当比较。

9.2.8　实际蒸散发量估算

实际蒸散发量(AET)是水文循环的重要组成部分,也是自然生态系统的重要物理过程。蒸散发过程连系着土壤、地表和气候圈大气中的水分和能量的交换(Jian et al., 2018;Ochoa-Sánchez et al., 2019)。AET 的估算对水文建模、水资源规划和管理及其相关的生态系统服务、应对全球气候变化等方面有重要的现实意义(Salama et al., 2015;Ochoa-Sánchez et al.,2019)。蒸散发对预测植物生产力和物种丰富度也发挥着重要作用(Jian et al., 2018)。本书根据水量平衡方程来估算实际蒸散发量,公式如下:

$$AET = P - Q_{SIM} - \Delta S \tag{9-16}$$

式中,P 为降水;Q_{SIM} 为径流模拟值;ΔS 为流域储水量的变化。

通常认为 TWSC 在较长时间(≥10 年)的分析中其大小可忽略不计。但是如前文所说在本书中 ΔS 被估计为 TWSC。

利用观测仪器难以获得真实的实际蒸散发数据,且蒸渗仪的安置和维修成本较高,因此大部分的蒸散发研究都基于模型模拟结果或卫星数据(Jian et al., 2018)。因三江源区没有实际蒸散发观测数据,因此从 3 种再分析产品及遥感产品(TERACLIMATE、ITP-LDAS 和 MOD16A2)中获取实际蒸散发数据,并进行评估,各蒸散发产品在上文中已做详细介绍。

9.3 模型构建与验证

本书利用流量观测数据对 HEC-HMS 模型进行校准,并通过不同水文要素进行验证,如通过观测、再分析和遥感产品中获取的径流量、基流、SMC、SWE、TWSC 和 AET 等数值。

9.3.1 利用径流进行率定与验证

表 9-1 是利用 5 个水文站的日径流模拟数据和观测数据得到的率定和验证结果。率定的 E 值范围为 0.66~0.85,第一次验证的 E 值为 0.69~0.9,第二次验证的 E 值为 0.62~0.82。在率定和验证过程中,R^2 的结果几乎相似或略优于 E 的结果。率定的 PVD 值在 $-4.29\%~8.96\%$ 之间变化,第一次验证的 PVD 值为 -1.32% 和 12.8%,第二次验证的 PVD 值为 -4.38% 和 21.07%。此外,率定的年 RMSE 值介于 66.38~284.72 m³/s,第一次验证的年 RMSE 值为 66.71~257.90 m³/s,第二次验证的年 RMSE 值为 77.12~241.87 m³/s。与预期一致,按月计算(根据每月模拟和观测的流量得出)的结果比按日计算的结果更好。根据(Van Liew and Garbrecht,2003)的研究,E 值大于 0.75 表示模拟结果较好,根据研究目标的不同,E 值在 0.36~0.75 之间均能够满足研究要求。因此,该模型对除吉迈站外的所有站点的结果均在可接受范围内。吉迈站结果相对较差的原因可能是缺少气候观测站,在吉迈以上的黄河流域区域仅有一个气候观测站,难以囊括包含冻土、降雪、冰川及复杂地形的水文系统。其他相关研究在黄河源头地区得到了类似的结果(Yang et al.,2014;Zheng et al.,2015;Meng et al.,2016)。例如,在唐乃亥站点,相关研究表明率定的 E 值为 0.78~0.91,验证的 E 值为 0.70~0.89(Yang et al.,2014;Zheng et al.,2015;Meng et al.,2016)。玛曲站率定的 E 值范围为 0.67~0.81,验证的 E 值为 0.61~0.78。吉迈站率定的 E 值为 0.51~0.76,验证的 E 值为 0.49~0.61(Meng et al.,2016)。此外,相关研究(Zhang et al.,2013a;Lu et al.,2018;Guo et al.,2019)表明长江和澜沧江的率定与验证范围为 0.72~0.87,与本书的结果非常接近。

表 9-1 三江源区 HEC-HMS 模型日数据模拟的率定与验证

	站名	吉迈	玛曲	唐乃亥	直门达	香达
率定	E	0.66	0.85	0.83	0.74	0.69
	R^2	0.73	0.88	0.89	0.83	0.73
	PVD/%	4.45	3.60	6.24	8.96	-4.29
	RMSE/(m³/s)	78.59	129.94	194.88	284.72	66.38
	NRMSE	0.46	0.30	0.30	0.51	0.43
第一次验证	E	0.69	0.83	0.90	0.77	0.74
	R^2	0.77	0.83	0.90	0.82	0.78
	PVD/%	12.8	3.29	-1.32	8.68	6.66
	RMSE/(m³/s)	66.71	165.75	179.72	257.90	74.01
	NRMSE	0.39	0.35	0.27	0.49	0.49

续表9-1

站名		吉迈	玛曲	唐乃亥	直门达	香达
第二次验证	E	0.62	0.82	0.82	0.79	0.61
	R^2	0.71	0.82	0.82	0.81	0.65
	PVD/%	21.07	−4.38	−0.78	1.36	−1.13
	RMSE/(m³/s)	77.12	180.20	241.87	217.73	100.81
	NRMSE	0.52	0.42	0.40	0.48	0.55

　　结果的图形化能用于主观与定性地评估模型性能,显示模拟结果与观测数据变化的一致性(如峰值和枯水流量),是重要的可视化工具。因此,本书将径流的模拟值与观测值进行对比,分别对流域内5个站点的模型模拟结果进行可视化,如表9-1、图9-12~图9-16所示。吉迈站的率定和第一次验证中,与枯水流量相比,峰值一致性较差。例如,率定过程中,模型高估了2007年、2008年和2010年的峰值;在第二次验证期间,模型不仅高估了某些年份的峰值,还高估了枯水流量,这就是为什么在第二次验证期间,模型高估了21.07%。这可能是由于气候数据的缺乏,冰雪的存在和地形的复杂导致的。在玛曲站和唐乃亥站,除某些年份外(如在2011年的玛曲站第一次验证和1995年、1996年的玛曲站和唐乃亥站第二次验证中,模型高估了峰值),该模型对峰值流量和枯水流量的模拟效果都较好。在直门达站,模型略微高估了率定的峰值和枯水流量,以及第一次验证的枯水流量。除1982年和2001年等年份外,该模型在第二次验证期间模拟效果也良好。在香达站,峰值后的模拟流量相对不好,特别是在两个验证期间。尽管如此,该模型还是很好地模拟了枯水流量。还需要指出的是,在所有水文站中,观测径流量的上升和下降部分和模拟流量的变化规律较好吻合。通过以上讨论以及与其他研究的比较,可以证明模型取得了令人满意的结果。

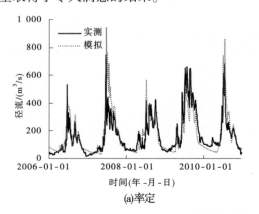
(a)率定

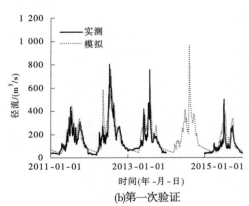
(b)第一次验证

图9-12　黄河吉迈站实测与模拟径流量对比

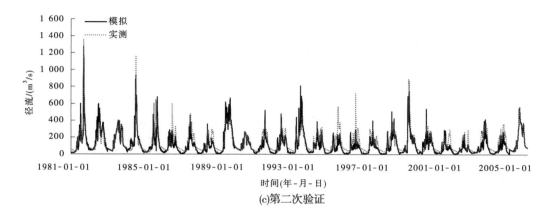

(c)第二次验证

续图 9-12

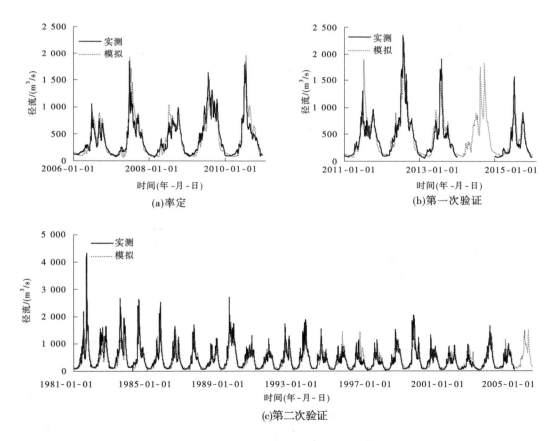

(a)率定

(b)第一次验证

(c)第二次验证

图 9-13 黄河玛曲站实测与模拟径流量对比

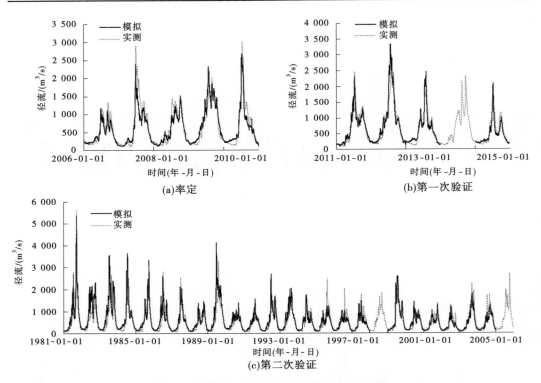

图 9-14 黄河唐乃亥站实测与模拟径流量对比

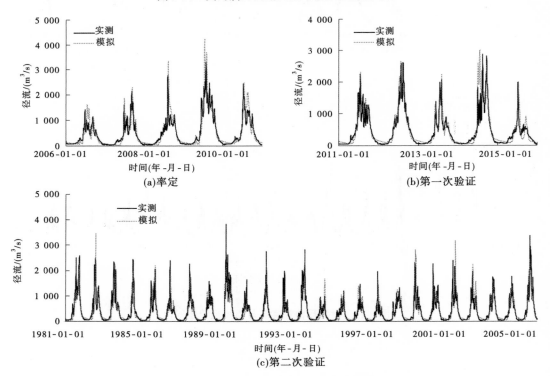

图 9-15 长江直门达站实测与模拟径流量对比

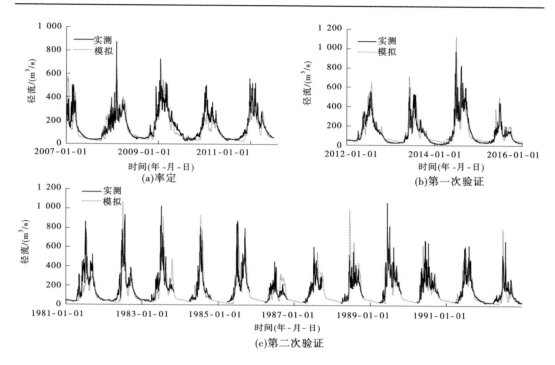

图 9-16 澜沧江香达站实测与模拟径流量对比

9.3.2 其他水文要素的验证

本书需要利用实测数据对 HEC-HMS 模拟的主要水文要素(如大气水、雪和冰川融水、土壤水和地下水)进行评价。由于缺乏其他水文要素的观测值,采用不同水文要素的再分析和遥感数据进行评价。本书中,获取了土壤含水率(SMC)、基流、地表水储量(TWSC)、雪水当量(SWE)和实际蒸散发量(AET)的再分析和遥感数据公开产品。由于大多遥感和再分析数据是月尺度的,因此计算月尺度模拟数据和遥感产品之间的相关系数(R)、体积偏差百分比(PVD)和均方根误差(RMSE)三个统计指标进行评价,如表 9-2所示。其中,PVD 的正值表示模型(HEC-HMS)高估,负值表示模型低估。此外,采用图形化方法将模拟数据与月均值 RRSD 进行比较。

9.3.2.1 土壤含水率

利用 R、PVD 和 RMSE,将 HEC-HMS 模拟的土壤含水率(SMC)与 2001~2010 年MERRA-2、ITP-LDAS 和 ESA-CCI-SM 进行比较,如表 9-2 所示。三个流域的 R 值区间为 0.44(ITP-LDAS)~0.84(MERRA-2),RMSE 值区间为 0.015(MERRA-2)~0.035(ITP-LDAS),PVD 值区间为-10.2(ITP-LDAS)~11.5(ESA-CCI-SM)。在澜沧江源区,ESA-CCI-SM 的相关性最高,偏差(PVD)最小,MERRA-2 次之。然而,MERRA-2 的RMSE 最低,其次是 ESA-CCI-SM。如图 9-17(a)所示,对于澜沧江源区,表明模型的土壤含水率均能与三个数据集较好地吻合,只有 ITP-LDAS 数据被高估。在黄河源区,利用

表9-2 利用不同水文要素(SMC、SWE、Baseflow、TWSC、AET)对三江源区的 HEC-HMS 模型进行验证

项目		土壤含水率			雪水当量			基流	陆地蓄水量			实际蒸散发量		
时段		2001~2010年			2001~2010年			1981~2015年	2002~2015年			2000~2010年		
		ESA-CCI-SM	MERRA-2	ITP-LDAS	CanSISE	AMSR-E	WESTDC	RDF	GFZ	UT-CSR	UT-CSR_MASCON	TERRACLIMATE	MOD16A2	TEDAC
澜沧江源区	R	0.72	0.60	0.44	0.51	0.75	0.72	0.95	0.72	0.70	0.76	0.89	0.79	0.87
	RMSE/(m³/s)	0.031	0.027	0.033	6.5	12.5	6.0	29.0	20.0	22.1	17.5	15.3	23.9	24.3
	PVD/%	4.5	-6.6	9.0	64.1	-51.7	111.8	18.1	11.0	-5.3	34.3	0.1	-38.6	-36.3
黄河源区	R	0.72	0.74	0.56	0.82	0.73	0.81	0.96	0.70	0.75	0.79	0.85	0.80	0.83
	RMSE/(m³/s)	0.029	0.020	0.022	3.6	6.3	2.5	100.8	21.7	20.4	17.7	21.9	24.5	22.2
	PVD/%	6.7	5.7	-2.4	-38.4	-59.8	22.4	7.4	17.4	9.1	18.6	-13.5	-33.2	-25.4
长江源区	R	0.80	0.84	0.49	0.24	0.33	0.32	0.96	0.64	0.66	0.55	0.86	0.73	0.81
	RMSE/(m³/s)	0.034	0.015	0.035	9.7	8.2	9.9	113.2	19.2	19.2	28.7	17.3	23.6	24.6
	PVD/%	11.5	-0.9	-10.2	318.4	-11.3	410.4	20.1	16.3	5.1	-23.8	-3.5	-42.2	-37.6

MERRA-2 计算得到 R 的最高值和 RMSE 的最低值,其次是 ESA-CCI-SM。然而,ITP-LDAS 的 PVD 值最低,其次是 MERRA-2。从图 9-17(b)可以看出,该模型也很好地吻合了三个数据集的年周期。在长江源区,如图 9-17(c)所示,MERRA-2 的吻合度最高,其次是 ESA-CCI-SM。但是,模型高估了 ESA-CCI-SM,低估了 IPT-LDAS。结果表明,模型可以很好地模拟三江源区的土壤含水率。

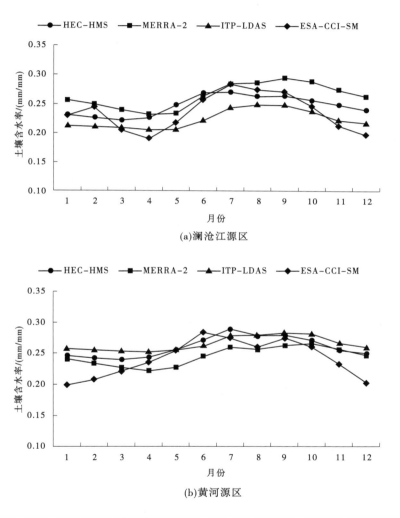

(a)澜沧江源区

(b)黄河源区

图 9-17　HEC-HMS 模拟土壤含水率与 ESA-CCI-SM、MERRA-2 和 ITP-LDAS 数据比较

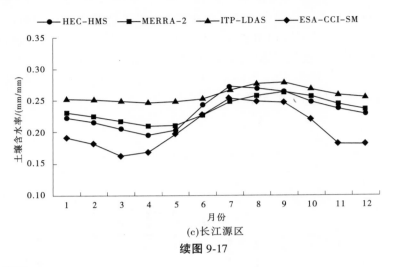

(c)长江源区

续图 9-17

9.3.2.2　基流

在水文循环中,基流是径流的重要组成部分,但它难以测量(Miller et al.,2014)。基流保证河流一年四季都保持活力,特别是在干旱时期。为了评估 HEC-HMS 模拟的基流,使用递归数字滤波器(RDF)(Nathan and McMahon.,1990)分离得到基流,得到 1981~2015 年的统计指标(见图 9-18 和表 9-2)。可以看出,三个流域模拟的基流与 RDF 分离的基流均有很高的相关性(高于 0.94)。澜沧江、黄河和长江源头区域的 RMSE 分别为 29 m^3/s、100.08 m^3/s 和 113.2 m^3/s。澜沧江和长江的 PVD 大于 15%,黄河的 PVD 小于 10%。从图 9-18 可以看出,模型在黄河源区域除 7 月外,其他月份均高估了。枯水月份(11 月至次年 4 月)是一个非常干燥和寒冷的时期,基流必须与径流相同,但 RDF 分离产生的基流低于枯水流量月份的径流,而 HEC-HMS 模拟的基流与枯水流量月份的流量基本相同。因此,HEC-HMS 模拟的基流比 RDF 更为合理。模型模拟的基流对径流的年贡献率为 77%~78%,RDF 对径流的年贡献率为 65%~73%。

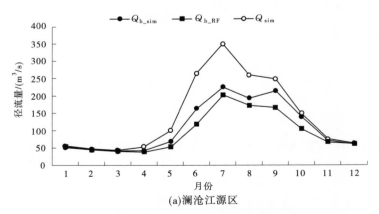

(a)澜沧江源区

图 9-18　HEC-HMS 和递归数字滤波器模拟基流比较

注:Q_{b_sim} 和 Q_{sim} 分别表示用 HEC-HMS 模拟的基流和流量(总流量);Q_{b_RF} 是用递归数字滤波器计算的基流。

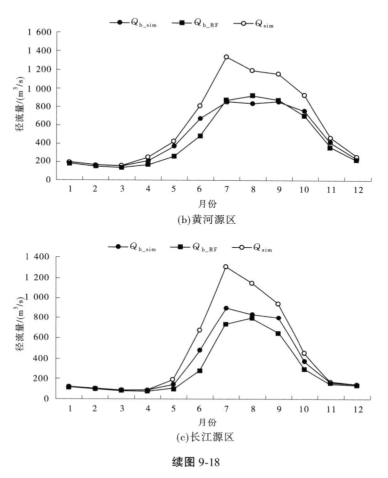

(b)黄河源区

(c)长江源区

续图 9-18

9.3.2.3　陆地蓄水量

本书利用 GRACE 数据对模型模拟的陆地蓄水量进行了评价。GRACE 无法估算绝对储水量,但给出了 2004~2009 年的平均储水量变化。因此,将 HEC-HMS 模拟的冠层蓄水量、地表蓄水量、土壤蓄水量、积雪蓄水量、地下水 1 层和地下水 2 层进行了计算,然后根据 2004~2009 年的平均值计算变化,与 GRACE 数据的处理方式相同。我们使用 GRACE 在 2002~2015 年三江源区的三种解决方案,即 GFZ、UT-CSR 和 UT-CSR-MASCON 进行评估。计算的陆地蓄水量变化(HEC-TWSA)与三种方案具有较高的相关性,其中澜沧江源区为 0.70~0.76,黄河源区为 0.70~0.79,长江源区为 0.55~0.66。三个流域三种方案的 RMSE 区间为 17.5~28.7 mm,PVD 为−23.8%~34.3%。三个指标中,HEC-TWSA 与 UT-CSR 非常接近,其次是 GFZ。从图 9-19 可以看出,三个流域中 GRACE-TWSA 与 HEC-TWSA 的年际格局均能很好吻合。然而,模型低估了枯水期(11 月至次年 3 月),高估了丰水期(特别是 7 月和 8 月)。整个时期的年平均值也可与 GRACE-TWSA 进行比较,如在澜沧江源区,HEC-HMS 的年平均值为−1 mm,UT-CSR-MASCON 方案为−2 mm, GFZ 方案为−3 mm, UT-CSR 方案为−4 mm。从以上结果可以看出,该模型能够有效模拟所有三个流域的陆地蓄水量。

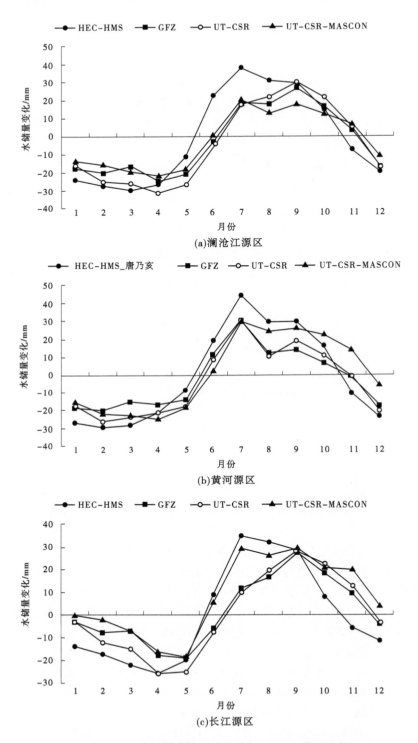

图 9-19　水储量变化模拟及其与 GRACE 数据比较

9.3.2.4 雪水当量

为了对 HEC-HMS 模拟的雪水当量进行评估,我们从 CanSISE、AMSR-E 和 WESTDC 三个数据集获得了 2001~2010 年期间的雪水当量数据。澜沧江源区的 R 区间为 0.51 (CanSISE)~0.75(AMSR-E),黄河源区为 0.73(AMSR-E)~0.82(CanSISE),长江源区为 0.24(CanSISE)~0.33(AMSR-E)(见表 9-2)。PVD 显示,三个流域的 HEC-HMS 模型与三个数据集相比,大部分时间比 AMSR-E 低估 11.3%~59.8%,比 CanSISE 和 WESTDC 高估 22.4%~410.4%。虽然澜沧江源区和黄河源区的相关性较高,但 PVD 值和 RMSE 值也较高。如图 9-20 所示,除黄河源区外,其余流域的模型与 CanSISE 和 WESTDC 的数据相比均高估了,与 AMSR-E 相比低估了,而在黄河源区模型也低估了 CanSISE 的数值。从图 9-20 可以看出,CanSISE 和 WESTDC 的雪水当量具有较好的相似性,但在所有三个流域中,AMSR-E 的雪水当量都被低估了。总的来说,模拟的雪水当量与遥感产品缺乏相似性,但不能说模拟的雪水当量是错误的,因为这些产品之间也缺乏相似性。但本书的结果与冬季(10 月至次年 3 月,HLR)的累积降水吻合得很好,如图 9-21 为澜沧江源区 2001~2010 年 10 月至次年 3 月降雪月份的累计降水量(PP_CUM)、HEC-HMS 模拟的雪水当量和平均气温。从图 9-21 可以看出,雪水当量从 10 月中旬开始累积,到 3 月达到峰值,与三江源区以降雪形式出现的降水非常相似。而遥感产品的雪水当量峰值出现在 11 月或 12 月。由于不能得出严谨的结论,未来需要实际观察资料来准确评价模型所模拟的雪水当量。

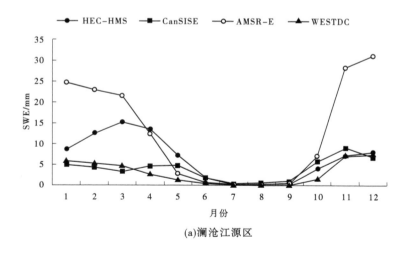

(a)澜沧江源区

图 9-20 HEC-HMS 雪水当量模拟值与 CanSISE、AMSR-E 及 WESTDC 数据比较

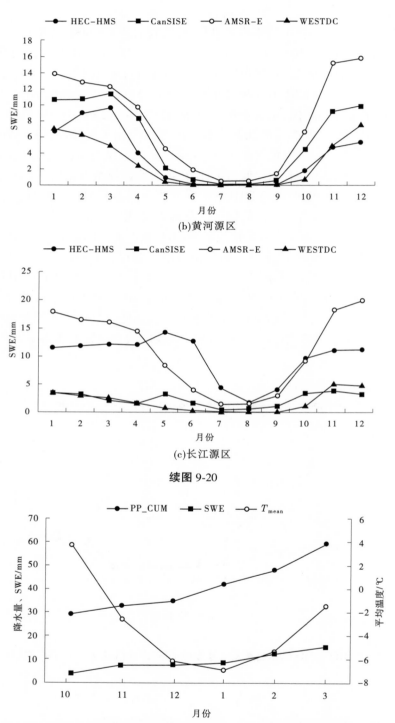

(b)黄河源区

(c)长江源区

续图 9-20

图 9-21　澜沧江流域降雪月累计降水量(PP_CUM)和模拟雪水当量(SWE)

9.3.2.5 实际蒸散发量

利用 2000~2010 年 MOD16A2、TERRACLIMATE 和 TEDAC 三种产品对三个流域进行实际蒸散发量评价。如图 9-22 所示为模拟值与三种产品均呈现高相关性,数值范围为 0.79(MOD16A2)~0.89(TERRACLIMATE)。三个流域的 TERRACLIMATE 相关性最高,其次是 TEDAC。三个流域 TERRACLIMATE 的 PVD 值均位于理想范围内,数值区间为 −13.5%~0.1%。然而,MOD16A2 和 TEDAC 的 PVD 值并不理想,范围为 −42.2% ~ −25.4%。因此,除澜沧江源区的 TERRACLIMATE 外,模型几乎低估了三个流域三个产品的实际蒸散发量。

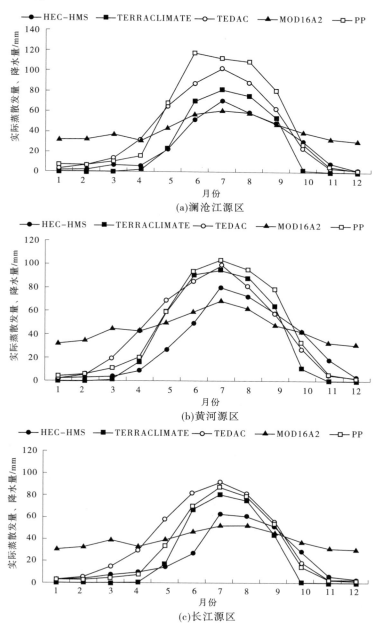

图 9-22 HEC-HMS 实际蒸散发量模拟值与 TERRACLIMATE、TEDAC、MOD16A2 数据比较

表 9-2 显示了 HEC-HMS 估算的实际蒸散发量和 2000~2010 年三个产品的月平均实际蒸散发量。为了帮助评价估算的实际蒸散发量,图 9-22 中还展示了平均月降水。三个流域估算的实际蒸散发量均能很好地吻合 TERRACLIMATE 和 TEDAC 模式的数值。然而,这两种产品在大多数月份,尤其是在 6 月、7 月和 8 月,均低估了实际蒸散发量。而 MOD16A2 在三个流域的寒冷与干旱月份对实际蒸散发量的估值都过高,存在不合理性。此外,还可以用长周期年平均降水量来评价实际蒸散发量。澜沧江源区,本书估算的年平均蒸散发量和 TERRACLIMATE、TEDAC、MOD16A2 产品计算的蒸散发量分别占年降水量的 60%、60%、87% 和 90%;长江源区则分别占年降水量的 77%、79%、122% 和 131%;黄河源区分别占年降水量的 72%、83%、97% 和 108%。由于 TEDAC 和 MOD16A2 实际蒸散发量所占降水量的百分比过高(大于 90%),因此结果不合理。从以上结果可以看出,模型估算的实际蒸散发量与三个流域的气候条件呈现很好的相关性。

9.4　三江源区分析

9.4.1　气候条件

通过对 23 个气候站进行加权平均分析,得到 1981~2015 年三江源区的月平均和年平均气候条件如图 9-23 所示,TRSR 的年平均温度为 -0.7 ℃,年平均最高温度(白天温度)为 6.5 ℃,年平均最低温度(夜晚温度)为 -8.0 ℃。流域最冷月份为 1 月,其中最高温度为 -3.8 ℃,最低温度为 -21.3 ℃,平均温度为 -12.5 ℃。与之相反,流域最热月份为 7 月,其中最高温度为 15.9 ℃,最低温度为 3.9 ℃,平均温度为 9.9 ℃。该流域 10 月中旬至次年 4 月的温度保持在冰点以下,在这几个月期间,降雪为主要的降水形式。最高温度、最低温度和平均温度从东南向西北依次减小,变化范围分别为 2.6~15.2 ℃、-10.7~-0.6 ℃和 -4.1~6.0 ℃。相对湿度是气候系统的另一个重要参数,能够调节蒸散发,对云、雾、霾的形成有很强的影响(You et al.,2015)。通过计算得到流域年平均相对湿度(RH)为 57.1%,且最大值在夏季,最小值在冬季。三江源区湿度的空间分布与温度基本相同,范围为 51%~69%。在温度和降水较高的地区,湿度也较高。

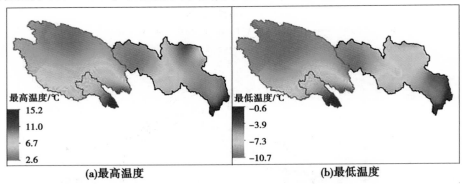

图 9-23　1981~2015 年三江源区温度、相对湿度、日照时数和风速的空间分布

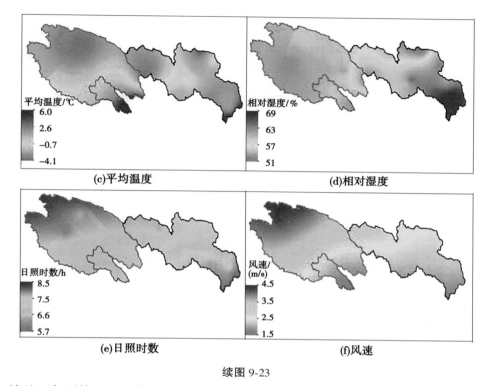

(c)平均温度　　　　　　　　　　　　　(d)相对湿度

(e)日照时数　　　　　　　　　　　　　(f)风速

续图 9-23

　　该地区年平均日照时数为 7.3 h,4 月最高(7.9 h),2 月和 9 月最低(6.8 h)。风速 (WS)在流域中具有重要的作用,它对流域水面的影响很大,会增加流域的蒸散发速率。流域年平均风速为 2.8 m/s,冬、春季节风速较大,夏、秋季节风速较小(见表 9-3)。与温度和相对湿度相反,日照时数和风速从东南方向西北方向逐渐增加。日照时数在 5.0~ 9.0 h 之间变化,风速在 1.0~5.0 m/s 之间变化。相似的时间和空间气候条件在相关研究中进行了评估(Zhang et al. ,2011;Liang et al. ,2013;Shi et al. ,2016;Bei et al. ,2019)。

9.4.2　水文要素的转化和量化

　　在三江源区中,1981~2015 年的年平均降水量(MAP)为 439 mm(128BCM),月最大值在 7 月(98.9 mm),月最小值在 12 月(2.3 mm)。大多数降水发生在 6~9 月,占总降水量的 76%(334 mm)。湿润期(5~10 月)降水量约占总降水量的 91%(400 mm),而旱季 (11 月至次年 4 月)降水量仅占总降水量的 9%(39 mm)(见表 9-3)。相关研究中有类似的发现(Li et al. , 2010;Yi et al. , 2013;McGregor, 2016;Shi et al. , 2016)。约 70% 的降水转化为实际蒸散发,30% 转化为径流(地表径流+基流)。因此,蒸散发是继降水后陆地水循环中最大的组成部分,在水资源可持续管理和水资源评价中起着至关重要的作用 (Gharbia et al. ,2018)。蒸散发是气候系统中的一个中心过程,它代表了水、能源和碳循环之间的联系(Jung et al. , 2010; Zhao et al. , 2019)。该地区年平均蒸散发量为 308 mm (90BCM,降水量的 70%),其中,蒸散发量月最大值在 7 月(67 mm),蒸散发量月最小值在 1 月(3 mm)。大部分实际蒸散发 AET 发生在湿润季节,占总 AET 的 88%,甚至仅 4 个月(6~9 月)的 AET 占年 AET 的 71%(218 mm)(Zhang et al. ,2013a)。蒸散发也通过潜

表 9-3　1982~2015 年三江源区气候变量和水文要素信息

月份	T_{max}/℃	T_{min}/℃	T_{mean}/℃	RH/%	SSH/h	WS/(m/s)	PP/mm	PET/mm	AET/mm	Q_O/mm	Q_{SIM}/mm	Q_B/mm	Q_S/mm	Q_{SNOW}/mm	Q_{FSW}/mm	TWSA/mm	SMC/(mm/mm)
1月	-3.8	-21.3	-12.5	47.5	6.9	2.8	4	30	3	2.5	3.4	3.4	0	0	0	-16.3	0.23
2月	-1.3	-18.1	-9.7	45.1	6.8	3.3	5	39	4	2.3	2.6	2.6	0	0	0	-17.5	0.23
3月	2.7	-13.0	-5.2	45.6	7.1	3.5	8	63	7	3.0	2.7	2.6	0.1	0	0.3	-18.6	0.22
4月	6.8	-7.9	-0.5	50.6	7.9	3.2	16	82	9	4.7	3.4	3.0	0.6	0.4	0.6	-19.1	0.22
5月	10.6	-2.8	4.0	59.6	7.8	3.0	45	100	20	8.4	6.5	5.3	1.7	2.5	1.0	-12.9	0.23
6月	13.5	1.7	7.6	67.9	7.0	2.7	87	102	40	16.3	15.4	11.6	5.3	2.3	0	10.9	0.25
7月	15.9	3.9	9.9	69.5	7.4	2.5	99	111	67	25.2	27.4	18.2	9.6	1.4	0	31.3	0.27
8月	15.7	3.0	9.4	68.9	7.4	2.3	80	103	61	20.6	23.8	17.1	6.1	0.7	0	24.7	0.27
9月	12.4	0.3	6.4	70.9	6.8	2.3	66	77	49	18.9	20.8	16.6	3.9	0	0	24.3	0.27
10月	6.7	-6.4	0.2	62.6	7.5	2.3	23	58	33	13.2	14.0	11.6	1.3	0	0	11.8	0.25
11月	1.2	-15.0	-6.9	50.6	7.8	2.5	3	38	11	6.2	6.3	5.9	0.1	0	0	-5.6	0.24
12月	-2.5	-20.1	-11.3	46.7	7.2	2.6	2	30	3	3.2	4.2	4.1	0	0	0	-14.1	0.24
年平均	6.5	-8.0	-0.7	57.1	7.3	2.8	439	833	308	124.3	130.5	102	29	7.2	1.93	-00.1	0.243
年径流量百分比/%										95		78	22	5.6			
年降水量百分比/%								190	70	28	30	23	7	1.7			
6~8月年百分比/%							61	38	55	50	51	46	73	60			
6~9月年百分比/%							76	47	65	67	62	87	60			
雨季(5~10月)年百分比/%					91	76	66										
旱季(11月至次年4月)年百分比/%					9	34											

注：T_{max} 为最高温度；T_{min} 为最低温度；T_{mean} 为平均温度；RH 为相对湿度；SSH 为实际日照时数；WS 为风速；PP 为降水量；PET 为潜在蒸散发量；AET 为实际蒸散发量；Q_O 为观测径流量；Q_{SIM} 为模拟径流量；Q_S 为模拟地表径流量；Q_B 为模拟基流量；Q_{SNOW} 为融雪径流量；Q_{FSW} 为冻土径流量；TWSA 为陆地蓄水量变化；SMC 为土壤含水率。

在蒸散发(PET)来表示,它发生在最佳条件下(如不限制水),主要取决于气候条件(Gharbia et al.,2018)。如果该地区没有水分限制,AET 可以达到 PET,约为 833 mm(1.9 倍降水,2.7 倍 AET)。除蒸散发外,径流是降水的第二大转化要素,观测到该区域的径流量为 124 mm(36BCM),模拟值为 130 mm(38BCM),其中 7 月最高,2 月最低。6~8 月的径流量占总径流量的 51%,6~9 月的径流量占总径流量的 67%,雨季占 83%。在该地区,基流对径流的贡献率约为 78%(102 mm),地表水流对径流的贡献率约为 22%(29 mm)。与径流非常相似,最大基流和地表径流的模拟值出现在 7 月。结果表明,基流的 79% 出现在雨季、21% 出现在旱季。另外,模拟的 97% 的地表径流出现在雨季。值得注意的是,旱季径流主要由基流供应。

发源自青藏高原(亚洲水塔)的河流中,冰雪融化也是重要的水文过程(Immerzeel et al.,2010)。估算的融水(Q_{SNOW})仅占径流的 5.6%(7.2 mm),与相关研究结果相似(Sato et al.,2008;Wang et al.,2015b;Shiyin et al.,2017;Lu et al.,2018;Han et al.,2019;Zhang et al.,2019),其中 5 月贡献最大(2.5 mm)。

水文循环的另一个关键组成部分是陆地储水(TWS),它对水、能量和生物地球化学通量具有重要的控制作用,在地球气候系统中发挥着重要的作用(Syed et al,2008)。在整个三江源区,6~10 月大约有 31 mm 的水储存在该地区,并在其余月份从该地区排出。

1981~2015 年流域的年平均土壤含水率(SMC)模拟值为 0.243 mm/mm,SMC 最大值在 7 月(0.274 mm/mm),最小值在 4 月(0.217 mm/mm)。与预期一样,模拟发现雨季的 SMC 大于旱季。在本书中,我们还估算了冻土水分(Q_{FSW})对基流(Q_B)的贡献,以及最终对径流的贡献。在三江源区,根据气温、土壤剖面温度和基流,假设 3 月、4 月、5 月为解冻月(解冻期)。研究发现,3 月冻土对 Q_B 的贡献率为 0.28 mm(占 3 月 Q_B 的 11%),4 月为 0.63 mm(占 4 月 Q_B 的 21%),5 月为 1.02 mm(占 5 月 Q_B 的 19%)。

9.4.3　三江源区水文要素的空间分布

如图 9-24 为 1981~2015 年三江源区水文要素空间分布图。降水由东南向西北逐渐减少,且降水量在 191~789 mm 之间变化。黄河源区的最高降水发生在吉迈和玛曲地区[见图 9-24(a)]。在 TRSR 中,实际蒸散发量(AET)、径流、基流、地表径流、蓄水量和土壤含水率等大部分水文要素与降水具有相似的空间格局,分布较为合理。实际蒸散发量在 200~500 mm 之间变化[见图 9-24(b)]。长江源区显示最小的 AET,因为该地区比其他源区更冷,降水量更少。潜在蒸散发量与 AET 的空间分布不同[见图 9-24(c)],因为假设没有缺乏水分,其分布主要取决于气候因素。在长江源区和澜沧江源区,潜在蒸散发量从北向南增加。而在长江源区,潜在蒸散发量从东南边缘到中部逐渐减小,然后从中部到西北部逐渐增大。可以发现,虽然温度较低,但长江源区和澜沧江源区的 PET 高于黄河源区。可能是由于这两个地区的风速较高和日照时数较长。而长江源区和澜沧江源区的 AET 低于黄河源区,这是因为黄河源区的温度和降水量都较高。

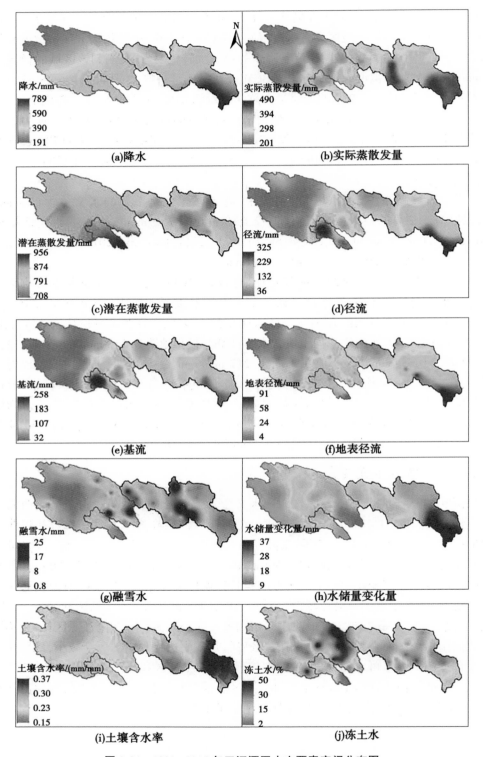

图 9-24　1981~2015 年三江源区水文要素空间分布图

最大径流量(地表、基流和总流量)位于澜沧江源区和黄河源区的吉迈-玛曲地区,见图 9-24(d)、(e)、(f),因为这两个地区降水量较高。在三江源区,径流值在空间分布上在 36~325 mm,基流值在 32~258 mm,地表径流在 4~91 mm。在三江源区没有发现明显的融雪径流(Q_{SNOW})的空间格局[见图 9-24(g)]。但是 Q_{SNOW} 的空间分布应该与降雪季(11 月至次年 3 月)降水相似。在澜沧江源区,上游地区(西北)产生的 Q_{SNOW} 高于下游地区(西南),这与雪季的降水分布十分相似(见图 9-25)。在长江源区,融雪径流主要产生于流域北侧边界和流域下游地区(靠近出水口)。在长江源区,融雪量从边界向流域中部递减。雪季降水则由东南向西北递减。在黄河源区,Q_{SNOW} 的最大值出现在中部,雪季最大降水值位于吉迈和玛曲之间(盆地东南大部分地区)。说明该地区 Q_{SNOW} 的空间分布还需要进行详细的调查,以确定该地区的积雪和冰川分布。

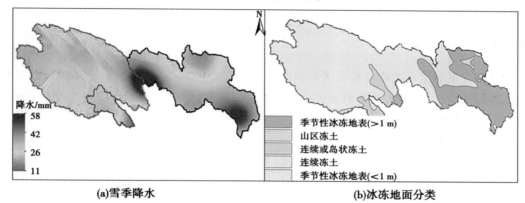

(a)雪季降水　　　　　　　　　　　　**(b)冰冻地面分类**

图 9-25　1981~2015 年雪季降水(11 月至次年 3 月降水量)空间分布及三江源区冻土分类(Qiu et al. ,2002)

由于 1981~2015 年该地区陆地储水量(TWSC)几乎没有变化(如预期的那样)。所以未展示陆地储水量(TWSC)变化的空间分布,而是展示了该地区的储水空间分布情况,在黄河源区,最大储水量位于降水量最大的流域东南侧[见图 9-24(h)]。由于该区域的土壤含水率较高,因此该区域的储水主要以土壤水的形式存在。黄河源区的储水格局与降水十分相似,由东南向西北递减。而在长江源区和澜沧江源区,蓄水量则由东南向西北增加。换句话说,更多的水储存在这些地区的上游地区(高海拔区)。由于这两个地区位于连续多年冻土区,因此这两个地区的储水主要以冻土和冰雪的形式存在。研究还指出,季节性永久冻土区的储水量高于连续永久冻土区的储水量。

三江源区土壤含水率的模拟值变化范围为 0.15~0.37 mm/mm,如图 9-24(i)所示。三个流域空间的土壤含水率均呈东南向西北递减的趋势。土壤含水率最大值位于黄河源区的东南部,同时该地区也是降水最多的区域。在澜沧江源区,整个流域的土壤含水率几乎是均匀分布,而在长江源区,流域土壤含水率从东南向西北方向略有下降。然而,黄河源区的土壤含水率分布与其他两个地区的差异很大,可能与降水的高变异性和不同的冻土类型有关。

最后,来自冻土的径流量(Q_{FSW})的空间分布如图 9-24(j)所示,以融化期(3~5月)的基流流量的百分比形式表示。Q_{FSW}在整个三江源区没有明显的空间趋势。在长江源区,东北地区的最大 Q_{FSW} 值大于西南地区的最大 Q_{FSW} 值。在澜沧江源区,上游区域的 Q_{FSW}高于下游区域的 Q_{FSW}。另外,黄河源区中部区域的 Q_{FSW} 高于其他区域的 Q_{FSW}。然而,Q_{FSW} 在该区域的贡献需要进行更加全面的研究来确定,在估算 Q_{FSW} 的过程中可以增加更多的水文循环要素,如蒸散发和土壤水储量变化。为了得到更准确的结果,需要该区域内的土壤剖面温度和活动层厚度等数据。另外,与其在该地区使用水平衡方法,不如使用能源平衡方法。

9.5　　澜沧江源区分析

9.5.1　气候条件

气象变量对水文要素存在显著影响(Shi et al. ,2016)。一些研究对三江源区的气候条件进行了描述,但因为这些研究使用了不同的分析时期、站点数量、数据类型(点或网格)和研究区域范围,其结果与本书的研究存在差异(Zhang et al. ,2011;Yi et al. ,2012;Liang et al. ,2013;Shi et al. ,2016;Bei et al. ,2019)。例如,Liang 等(2013)和 Bei 等(2019)分别确定三江源区的 T_{mean} 为-5.4~4.2 ℃和-12~6 ℃,而本书的研究表明 T_{mean}为-4.1~6.0 ℃。因此,为了与水文要素保持一致,必须分析三江源区的时空气候条件,以消除关于分析时间周期、水文站点数量和研究区域大小的不确定性。

图 9-26 为 1981~2015 年澜沧江源区的月平均和年平均气候条件。流域年平均气温为 2.5 ℃,年平均最高气温为 8.7 ℃,年平均最低气温为-4.8 ℃。1 月是流域最冷的月份,最高气温 T_{max} 为-2 ℃,最低气温 T_{min} 为-17.3 ℃,平均气温 T_{mean} 为-8.9 ℃。相比之下,7 月是最热的月份,最高气温 T_{max} 为 18.2 ℃,最低气温 T_{min} 为 6.1 ℃,10 月中旬至次年 4 月中旬,流域的平均温度保持在冰点以下。在这几个月里,降水以降雪的形式出现。湿度是气候系统的另一个重要参数,它引起了地球上能量的传递和云雾等的形成。流域内年平均相对湿度为 55%,夏季最大,冬季最小。流域年平均日照时数为 6.7 h/d,最大值出现在 9 月(7.3 h/d),最小值出现在 1 月(6.0 h/d)。由于风速对水面的影响很大,导致蒸散发量增加,因此其在流域内具有重要的意义。流域年平均风速为 1.6 m/s,冬春季风速较高,夏秋季风速较低。

9.5.2　水文要素的转化和量化

降水是最重要和最基本的气象变量,它向整个流域提供水分,然后转化为其他水文要素,如径流、基流和蒸散发量等。1981~2015 年期间,澜沧江源区的年平均降水量为 561 mm,平均最大降水量为 6 月(124 mm),最小降水量为 12 月(3.7 mm)。大部分降水发生在 6~9 月,占总降水量的 75%(421 mm)。雨季,即 5~10 月(Shi et al. ,2016),约占总降

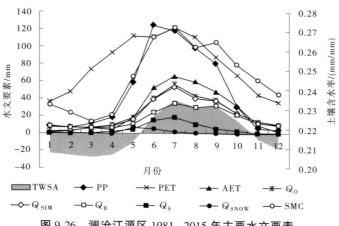

图 9-26 澜沧江源区 1981~2015 年主要水文要素

水量的 91%（509 mm），而旱季（11 月至次年 4 月）仅占 9%（52 mm）。约 54% 的降水量转化为实际蒸散发量（AET），46% 的降水量转化为径流（地表径流+基流）。年平均实际蒸散发量为 302 mm，最大值出现在 7 月（65.7 mm），最小值出现在 12 月（1.1 mm）。大部分实际蒸散发量估计出现在 6~9 月，约占全年蒸散发量的 75%（227 mm）。另外，雨季约占全年蒸散发量的 92%。蒸散发量可达 938 mm（平均年潜在蒸散发量），是降水量的 1.67 倍。年平均径流量为 259 mm（年平均 146 m³/s），最高径流量在 7 月（56.5 mm），最低径流量在 3 月（6.5 mm）。约 51% 的径流量出现在 6~8 月，66% 的径流量出现在 6~9 月，81% 的径流量出现在雨季。在澜沧江流域（香达水文站），基流对河流流量和地表流量的贡献约为 78%（年径流量 209 mm，年平均 109 m³/s），地表流量约为 22%（年径流量 58 mm，年平均 32 m³/s）。与基流相似，模拟结果中，最大基流和地表径流均在 7 月。结果表明，76% 的基流发生在雨季，24% 的基流出现在旱季。模拟结果表示，96% 左右的地表径流出现在雨季。值得注意的是，旱季主要由基流补给。融雪对径流的贡献仅为 4.7%（12.1 mm），最大贡献出现在 5 月（6 mm）。

水文循环的另一个关键要素是陆地蓄水量（TWS），它对水、能量和生物地球化学通量起着重要的控制作用，因此对地球气候系统十分重要（Syed et al.，2008）。本书估计了流域的陆地蓄水量变化。正值表示流域蓄水量，负值表示流域排水量。因此，在 4~6 月期间，大约有 39 mm 的水资源蓄集于流域中，然后在其他月份从流域流出。1981~2015 年期间，年平均土壤含水率为 0.247 mm/mm，最大土壤含水率为 7 月（0.272 mm/mm），最小土壤含水率为 3 月（0.224 mm/mm）。与预期一致，雨季的土壤含水率比旱季的土壤含水率高。本书也估计了冻土含水量（FSW）对基流的贡献，以及最后对河流的贡献。对于澜沧江源头区域，根据气温和土层温度，研究假设 4 月为解冻月（融雪期）。研究发现，在解冻月（4 月），冻土对基流的贡献为 0.8 mm，占该月基流的 12.8%。

1982~2015 年澜沧江流域香达站以上部分月平均气候变化及水文要素分析见表 9-4。

表9-4　1982~2015年澜沧江流域香达站以上部分月平均气候变化及水文要素分析

月份	T_{max}/℃	T_{min}/℃	T_{mean}/℃	RH/%	SSH/h	WS/(m/s)	PP/mm	PET/mm	AET/mm	Q_0/mm	Q_{SIM}/mm	Q_B/mm	Q_S/mm	Q_{SNOW}/mm	Q_{FSW}/mm	TWSA/mm	SMC/(mm/mm)
1月	-2.0	-17.3	-8.9	46.5	6.0	1.6	7.5	36.1	2.3	7.2	8.4	8.4	0.1	0	0	-22.8	0.232
2月	0.5	-14.1	-6.1	44.0	6.0	1.9	7.5	47.2	2.9	6.7	6.6	6.6	0	0	0	-25.6	0.228
3月	4.6	-9.3	-1.7	42.9	6.1	2.1	10.6	73.4	5.6	6.5	6.6	6.3	0.3	0	0	-27.7	0.224
4月	8.7	-4.8	2.5	48.5	6.9	1.9	17.7	92.4	3.3	8.9	8.0	6.3	1.7	0.3	0.8	-25.3	0.227
5月	12.7	-0.4	6.7	58.1	7.2	1.8	57.9	112.3	18.7	18.2	15.3	10.6	4.8	6.0	0	-10.6	0.247
6月	15.7	4.1	10.3	66.7	6.6	1.5	124.2	112.0	53.0	40.4	39.4	24.4	15.0	4.7	0	20.2	0.267
7月	18.2	6.1	12.5	67.3	7.1	1.4	117.9	120.4	65.7	56.5	53.7	34.8	19.0	1.0	0	39.1	0.272
8月	17.9	5.3	12.0	67.1	7.0	1.4	98.1	111.1	60.2	42.4	40.0	29.8	10.3	0	0	30.8	0.262
9月	15.1	2.8	9.3	68.6	6.7	1.4	81.3	87.6	47.9	37.8	37.0	32.0	5.0	0	0	32.5	0.264
10月	9.4	-3.4	3.5	59.9	7.1	1.5	30.0	66.3	32.2	22.7	23.1	21.4	1.6	0	0	15.0	0.253
11月	3.7	-11.0	-3.1	47.3	7.3	1.5	4.7	44.4	9.6	13.3	11.0	10.9	0.2	0	0	-7.2	0.245
12月	-0.2	-15.9	-7.4	43.6	6.3	1.5	3.7	35.3	1.1	8.6	9.6	9.6	0	0	0	-18.4	0.238
年平均	8.7	-4.8	2.5	55.0	6.7	1.6	561.1	938.3	302.4	269.2	258.8	201	58	12.1	0.8	-0.004	0.247
年径流量百分比/%												78	22	4.7	0.3		
年降水量百分比/%								167	54	48	46	36	10	2.2	0.1		
6~8月年百分比/%							61	37	59	52	51	44	76				
6~9月年百分比/%							75	46	75	66	66	60	85				
雨季（5~10月）年百分比/%							91	65	92	81	81	76	96				
旱季（11月至次年4月）年百分比/%							9	35	8	19	19	24	4				

注：T_{max} 为最高温度；T_{min} 为最低温度；T_{mean} 为平均温度；RH 为相对湿度；SSH 为实际日照时数；WS 为风速；PP 为降水量；PET 为潜在蒸散发量；AET 为实际蒸散发量；Q_0 为观测径流量；Q_{SIM} 为模拟径流量；Q_B 为模拟基流量；Q_S 为模拟地表径流量；Q_{SNOW} 为融雪径流量；Q_{FSW} 为冻土径流量；TWSA 为陆地蓄水量变化；SMC 为土壤含水率。

9.6　长江源区分析

9.6.1　气候条件

对 1981~2015 年长江源区的温度、降水、相对湿度、风速、日照时数等月平均和年平均气候条件进行分析,如表 9-5 所示。长江源区的年平均温度为-1.8 ℃,年平均最高温度为 5.5 ℃,年平均最低温度为-9.1 ℃。与澜沧江源区类似,1 月是该区域最冷的月份,最高气温 T_{max} 为-5.2 ℃,最低气温 T_{min} 为-22.2 ℃,平均气温 T_{mean} 为-13.7 ℃;7 月是最热的月份,最高气温 T_{max} 为 15.3 ℃,最低气温 T_{min} 为 3.1 ℃,平均气温 T_{mean} 为 9.2 ℃。由表 9-5 可以看出,由于流域处于高海拔地区,多年冻土持续存在,流域大部分时间处于年内水循环冻结状态。值得注意的是,从 10 月到次年 4 月,平均气温 T_{mean} 低于冰点(0 ℃),即使在 5 月和 9 月也是非常接近冰点的。相对湿度介于 42.3%(3 月)和 69.4%(9 月)之间,年平均为 54.8%。长江源区年均日照时数(SH)为 7.6 h/d(高于澜沧江源区),最大值出现在 5 月(8.2 h/d),最小值出现在 2 月(6.9 h/d)。流域年平均风速 3.2 m/s,冬、春季风速大,夏、秋季风速低。研究发现,长江源区温度和相对湿度低于澜沧江源区,而日照时数与风速则反之。

9.6.2　水文要素的转化和量化

1981~2015 年长江源区水循环的主要水文要素如表 9-5 所示。降水量是水文循环的基本组成部分,降水量范围由 12 月的 1.9 mm 到 7 月的 91.6 mm,年平均降水量为 352 mm,比澜沧江源区少约 37%。长江源区的降水模式与澜沧江源区基本相似,年降水量的 66%(233 mm)仅出现在 3 个月(6~8 月),年降水量的 82%(287 mm)仅发生在 4 个月(6~9 月),约 94%(331 mm)发生在雨季(5~10 月)。年降水量的绝大部分(约 74%)因蒸散发而消失,其余 26% 则转化为径流。年平均实际蒸散发量估计为 262 mm,最大值在 7 月(59.7 mm),最小值在 12 月(2.5 mm)。然而,潜在蒸散发量约为 870 mm,是降水量的 2.5 倍。流域产生的径流量约为 87 mm/年(434 m³/s),其中最大径流量出现在 7 月(19.4 mm,1 144 m³/s),最小径流量出现在 2 月(1.1 mm,69 m³/s)。但是,大部分径流出现在雨季,约占全年径流量的 88%。在流域内,基流是径流的主要组成部分(占径流量的 78%),而非地表径流(占径流量的 22%),这与澜沧江源区非常相似。地表径流和基流的最大值均出现在 7 月。模型的模拟结果表示,约 84% 的基流和 99% 的地表径流出现在雨季期间。该流域模拟的年平均融雪量为 7.2 mm(年平均值为 36 m³/s),是年径流量的 8%,是降水量的 2.1%。与预期一致,长期年平均陆地蓄水量几乎为零。陆地蓄水量的变化显示,流域在 5~7 月存储的水在其他月份中流失,与澜沧江源区情况几乎相同。该流域 1981~2015 年年均土壤含水率模拟值为 0.229 mm/mm,最大值为 7 月(0.264 mm/mm),最小值为 4 月(0.195 mm/mm)。模拟结果表明,雨季的土壤含水率大于旱季的土壤含水率,与澜沧江的情况也基本相同。由于地处寒冷地区,土壤含水率在年内周期变化不大。不同水文要素的详细月变化情况如表 9-5 和图 9-27 所示。

表9-5　1981~2015年长江流域直门达水文站以上月平均气候因子变化及水文要素

月份	T_{max}/℃	T_{min}/℃	T_{mean}/℃	RH/%	SSH/h	WS/(m/s)	PP/mm	PET/mm	AET/mm	Q_O/mm	Q_{SIM}/mm	Q_B/mm	Q_S/mm	Q_{SNOW}/mm	Q_{FSW}/mm	TWSA/mm	SMC/(mm/mm)
1月	-5.2	-22.2	-13.7	46.4	6.9	3.4	3.0	32.6	2.9	1.2	2.0	2.0	0	0	0	-9.2	0.220
2月	-2.8	-19.4	-11.1	43.1	6.9	4.0	3.2	41.2	3.9	1.1	1.6	1.5	0	0	0	-11.3	0.214
3月	1.5	-14.6	-6.6	42.3	7.3	4.1	4.8	65.6	7.5	1.3	1.5	1.4	0	0	0	-14.7	0.205
4月	5.7	-9.6	-1.9	47.3	8.1	3.7	9.7	84.2	9.8	2.6	1.5	1.3	0.2	0.1	0.20	-18.5	0.195
5月	9.8	-4.0	2.9	57.0	8.2	3.4	33.7	103.6	13.2	5.0	3.2	2.4	1.2	1.0	0.63	-15.9	0.201
6月	12.9	0.7	6.8	66.4	7.5	3.1	76.4	105.4	26.8	11.3	11.0	7.9	4.7	2.6	0	5.2	0.236
7月	15.3	3.1	9.2	67.5	7.7	2.7	91.6	115.2	59.7	19.4	22.2	15.3	7.4	2.3	0	26.1	0.264
8月	15.0	2.5	8.7	66.9	7.6	2.6	74.4	107.1	57.0	17.7	19.5	14.3	4.5	1.3	0	21.3	0.260
9月	11.7	-0.4	5.6	69.4	7.3	2.5	56.1	80.4	46.5	14.8	15.6	13.2	1.8	0	0	20.2	0.257
10月	5.6	-7.8	-1.1	59.4	8.0	2.6	15.9	61.2	26.2	8.1	7.7	6.4	0.2	0	0	7.0	0.243
11月	-0.2	-16.6	-8.4	47.3	7.9	2.8	2.2	40.7	5.8	3.2	2.8	2.7	0	0	0	-3.3	0.233
12月	-3.9	-21.1	-12.5	45.0	7.2	3.1	1.9	32.6	2.5	1.5	2.4	2.4	0	0	0	-7.9	0.225
年均值	5.5	-9.1	-1.8	54.8	7.6	3.2	372.7	869.7	261.9	87.1	91.1	71.0	20.0	7.2	0.83	-0.07	0.229
流量百分比/%												78	22	8.0	0.90		
降水量百分比/%								233	70	23	24	19	5	1.9	0.20		
6~8月年均百分比/%							65	38	55	56	58	53	83	86			
6~9月年均百分比/%							80	47	73	73	75	71	92	86			
雨季(5~10月)年均百分比/%							93	66	88	88	87	84	99	99			
旱季(11月至次年4月)年均百分比/%							7	34	12	12	13	16	1	1			

注：T_{max} 为最高温度；T_{min} 为最低温度；T_{mean} 为平均温度；RH 为相对湿度；SSH 为实际日照时数；WS 为风速；PP 为降水量；PET 为潜在蒸散发量；AET 为实际蒸散发量；Q_O 为观测径流量；Q_{SIM} 为模拟流量；Q_B 为模拟基流量；Q_S 为模拟地表径流量；Q_{SNOW} 为融雪径流量；Q_{FSW} 为冻土径流量；TWSA 为陆地蓄水量变化；SMC 为土壤含水率。

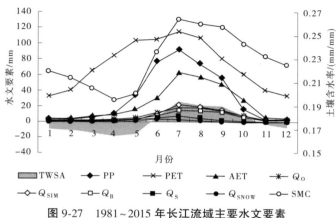

图 9-27　1981~2015 年长江流域主要水文要素

冻土在干旱月份为河流提供水源,其估算是三江源区另一个重要且具有挑战性的任务。通过对气温、土层温度、基流和多年冻土图的研究,将 5 月作为长江流域大部分地区的解冻月份,而 4 月仅作为一个位于季节性冻土的子流域(直门达水文站附近)的解冻月。经测定,5 月冻土贡献了 0.63 mm(37 m³/s)的水量,占 5 月基流的 26%;4 月大约只有 0.20 mm 的水来自冻土,约为 4 月基流的 15%。图 9-27 展示了主要水文组成部分及其变化规律。

9.7　黄河源区分析

9.7.1　气候条件

为考察唐乃亥水文站以上黄河流域的气候条件,分析了 1981~2015 年的最高气温、最低气温、平均气温、降水量、风速和日照时数,如表 9-6 所示。流域年均气温为 0.3 ℃(高于长江源区和低于澜沧江源区),年平均最高气温为 7.5 ℃,年平均最低气温为 -6.9 ℃。与澜沧江源区和长江源区相似的是,1 月为最冷月份,平均气温为 -11.5 ℃;7 月是最热月份,平均气温为 10.4 ℃。由于该流域位于季节性和连续性多年冻土区,11 月至次年 3 月的平均气温在冰点(0 ℃)以下,这与澜沧江源区非常相似。年平均流域相对湿度为 60.5%,高于长江源区和澜沧江源区。与其他流域相似,黄河源区的湿度 9 月最高、2 月最低。年平均日照时数为 7 h/d,略高于澜沧江源区,低于长江源区,最大值出现在 4 月(7.8 h/d),最小值出现在 9 月(6.2 h/d)。流域风速为 2.4 m/s,低于长江源区,高于澜沧江源区。春季的风速相对高于其他季节的风速。

9.7.2　水文要素的转换与量化

1981~2015 年黄河源区的主要水文要素见表 9-6。流域年平均降水量为 510 mm,比澜沧江源区少 9%,比长江源区多 31%。7 月是流域最潮湿的月份,12 月是流域最干燥的月份。该流域的年降水量周期与长江流域、澜沧江流域非常相似,年降水量的 56%(287 mm)

表9-6　1981~2015年黄河源区唐乃亥水文站以上月平均气候因子变化及水文要素

月份	T_{max}/℃	T_{min}/℃	T_{mean}/℃	RH/%	SSH/h	WS/(m/s)	PP/mm	PET/mm	AET/mm	Q_O/mm	Q_{SIM}/mm	Q_B/mm	Q_S/mm	Q_{SNOW}/mm	Q_{FSW}/mm	TWSA/mm	SMC/(mm/mm)
1月	-2.2	-20.8	-11.5	49.2	7.0	2.2	4.6	26.0	2.7	3.6	4.6	4.4	0	0	0	-24.8	0.24
2月	0.3	-17.0	-8.4	47.8	6.9	2.6	6.2	35.1	3.9	3.3	3.4	3.3	0	0	0	-24.8	0.24
3月	3.9	-11.4	-3.8	50.3	7.2	2.8	12.6	58.0	5.4	4.7	3.7	3.5	0.2	0	0.7	-22.5	0.24
4月	7.9	-6.0	1.0	55.3	7.8	2.8	23.5	78.3	7.7	7.0	5.4	4.8	1.0	0.8	1.4	-19.0	0.24
5月	11.5	-1.4	5.0	63.2	7.3	2.7	59.3	93.6	24.8	11.4	9.6	8.5	1.8	4.1	1.7	-9.3	0.26
6月	14.1	2.7	8.4	70.2	6.4	2.5	95.9	95.5	51.1	19.4	17.9	14.8	4.6	1.4	0	17.3	0.27
7月	16.4	4.5	10.4	72.5	6.9	2.3	105.6	103.3	71.5	28.5	30.5	19.7	11.1	0.3	0	37.1	0.29
8月	16.3	3.5	9.9	71.8	7.1	2.1	85.1	97.4	66.2	21.4	27.2	19.1	7.7	0	0	28.4	0.28
9月	13.0	0.9	7.0	73.4	6.2	2.1	77.2	70.8	50.0	21.7	25.5	18.9	6.5	0	0	28.6	0.28
10月	7.8	-5.0	1.4	67.3	6.8	2.1	32.3	52.0	38.7	18.6	21.2	17.2	2.6	0	0	17.8	0.27
11月	2.6	-13.6	-5.5	55.5	7.7	2.1	5.1	33.8	18.3	9.2	10.2	9.3	0.2	0	0	-8.5	0.25
12月	-1.1	-19.4	-10.2	49.5	7.2	2.1	2.6	25.6	4.6	4.7	5.7	5.5	0	0	0	-21.9	0.25
年均值	7.5	-6.9	0.3	60.5	7.0	2.4	510.0	769.2	344.9	153.5	165.0	129	36	6.6	3.8	-0.135	0.260
流量百分比/%												78	22	4.0	2.3		
降水量百分比/%								151	68	30	32	25	7	1.3	0.7		
6~8月年均百分比/%							56	38	55	45	46	41	65				
6~9月年均百分比/%							71	48	69	59	61	56	84				
雨季(5~10月)年均百分比/%							89	67	88	79	80	76	96				
旱季(11月至次年4月)年均百分比/%							11	33	12	21	20	24	4				

注:T_{max}为最高温度;T_{min}为最低温度;T_{mean}为平均温度;RH为相对湿度;Q_S为模拟地表径流量;Q_{SIM}为模拟径流量;SSH为实际日照时数;WS为风速;PP为降水;PET为潜在蒸散发量;AET为实际蒸散量;Q_O为观测径流量;Q_B为模拟基流量;Q_{SNOW}为融雪径流量;Q_{FSW}为冻土径流量;TWSA为陆地蓄水量变化;SMC为土壤含水率。

发生在 3 个月内(6~8 月),年降水量的 71%(364 mm)发生在 4 个月内(6~9 月),约 89%
(455 mm)发生在雨季(5~10 月)。与其他两个流域相比,旱季降水所占比例相对较大。
降水量大部分转化为蒸散发量,占年降水量的 68%。年均实际蒸散发量(AET)为
344.9 mm,AET 最大值出现在 7 月(71.5 mm),最小值在 1 月(2.7 mm)。大约 88%的年
AET 发生在雨季,因为雨季气温相对较高会蒸发更多的水分;潜在蒸散发量(PET)为
769.2 mm,是降水量的 1.5 倍左右。另外,年径流量的观测值为 156 mm(551 m³/s),HEC-
HMS 模拟生成的径流量约为 165 mm/年(613 m³/s)。与其他两个流域非常相似,观测和
模拟的最大径流量出现在 7 月,最小径流量出现在 2 月。雨季产生的径流量约占年径流
量的 80%,低于其他两个流域。与澜沧江源区和长江源区相似,基流贡献的径流量占比
最大,约占年径流量的 78%(129 mm)。地表径流量仅占总径流量的 22%(36 mm)。与其
他流域相似,几乎所有地表径流(约 96%)是在雨季进行的模拟。

流域年平均融雪量为 6.6 mm(年均值为 24 m³/s),分别为年径流量的 4%、年降水量
的 1.3%。估计 5 月贡献最多,为 4.1 mm。TWSA 揭示,6~10 月流域蓄水 37 mm,其余月
份排水,与其他流域基本相似。在年度周期中,每月的 SMC 变化不大。例如,SMC 的范围
为 0.24~0.288 mm/mm,年均 SMC 为 0.26 mm/mm。模拟结果表明,与长江流域相似,7
月模拟的 SMC 最大,3 月模拟的 SMC 最小。

对于黄河源区,根据气温、土层温度、冻土图和基流变化,确定 3 月、4 月、5 月为冻土
的解冻或融化月份。据估计,冻土的年均含水率约为 3.8 mm/mm。冻土对基流的贡献率
在 3 月为 19%(0.7 mm)、4 月为 29%(1.4 mm)、5 月为 20%(1.7 mm)。如图 9-28 所示,
用图形方式展示了主要水文组成部分以观察其模式。

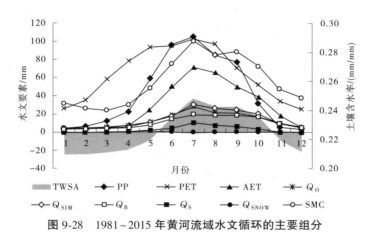

图 9-28　1981~2015 年黄河流域水文循环的主要组分

9.8　讨　论

9.8.1　水文要素的转化和量化

为了更好地规划和管理区域水资源,准确地评价所有重要的水文组成要素是十分重

要的。为了检验研究结果的准确性,将研究结果与以前的研究结果进行比较(如果可以的话)是一个很好的选择。降水是水循环过程的基本组成要素,其在水资源综合管理、作物需水量、生态环境评价等领域得到了广泛应用(Shi et al.,2016),因此对其进行准确的评价至关重要。Zhang 等(2011)、Liang 等(2013)、Shi 等(2016)、Bei 等(2019)的研究也做了与本书类似的降水评估(年平均降水量439 mm,范围在191~789 mm)。例如,Shi 等(2016)、Liang 等(2013)和 Bei 等(2019)的研究确定的 1961~2014 年、1960~2009 年、1982~2015 年的年平均降水量分别为 423 mm、473 mm 和 424 mm。由于使用了不同数量的站点数据、时间、公式和研究尺度,这些研究得到了不同的年平均降水量。如果考虑分析周期,结果应该与 Bei 等(2019)相似,其计算的年平均降水量比本书研究的降水量少。主要原因可能是北向覆盖面积较大,年平均降水量较低。如 Chu 等(2019)和 Deng 等(2019)研究相似,三江源区的降水从南部和东南部向西北部减少。3 个气团(印度洋西南偏风带、跨赤道南风带和西太平洋副热带高压)影响三江源区的南部和东南部,导致三江源区降水。其中,影响东南部的西太平洋副热带高压湿气团在东南部产生较多降水,随着西太平洋副热带高压向东北部移动,降水逐渐减少(Cuo et al.,2014;McGregor,2016;Qin et al.,2017b)。降水的空间格局与温度和相对湿度非常相似(Bei et al.,2019),与海拔、风速和日照时数相反。大部分年均降水量(约70%,308 mm)转变为蒸散发形式,Li 等(2019b)、Sato 等(2008)、Xue 等(2013)和 Zhang 等(2013a)的研究也有类似的发现,尽管使用的研究时间不一致(分别为 2003~2012 年、1962~2000 年、1960~2000 年和 1961~1999 年)。然而,Bei 等(2019)称实际蒸散发量约占年均降水量的 60%。这可能是由于使用了不同的方法(改进的基于卫星的 Priestley Taylor)、数据类型(网格数据)和研究区域。为了更精确地进行比较,获得了与 Li 等(2019b)相同时期的年均实际蒸散发量,发现本书的估计比其估计少约 50 mm。主要原因可能是 Li 等没有考虑到水储量的变化。然而,Bei 等(2019)和 Li 等(2019b)的研究表明区域内实际蒸散发量在空间上分布一致,由东南向西北递减。在高温、降水较多的地区(如东南地区),实际蒸散发量较高。蒸散发的空间格局也会受到土地覆盖和土地管理的影响,如农田导致蒸散发量变得更高(Bei et al.,2019)。

径流(地表径流+基流量)是淡水资源的重要组成部分,对人类利用和自然生态系统都至关重要(Cuo et al.,2014)。如果能够获取可用的观测值,径流就比较容易量化。本书量化的年径流量与 Zhang 等(2013a)、Zhang 等(2013b)、Cuo 等(2014)、Mao 等(2016)、Mahmood 等(2020)的研究结果非常相似,因为这些也是基于观测径流量做的分析研究。然而,如果研究区没有可用的观测资料,就很难对径流进行精确的量化。相对于河流径流而言,流域中很少有地表径流和基流的观测数据,尤其是在三江源区等偏远地区。有少量研究在三江源区进行了模拟/分离基流的研究,得到的结果均不一样(Chen et al.,2008;Qian et al.,2012;Lu et al.,2018;Liu et al.,2020)。Chen 等(2008)和 Qian 等(2012)使用不同的数字滤波方法确定黄河源区和长江源区径流的 65%~78% 为其基流量。Liu 等(2020)使用全球土地数据同化系统(GLDA)产品发现基流,仅占 30% 的份额,Lu 等(2018)使用变量渗透能力(VIC)水文模型模拟黄河源区和长江源区的基流仅占 50%~54% 的份额。本书的研究结果与 Chen 等(2008)研究非常接近,因为用数字滤波器分离的基流来校准模型。根据 Liu 等(2020)的研究,由于青藏高原地区的山地地形,地表径流占主导地位。然而,径流、基流和地表径流的空间格局(东南向西北减小)与 Lu 等(2018)的研究非常相似,这看起来是合理的,因为三江源区起主导作用的降水从东南向西北减小。与印度河等青藏高原其他源区相比,融雪对三江源区河流流量的贡献比例并不高(Immerzeel et al.,2010),但其能够在干旱期间供水,保证了下游地区的用水(Han et al.,2019)。

以往研究的融雪贡献率为 5% ~ 23%(Immerzeel et al.,2010;Zhang et al.,2013a;Zhang et al.,2013b;Wang et al.,2015b,Lu et al.,2018;Han et al.,2019;Zhang et al.,2020)。有学者基于温度指数法的 VIC 模型分别研究了 1961~1999 年、1981~2000 年和 1964~2014 年不同地区的融雪径流(Q_{SNOW})贡献率分别为 21%~23%(澜沧江源区、黄河源区和长江源区)、11% ~ 16%(黄河源区和长江源区)和 12%(澜沧江源区)(Zhang et al.,2013a;Lu et al.,2018;Zhang et al.,2020)。另外,有学者在 SWAT 和 CREST 模型中使用温度指数方法确定 1960~2000 年的 Q_{SNOW} 为 3.2%~5.0%(澜沧江源区、黄河源区和长江源区),2000~2012 年的 Q_{SNOW} 为 6.8%(沱沱河流域)和 2003~2014 年的 Q_{SNOW} 为 7%(长江源区)(Zhang et al.,2013b;Wang et al.,2015b;Han et al.,2019),得到的结果与本书的结果非常相似(5%~8%)。值得注意的是,除了水文模型不同,所有研究均采用温度指数方法。使用温度指数的主要原因是应用方便、温度数据可用、性能可比以及能量平衡方法缺少所需数据(Zhang et al.,2013a)。采用 VIC 模型研究产生的 Q_{SNOW} 比例高于其他研究。造成不同结果的主要原因可能是温度指数法的降雪温度阈值、融雪温度阈值、融雪因子等参数的取值不同。例如,Han 等(2019)使用 6 ~ 10 mm/(℃ · d),而 Zhang 等(2013a)与 Immerzeel 等(2010)使用 4.1 mm/(℃ · d)。其他原因可能是使用不同的高程波段、数据类型(测量或网格)、数据大小(测站的数量)、分析周期、插值方法和水文模型结构等。为了进行精确的比较,与 Han 等(2019)的研究进行比较,原因为 Han 等使用的融雪因子与本书几乎相同。由于分析时间的不同,本书计算的 2003~2014 年长江源区的融雪贡献为 7.3%,非常接近 7%(Han 等,2019)。

对于陆地储水量(TWS)的比较,除 Yuan 等(2018)外,没有任何研究使用水文模型模拟 TWS 比 GRACE-TWS 周期更长。Yuan 等还使用 GRACE-TWS 进行了验证,然后使用地面模型进行 1979~2014 年的模拟。然而,大多数研究(Huang et al.,2012;Xu et al.,2018;Jing et al.,2019)利用 GRACE-TWS 数据评估中期再分析数据(ERA-Interim)和全球土地数据同化系统(GLDAS),或评估地下水和蒸散发等其他水文要素。因此,本书使用 GRACE-TWS 异常来评估 Yuan 等(2018)所做的结果,并在验证过程中对此进行了详细讨论。可以发现 6 ~ 10 月三江源区、青藏高原(Xiang et al.,2016)和整个中国(Chen 等,2017)的储水情况与 GRACE-TWS 的结果相似(Xu et al.,2018)。这可能主要是由于该区域夏季风占优势(6 ~ 9 月)(Wang et al.,2020),同时 TWSA 与降水在空间和时间上具有较高的相似性。

三江源区的两个站点(玛曲和玛多)都有土壤含水率(SMC)的观测数据,本书无法收集到 SMC 的观测数据。因此,本书使用遥感和再分析数据(MERRA-2、ITP-LDAS 和 ESA-CCI-SM)进行评价,如描述验证部分所述。将 SMC 与其他使用了 SMC 观测数据的研究进行了比较(Zeng et al., 2015;Yuan et al., 2018;Zhang et al., 2018;Deng et al., 2019)。这些研究发现,玛曲和玛多的 SMC 年变化在 0.1 ~ 0.4 m³/m³ 和 0.01 ~ 0.2 m³/m³ 之间,雨季的 SMC 值最大,高于本书的 SMC 值。尽管如此,年平均值与观测值具有很好的可比性(约 0.25 和 0.12)。SMC 的空间分布由东南向西北递减,与本书以及其他相关研究(Zeng et al., 2015;Yuan et al., 2018;Zhang et al., 2018;Deng et al., 2019)使用的观测数据、遥感数据和再分析数据集有很好的相关性。这主要与降水有关,高降水区的 SMC 较高。

9.8.2　不确定性和局限性

　　相对于其区域面积,区域内气候站和水文站的数量非常少。根据世界气象组织(WMO),降水测量网的密度在易降水山区为 100 ~ 250 km²/站,在恶劣条件下为 25 ~ 1 000 km²/站(Liang et al.,2012)。然而,该地区的测量仪器密度接近 13 000 km²/站,在长江源区甚至更少,只有 6 ~ 10 个测量仪器在流域及其周边地区可用。该地区缺乏气象站的主要原因是海拔高,气候非常恶劣。在这类地区,基于雷达和遥感的观测是一种很好的选择。然而,气象雷达和卫星在本质上是间接测量降水的方式,会造成区域和季节的系统偏差和随机误差,必须加以纠正(Shen et al.,2018b)。还存在与再分析和遥感数据有关的不确定性。可以看出,再分析数据与遥感产品如雪水当量(SWE)、水储量变化、土壤含水率、蒸散发等数据也存在较大差异。

　　本书在水文模型中使用了先进的方法,如土壤湿度计算。由于水文模型是水文过程的简化形式,因此水文建模系统还有很大的改进空间。例如,本书采用仅基于温度因素的温度指数法(TIM)估算 Q_{SNOW},而融雪计算是较为复杂的方法,需要完整的能量平衡和水平衡的方法支持。本书中使用的 HEC-HMS 也有一定的局限性。其中一些基本参数,如 P_x、基本温度以及 TIM 中的湿融率在整个流域内使用。由于像三江源这样的大流域和山地地形复杂的流域,这些参数在空间上可能存在差异,因此应该在子流域水平上,甚至在每个子流域的不同海拔水平带上使用相应的参数。HEC-HMS 的另一个不足是使用平均温度而不是最大温度和最小温度来计算蒸散发,HEC-HMS 模拟的蒸散发比水量平衡法估算的蒸散发要小得多(约为降水量的 40%)。在 HEC-HMS 中,除降水要素外,其他气候变量如温度、风速、日照时数等在空间上分布不够准确,是使用一些复杂的技术,如反距离加权法或泰森多边形法来布置。例如,每个子流域仅分配一个位于该子流域内或周围的气象站。

　　由于无法确定研究区域的准确参数,水文模型在校准过程中对参数的估计会带来不确定性(Zhang et al.,2016)。一般来说,不确定性的来源可以分为四大类(Renard et al., 2010):①输入不确定性;②输出不确定性;③模型不确定性;④参数不确定性。

9.9　小　结

　　在本章中,本书从时间和空间两方面研究了三江源区水循环过程中的主要水文组分的转化和量化。为此,本书开发了水文模拟系统(HEC-HMS),研究三江源区的降水、蒸散发、径流、地表水、基流、土壤含水率、融雪水、冻土水和陆地蓄水量变化等水文要素。因为需要模拟包括长江源区、黄河源区以及澜沧江源区的水文循环的所有要素。在本书中，HEC-HMS 模型用观测到的径流数据进行校准，观测径流站包括：澜沧江（香达站）、长江（直门达站）、黄河（吉迈站、玛曲站和唐乃亥站）。但利用不同的水文要素进行验证，如径流、基流量、土壤含水率、SWE、蓄水变化量和 AET，这些水文要素通过观测、再分析和遥感中获得。HEC-HMS 模型主要输出量为径流、基流、地表流、土壤水分、雪水当量、潜在蒸散发、地下水储量等。校准后的模型也被用来估计该地区的融雪水和冻土水。在当前研究中，我们提出一个方法来估计冻土水对基流的贡献，并应用于三江源区。对 1981～2015 年水文循环的主要要素进行了模拟估算和分析。以下是在三江源区的主要发现：

（1）三江源区的年平均降水量为 439 mm，长江源区的年平均降水量为 352 mm，黄河源区的年平均降水量为 510 mm，澜沧江源区的年平均降水量为 561 mm。年平均降水量由东南向西北方向递减，在 190～790 mm 之间变化。

（2）三江源区有 54%～74% 的降水转化为蒸散发，26%～46% 的降水转化为径流。蒸散发量为 201～490 mm，径流量为 36～325 mm，呈现由西北向东南递减趋势。

（3）大部分降水（89%～94%）、蒸散发（88%～94%）和径流（79%～81%）发生在雨季（5～10 月），特别是 6～8 月。

（4）据估计，基流是该地区径流的主要补给来源，约占径流总量的 78%。地表流量只占径流总量的 22%。基流（76%～84%）和地表流（95%～99%）均在雨季产生，特别是在 6～8 月。基流的空间变化范围为 32～258 mm，地表流的空间变化范围为 4～91 mm，由西北向东南减小。

（5）融雪对三江源区的径流贡献为 4%～8%，融雪在长江源区径流中所占比例较高，在黄河源区径流中所占比例较低。

（6）该区域从 6 月 10 日开始储水，7 月储水量最大，其他月份以排水为主。

（7）年周期内土壤含水率变化不大，变化范围为 0.20～0.29 mm/mm。估算可知雨季较高，旱季较低。澜沧江源区和长江源区的土壤含水率空间差异也不大，为 0.21～25 mm/mm。黄河源区的土壤含水率空间变异较大，为 0.15～0.37 mm/mm。

（8）在解冻期（3～5 月），12%～29% 的基流由冻土水供给。冻土水的空间变化范围为 2%～50%。对长江源区的供给比例高于其他两个源区。

（9）三江源区的大部分水文要素如降水、蒸散发、径流、基流、地表流、陆地蓄水量、土壤含水率等均由西南向东北方向减少，而融雪水和冻土水没有明显的空间特征。

本书对三江源区的水资源管理进行了全面的研究，量化了水文循环的所有重要组成要素及其转化过程，对三江源区的水资源管理具有重要意义。由于受到区域数据的限制，大部分水文循环过程研究都集中在降水和径流要素上。本书模拟和估计了几乎所有的水文要素，特别是估计了冻土的土壤水，为进一步研究提供数据基础。

第 10 章　　三江源区河道内生态耗水评估

10.1　　研究目的及意义

亚洲三大河流(长江、黄河和澜沧江)的发源地位于青藏高原,是中国重要的生态屏障(JIA et al.,2009;Lv et al.,2010;Liu et al.,2013;Tong et al.,2014;Jiang and Zhang,2016)。三江源区的生态状况深刻影响着国家的水资源保护和生态安全(Zhang et al.,2017)。该地区属高海拔山区,土地贫瘠,生态系统十分脆弱。因此,一旦发生生态退化,将很难恢复原状。20 世纪,受人为干预和气候变化的影响,三江源区的生态环境状况发生了显著变化(Jiang and Zhang,2016),包括冰川减少、湖泊萎缩或消失、湖泊面积扩张、雪线抬高、河流弯折断流、水土流失、草地退化以及水源涵养能力急剧下降,这些改变都直接威胁着水源地的生态安全(Tong et al.,2014)。水源地脆弱的生态系统,使得该地区不仅成为地理和生态研究上的一个热点,也成为生态环境保护的重点区域(Jiang et al.,2016b;Jiang et al.,2017)。

为防止三江源区的潜在开发活动不破坏当地生态结构,确定保护河流生态系统的生态环境需水量至关重要。由于当地气候条件恶劣且地形复杂(Zhang et al.,2017),地面观测站分布稀疏,很难获取实测流量等相关生态数据,并据此建立河流生态系统和实测流量之间的关系,从而获取合适的生态环境水量来维持河流生态系统的稳定。本章使用了多种水文学方法(流量历时曲线偏移法、Tennant 法、枯水流量指数法和流量历时曲线分析法)来初步估算三江源区的生态环境需水量,选取了研究区内的五个观测站(香达、直门达、唐乃亥、玛曲和吉迈)进行分析,其中香达站的研究时间范围是 1961~2015 年,其余观测站为 1980~2015 年。

10.2　　研究方法

10.2.1　　生态环境需水量评估方法

由于缺乏可靠的生态信息,本书仅使用水文学方法来评估生态环境需水量,以保护三江源区生态系统的基本功能。研究的前提假设是:水文状况与河流系统的生态条件之间存在一定联系(Smakhtin and Anputhas,2006;Shaeri Karimi et al.,2012)。相关研究方法将在后面的内容中进行具体阐释。

10.2.2　　流量历时曲线(FDC)偏移法

该方法是一种相对较新的水文学方法,用于估算河流的生态环境需水量。该方法由

Smakhtin 等（2006）提出，并已用于各项研究中，如 Abdi 等（2015）和 Shaeri Karimi 等（2012）。流量历时曲线偏移法评估生态需水量具体包括以下四个步骤：

第一步是使用河流的月径流序列来计算流量历时曲线的参考值。本方法所有的流量历时曲线均由 17 个固定点生成，即 0.01%、0.1%、1%、5%、10%、20%、30%、40%、50%、60%、70%、80%、90%、95%、99%、99.9% 和 99.99%（如 90% 对应的流量值表示河流历时中大于或等于 90% 的时间的流量）。根据这些点生成的流量可满足两个条件：①足够覆盖整个流量范围并建立平滑的流量历时曲线；②便于在创建生态环境流量序列中使用。

第二步是界定环境管理分级、生态管理分级、理想的环境状态或某些规定可协商的环境条件，这些条件将通过确定生态环境流量来维持或实现。级别阈值很难确定，可基于流量与生态环境条件之间的经验关系来获取部分可识别阈值。从管理角度来说，该方法将环境管理级别分为 6 级（见表 10-1）。DWAF（1997）定义了类似的环境管理分级。

表 10-1　环境管理级别介绍　（Smakhtin and Anputhas，2006）

环境管理级别	最可能的生态条件	管理视角
A（天然河流）	河道及沿岸生境基本不受扰动的天然河流	受保护的河流及流域、自然保护区及国家公园，并且不允许新建水利工程（水坝、改道等）
B（轻度扰动）	尽管有水资源开发或流域改动，但生物多样性和生境很大程度上完整	已有或允许有供水规划或灌溉发展
C（中度扰动）	生物栖息地和生物动态受到干扰，但仍具有完整的基本生态功能，一些敏感性物种在一定程度上减少或者消失，或有外来物种	与经济社会发展需求相关的多重干扰（如水坝、改道、生境改变和水质下降等）
D（重度扰动）	自然生境、生物群、基本生态系统功能发生较大变化，物种丰富度明显低于预期，敏感性物种大量减少，外来物种盛行	与流域和水资源开发相关的显著干扰（包括水坝、改道、生境改变和水质下降等）
E（严重扰动）	生境多样性和可用性下降，物种丰富度明显低于预期，仅存耐污品种，本地物种不再繁殖，外来物种遍布生态系统	人口密度大和水资源大量开发，通常此状态不应作为管理目标被接受，必须采取管理干预措施，应恢复径流并转到更高的管理级别
F（极重扰动）	干扰达到临界水平，自然生境和生物群几乎完全丧失，生态系统彻底被改造，最坏的情况是生态系统的基本功能遭到破坏且不可逆转	此状态不可接受，必须采取管理干预措施，如有可能应恢复径流并转到更高的管理级别

第三步是根据参考流量历时曲线计算每级环境管理级别的环境流量历时曲线。为

此,Smakhtin 等(2006)开发了一种计算每个类别的流量历时曲线的简单方法,将参考流量曲线沿横轴分别移动 1%、2%、3%、4%、5% 和 6% 来确定 A、B、C、D、E 和 F 等类的环境流量曲线,如图 10-1 所示。所有流量历时曲线之间的差异设为 1%,偏移 1% 表示参考流量历时曲线中 90% 时间对应的流量将变成下一类 80% 时间对应的流量中参考流量历时曲线 90% 流量值 110 变为 A 类 80% 对应的流量值,80% 的流量将变成 70% 的流量中参考流量历时曲线 80% 和 A 类 70% 分别对应的流量值 117,以此类推。表 10-2 为澜沧江流域香达水文站的参考流量历时曲线及每类生态环境流量历时曲线,更清晰地表达出了偏移过程。

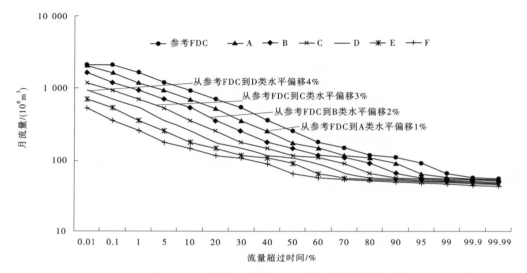

图 10-1　澜沧江流域香达水文站各环境管理类别的环境流量历时曲线估算过程示意图

注:通过横向移动参考流量历时曲线的 1% 来估算各环境管理级别的环境流量历时曲线。

表 10-2　澜沧江流域香达水文站的参考流量历时曲线及各类别环境流量历时曲线

流量超过时间/%	参考流量历时曲线	A/(m³/s)	B/(m³/s)	C/(m³/s)	D/(m³/s)	E/(m³/s)	F/(m³/s)
0.01	2 100	2 083	1 655	1 189	931	698	529
0.1	2 083	1 655	1 189	931	698	529	354
1	1 655	1 189	931	698	529	354	257
5	1 189	931	698	529	354	257	180
10	931	698	529	354	257	180	149
20	698	529	354	257	180	149	117
30	529	354	257	180	149	117	110
40	354	257	180	149	117	110	90.4
50	257	180	149	117	110	90.4	66.1

续表 10-2

流量超过时间/%	参考流量历时曲线	A/(m³/s)	B/(m³/s)	C/(m³/s)	D/(m³/s)	E/(m³/s)	F/(m³/s)
60	180	149	117	110	90.4	66.1	56.7
70	149	117	110	90.4	66.1	56.7	54.6
80	117	110	90.4	66.1	56.7	54.6	52.7
90	110	90.4	66.1	56.7	54.6	52.7	50.7
95	90.4	66.1	56.7	54.6	52.7	50.7	48.9
99	66.1	56.7	54.6	52.7	50.7	48.9	47.1
99.9	56.7	54.6	52.7	50.7	48.9	47.1	45.4
99.99	54.6	52.7	50.7	48.9	47.1	45.4	43.8

　　第四步是为每个环境管理级别创建径流时间序列。由于可以使用参考流量历时曲线、环境流量历时曲线及参考月度时间序列,因此可使用 Hughes 等(1996)开发的空间插值方法来为每个环境管理类别生成环境流量的月时间序列,过程如图 10-2 所示,可依据月径流序列计算出年均环境流量。本书利用基于流量历时曲线偏移法的全球环境流量计算器(GEFC)来估算三江源区的生态环境需水量,该计算器由国际水资源管理研究所(IWMI)与新罕布什尔大学水系统分析小组合作开发(Shaeri Karimi et al.,2012)。

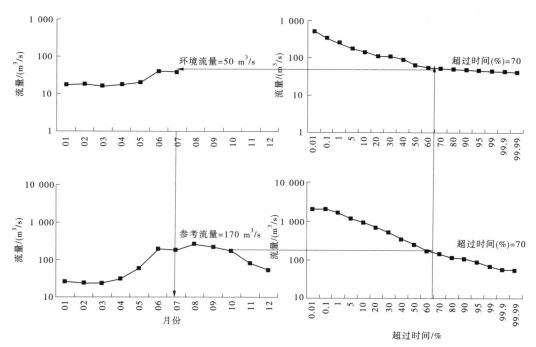

图 10-2　环境流量月时间序列的空间插值过程示意图

10.2.3　Tennant 法、枯水流量指数法和流量历时曲线分析法

　　Tennant 法是另一种常用于估算生态环境需水量的水文学方法(Tharme，2003；Shaeri Karimi et al.，2012)，由 Tennant(1976)开发并已应用于超过 25 个国家(Tharme，2003)。根据 Tennant 法，河流生态系统的生物完整性需要一定比例的年均径流，Tennant 收集了美国蒙大拿州、怀俄明州和内布拉斯加州 11 条径流量大小不同的河流实地数据以及 21 个州 100 多个观测站的径流时间序列数据，并建立了指定年均径流百分比和相应生态条件之间的经验关系。基于这些关系，Tennant 建议在不同生态条件下使用不同比例的年均径流(Acreman and Danbar，2004；Shaeri Karimi et al.，2012；Linnansaari，2013)，如表 10-3 所示。具体而言，Tennant 建议年均径流量的 10% 作为维持水生生物短期生存的最低生态环境流量，而年均径流量的 30% 以上则是维持河流生态系统整体生物完整性的最低生态环境流量。Tennant (1976)使用了美国中北部 10 月至次年 3 月(枯水期)和 4~9 月(丰水期)的年均径流量比例。这些时段可以根据河流的径流量大小时段进行调整(Linnansaari，2013)，如 Orth 等 (1981)将美国俄克拉何马州的 7~12 月作为枯水期(年均流量的 10%)。本书以 11 月至次年 4 月为枯水期，5~10 月为丰水期来估算三江源区的生态环境流量。

表 10-3　环境流量 Tennant 推荐值(Tennant，1976)

序号	级别描述	环境流量(占年均流量/%)	
		10 月至次年 3 月	4~9 月
1	最大	200	200
2	最佳范围	60~100	60~100
3	极好	40	60
4	非常好	30	50
5	好	20	40
6	中	10	30
7	差或最差	10	10
8	极差	<10	<10

　　基于指标 7Q10 的枯水流量指数法，其指标含义为 10 年重现期的 7 d 枯水流量，是评估河流环境流量的第二常用的指标(Tharme，2003；Acreman and Dunbar，2004；Linnansaari，2013；Abid and Yasi，2015)。该指标通过日流量数据计算，首先是创建 7 d 平均值的径流时间序列，然后创建年度最低径流时间序列，最后根据年度最低时间序列计算重现期为 10 年的流量，该流量值被认为是最小环境流量。

　　另一种常用于估算生态环境需水量的水文学方法是流量历时曲线分析法(FDCA) (Tharme，2003；Acreman and Dunbar，2004；Linnansaari，2013；Abid and Yasi，2015)，其中

Q95 和 Q90(大于或等于 95% 和 90% 时间的流量)是常用的枯水流量指数(Abdi and Yasi,
2015),并已广泛用于设定最小环境流量(Shaeri Karimi et al.,2012)。Smakhtin(2001)建
议采用 Q70 和 Q95 范围之间的枯水流量。本书选择 Q90 和 Q95 来估算生态环境需水量,
Acreman 等(2004)、Linnansaari(2013)和 Shaeri Karimi 等(2012)的研究中提供了方法的
详细说明。

10.3　结果和讨论

由于长江源区覆盖面积广,但仅有一个水文站(直门达)可获取实测径流数据,因此
基于 HEC-HMS 水文模型,对沱沱河、当曲河、楚玛尔河和通天河对汇合前的径流量进行
了模拟,如图 10-3 所示。长江源区径流模拟站点的基本信息见表 10-4。之后使用 4 种水
文学方法评估地面观测水文站以及模拟径流站点的生态环境需水量。

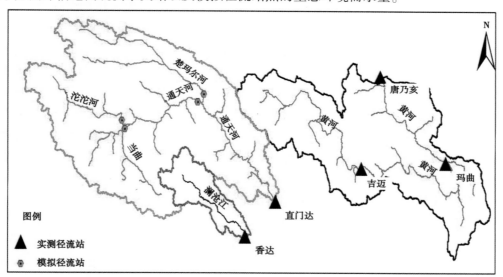

图 10-3　三江源区观测水文站和模拟径流站点的分布情况

表 10-4　长江源区径流模拟站点的基本信息

序号	站点名称	流域	经度/(°)	纬度/(°)	集水面积/ km²	年径流(BCM)/ 亿 m³	时间范围
1	沱沱河	长江流域	92.93	34.08	26 085	2.21	1982~2015 年
2	当曲河	长江流域	92.93	34.08	30 928	2.23	1982~2015 年
3	楚玛尔河	长江流域	94.95	34.68	33 948	2.28	1982~2015 年
4	通天河	长江流域	94.95	34.68	91 606	7.81	1982~2015 年

注:沱沱河:汇入当曲河之前的沱沱河;楚玛尔河:汇入通天河之前的楚玛尔河;通天河:汇入楚玛尔河之前的通天
河;当曲河:汇入沱沱河之前的当曲河。

10.3.1　三江源区的年均生态环境需水量

澜沧江(香达站)1961~2015 年、黄河(唐乃亥、玛曲和吉迈等站)1980~2015 年和长江(沱沱河、当曲河、楚玛尔河和直门达等站)1982~2015 年的生态环境需水量计算结果,A 等级河流环境管理是河流的最佳生态环境条件,即河流具有稳定健康的生态系统,维持这些条件的环境需水量则称为最佳环境需水量。根据流量历时曲线转移法,为达到三江源区的生态稳定条件,澜沧江(香达站)需要 76% 的年均径流量,长江(直门达、沱沱、当曲、楚玛尔和通天)需要 70%~73% 的年平均径流量,黄河(唐乃亥、玛曲和吉迈)需要 77%~78% 的年平均径流量。具体而言,为了维持澜沧江、长江和黄河的生态管理水平,其环境流量需要分别达到 118 m³/s(香达)、312 m³/s(直门达)和 484 m³/s(唐乃亥)。根据 Tennant 方法,年平均流量的 70%~78% 也可称为最佳环境流量。因此,为了维持三江源区的现状、避免干扰当地水文状况,不应进行重大工程的修建(如水坝和灌溉项目)。根据 Liu 等(2019)、Meng 等(2016)和 Tong 等(2014)的研究,降水量增加使得该地区的河流流量略有增加,因此目前条件下,河流生态系统没有面临较大威胁。然而,由于气候变化、人类活动及生态系统的脆弱性,其他生态系统,如草原、森林、湖泊、湿地和冰川等生态系统仍遭受严重威胁(Shen et al.,2018a)。为保护当地生态系统,政府部门已于 2005 年启动了"生态保护与恢复计划"项目,该项目覆盖面积达到 15.2 万 km²。保护区域生态系统的主要方式有减少牲畜数量、退耕还草、草原鼠害防治、恢复严重退化草地、减灾管理等(Jiang and Zhang,2016;Zhang et al.,2017),这些措施对保护和恢复该地区的生态系统起到了积极作用(Shen et al.,2018a)。Liu 等(2014)表明在过去 12 年(2000~2011 年),三江源区的植被覆盖率总体上显著增加,长江和黄河源区的植被覆盖率呈上升趋势,而澜沧江源区的植被覆盖率呈下降趋势。另外,Zhang 等(2017)研究显示,在实施生态保护与恢复计划之后,植被覆盖率自 2005 年到 2012 年增加了 11.2%。

C 等级环境管理是一个临界条件,在此级别之下,生态系统的基本功能将会受到干扰。Shaeri Karimi 等(2012)以伊朗 Shahr-Chai 河为研究区,调查发现维持 C 等级所需的河流流量可视为该区域的最小环境需水量。此外,Abdi 等(2015)选择 B 等级环境管理来计算阿布扎比河生态系统的最小环境需水量。据此计算澜沧江(香达)、长江(直门达)和黄河(唐乃亥)的环境需水量分别为 67 m³/s、155 m³/s 和 290 m³/s,分别占澜沧江、长江和黄河年平均径流量的 43%、36% 和 47%。其他站点的最小环境流量,其范围是年平均径流量的 30%~47%。根据 Tennant 方法,30%~47% 的年平均径流量在河流生态条件中属于非常好的最佳范围。由于人口一直在增加,未来该区域的经济社会发展将需要进行一些调整。为了实现区域的可持续发展,建议三条河流流量的最低限度为 30%~47% 的年平均径流量,以维持河流生态系统的稳定。

根据 Tennant 方法,河流的最小环境流量值为年平均径流量(包含枯水期和丰水期)的 10%,若低于这个值,河流的生态环境将受到破坏,无法持续健康发展(Shaeri Karimi et al.,2012)。Tennant 方法建议,若河流系统需要进行大型改造(如大坝修建或大规模灌溉项目),则河流的最小环境流量应为枯水期年平均径流量的 10% 或丰水期年均径流量的 30%。在此情景下,计算得到香达(澜沧江)、直门达(长江)和唐乃亥(黄河)枯水期(11 月至次年 4 月)的环境需水量分别为 16 m³/s、43 m³/s 和 63 m³/s(年平均径流量的 10%),丰水期(5~10 月)的环境需水量分别为 43 m³/s、130 m³/s 和 188 m³/s(年平均径流量的 30%)。由于三江源区是自然保护区,生态系统非常脆弱,因此不建议使用枯水期年平均径流量的 10% 和丰水期年均径流量的 30% 来计算该区域河流的最小环境流量(Jiang and Zhang,2016;Shen et al.,2018a)。根据流量历时曲线分析法,澜沧江(香达)、长江(直门达)和黄河(唐乃亥)的环境需水量分别为 41 m³/s(占年平均径流量的 26%)、65 m³/s(占年平均径流量的 15%)和 152 m³/s(占年平均径流量的 24%)。使用枯水流量指数法(7Q10)的计算结果与 FDCA 法的结果近似。由于这些结果与 Tennant 法的最小环境需水量接近,因此在当前情况下不建议在三江源区采用此环境流量指标数值。但是,如果经济社会发展对该地区造成扰动,那么 Tennant、FDCA 和 7Q10 的计算结果就可作为维持河流生态系统的最小环境需水量指标。已有研究报告对存在环境扰动的地区(如大坝建设)提出类似的环境需水量指标,如 Li juan 等(2001)、Li 等(2009)、Peng 等(2016)和 Tan 等(2018)。Li juan 等(2011)建议将 25% 的年平均径流量作为海河-滦河系统的最小环境流量;Peng 等(2016)基于物理栖息地模拟系统(PHABSIM),将 27.75% 的年平均径流量作为扎古瑙河的最小环境需水量;Tan 等(2018)以长江中游为研究区,使用分配流量法得到最小环境需水量为年平均径流量的 24.84%~27.63%,Q90 法得到的结果为年平均径流量的 27%~33.5%,7Q10 法得到的结果为年平均径流量的 21.96%~22.25%。长江(直门达)、澜沧江(香达)、黄河(唐乃亥、玛曲、吉迈)年径流量年际变化曲线见图 10-4。四种水文学方法对三江源区环境需水量的估算结果见表 10-5。

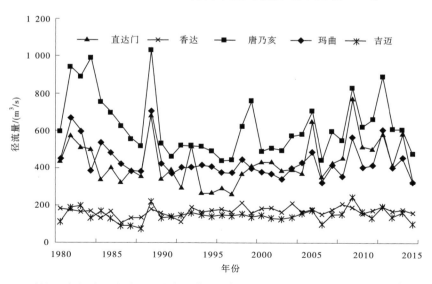

图 10-4 长江(直门达)、澜沧江(香达)、黄河(唐乃亥、玛曲、吉迈)年径流量年际变化曲线

表 10-5　四种水文学方法对三江源区环境需水量的估算结果

| 方法 | 等级 | 澜沧江 | | 长江 | | | | | | | | | | 黄河 | | | |
| | | 香达 (150 m³/s) | | 直门达 (434 m³/s) | | 沱沱河 (69 m³/s) | | 当曲河 (70.6 m³/s) | | 楚玛尔河 (72.2 m³/s) | | 通天河 (247 m³/s) | | 唐乃亥 (628 m³/s) | | 玛曲 (436 m³/s) | | 吉迈 (147 m³/s) | |
		占MAF/%	EFRs/(m³/s)	占MAF/%	EFRs/(m³/s)	占MAF/%	EFRs/(m³/s)	占MAF/%	EFRs/(m³/s)	占MAF/%	EFRs/(m³/s)	占MAF/%	EFRs/(m³/s)	占MAF/%	EFRs/(m³/s)	占MAF/%	EFRs/(m³/s)	占MAF/%	EFRs/(m³/s)
FDC偏移法	A	76	118	72	312	70	49	73	52	72	52	73	180	77	484	78	340	78	114
	B	57	89	51	221	46	32	52	37	51	37	51	126	60	374	60	264	59	87
	C	43	67	36	155	30	21	37	26	35	26	35	87	46	290	47	204	45	65
	D	33	52	25	110	20	14	27	19	25	18	25	62	36	227	37	159	34	49
	E	26	41	19	82	15	10	21	15	19	14	19	47	29	183	29	127	25	37
	F	22	34	15	64	11	8	17	12	15	11	15	38	24	152	24	105	19	29
Tennant法	11月至次年4月	10	16	10	43	10	7	10	7	10	7	10	25	10	63	10	44	10	15
	5~10月	30	47	30	130	30	21	30	21	30	22	30	74	30	188	30	131	30	44
FDCA	Q90	26	41	15	65	12	8	17	12	16	12	16	39	24	152	23	102	24	35
	Q95	22	34	13	58	10	7	15	10	14	10	14	34	21	132	21	92	19	28
7Q10		27	41	15	66	16	12	20	14	19	14	19	46	31	197	24	105	28	41

注:FDC:流量历时曲线;EFRs:生态环境需水量;FDCA:流量历时曲线分析法;MAF:年平均径流。

10.3.2　三江源区的年内环境需水量

保持年内径流形式(枯水、丰水、洪水等)的完整性也同样重要,可依此模拟年内自然水流状况(Annear et al.,2004)。例如,计算水生生物特别是鱼类的最低需水量需要参考河流枯水流量;而丰水流量则是维护河道、物种迁移、湿地补水、种植河岸植被等必需的参考量(Smakhtin et al.,2004),这些都体现了计算年内环境需水量的重要性。河流生态系统中的各物种顺应自然状态下的径流变化,应遵循自然规律计算年内环境需水量。本节采用流量历时曲线偏移法评估三条河流不同站点的月环境需水量。如图 10-5 所示是不同生态环境条件下的月环境流量。若水资源管理者想维持区域环境现状,应通过环境管理 A 级计算环境需水量大小。由于人口不断增加,可能需要建设一些水坝或水库以满足社会经济发展的需求,在这种情况下,水资源管理者应使用环境管理 C 级来计算环境需水量,以实现该地区的可持续发展,保障生态系统的基本功能。此外,计算环境需水量时还要注意枯水期(11 月至次年 4 月)的月流量占比要高于丰水期(5~10 月)的月流量占比。例如,11 月至次年 4 月期间最小的环境流量为每月平均径流量的 50%~62%,5~10 月,每个站点最小的环境流量为每月平均径流量的 40%~44%。

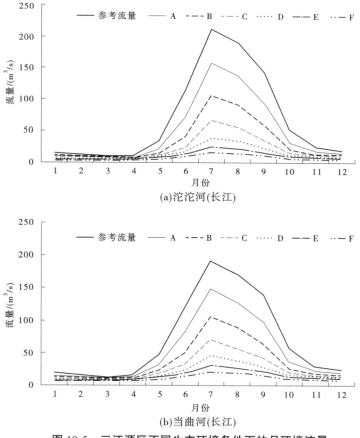

图 10-5　三江源区不同生态环境条件下的月环境流量

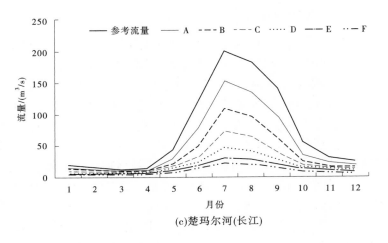

(c)楚玛尔河(长江)

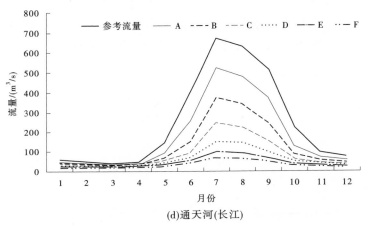

(d)通天河(长江)

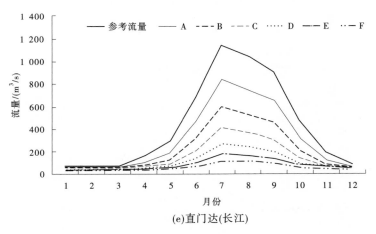

(e)直门达(长江)

续图 10-5

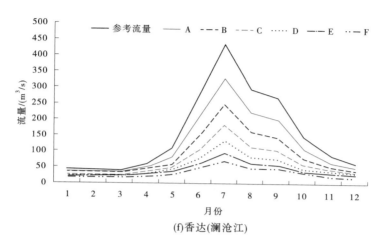

(f)香达(澜沧江)

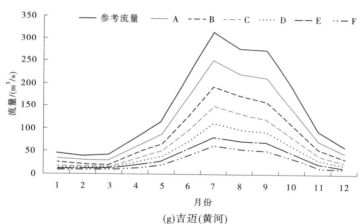

(g)吉迈(黄河)

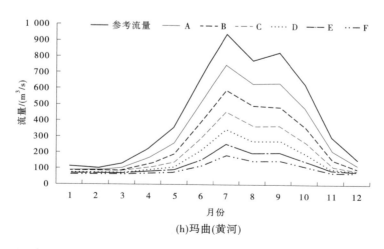

(h)玛曲(黄河)

续图 10-5

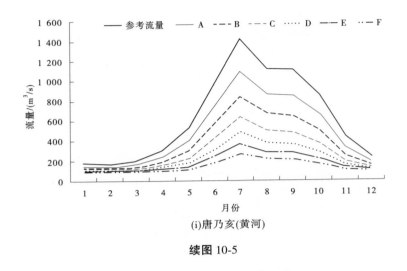

(i)唐乃亥(黄河)

续图 10-5

10.4　小　结

　　三江源区位于青藏高原,是我国以及亚洲地区的自然保护区、淡水资源的重要来源地。三江源区生态系统十分脆弱,对气候变化和人类活动高度敏感,该地区及其下游地区的生态和经济发展受到严重威胁。河流环境需水量的评估对于保护河流生态系统至关重要,本书聚焦于确定长江、黄河和澜沧江源头区的环境需水量。由于该地区缺乏相关生态环境数据,本书使用了常用的水文学方法(流量历时曲线偏移法、Tennant 法、流量历时曲线分析法以及枯水流量指数法)来评估这些河流的环境需水量。通过地面站点获取了香达站 1961~1992 年的水文观测数据,以及直门达、唐乃亥、玛曲和吉迈等站的 1980~2015年水文观测数据。由于唐乃亥、玛曲、吉迈、香达等站点存在观测资料缺失的问题,本书借助水文模型来填补缺失的资料,水文模型模拟也是补充完善缺失 10%以上观测资料的最佳方法。由于长江流域面积广阔,但整个源区流域只有一个水文站(直门达),因此本书模拟了沱沱河、当曲河、楚玛尔河和通天河的数据来计算长江主要支流的环境需水量。以下是本书的主要发现:

　　(1)为了维持河流生态的最佳状态,本书估算出澜沧江(香达)、长江(直门达)和黄河(唐乃亥)所需的环境径流量分别为 118 m³/s(占年平均径流量的 76%)、312 m³/s(占年平均径流量的 72%)、484 m³/s(占年平均径流量的 77%)。另外,为了保障最低生态状态(维持基本的生态功能),本书估算出澜沧江(香达)、长江(直门达)和黄河(唐乃亥)所需的环境流量分别为 67 m³/s(占年平均径流量的 43%)、155 m³/s(占年平均径流量的 36%)和 290 m³/s(占年平均径流量的 47%)。

　　(2)按月计算维持最低生态条件所需的环境流量,11 月至次年 4 月各站点的环境流量为月平均径流量的 50%~62%,5~10 月各站点环境流量为月平均径流量的 40%~44%。

　　观测资料显示,三条河流都维持了较好的生态系统现状,且研究区的所有站点都没有观测到河流径流量明显减少的情况。为了维持目前的状况,建议对河流减少的流量不应超过环境管理等级 A 水平下计算得到的环境需水量。根据本书研究,如果该地区需要经济社会发展,环境流量不应低于环境管理等级 C 水平的环境需水量,以维持基本的生态功能。在对该地区进行大规模开发之前,应该基于整体方法结合当地生态数据以及相关领域专家(如水文学家、生态学家、地貌学家、生物学家和水文地质学家)的意见进行综合研究。

第 11 章　　　三江源区生态耗水数据库

11.1　研究目的及意义

生态需水量是指一个特定区域内的生态系统的需水量,并不是指单单的生物体的需水量或者耗水量。它是一个工程学的概念,它的含义及解决的途径,重在生物体所在环境的整体需水量。它不仅与生态区的生物群体结构有关,还与生态区的气候、土壤、地质、水文条件及水质等关系更为密切。因此,在研究过程中,会使用并产生大量数据资料,包括三江源区的基础数据、气象站点观测数据、水文站点观测数据、遥感卫星数据、试验数据、水文模型模拟数据。这些数据不仅有站点的,也有空间分布式的;不仅有静态的,还有时间序列的。因此,建立三江源区生态耗水数据库,对涉及的数据进行存储和管理,是开展三江源区生态耗水研究的前提,也是衡量项目完整性的一个重要的因素。

11.2　主要数据类别

本书中使用的所有数据汇总见表 11-1。

11.2.1　土地利用、土壤特征和地形

土地利用、土壤特征和地形数据是水文模型输入的基本数据。土地利用数据来自美国地质调查局(USGS)的全球土地覆被特征(GLCC)数据库,分辨率为 1 km。土壤特征数据来自世界土壤数据库 HWSD V1.2,分辨率为 1 km。土地利用和土壤特征数据被用于估算水文参数,如汇水时间、土壤入渗、土壤储量、地下水储量、地下水渗流等。另一个重要的空间数据是流域的高程数据,它是提取地形特征(如子流域坡度、流线坡度、子流域面积、河流长度等)的必要数据。目前最常见的高程数据格式是数字高程模型(DEM)(Singh et al. , 2015)。在本书中,三江源区的高程数据使用 NASA 的 90 m 空间分辨率的 SRTM 数据,该数据从美国地质调查局(USGS)获取。

11.2.2　水文气象

香达、直门达、吉迈、玛曲、唐乃亥等 5 个水文站 1980~2015 年的日流量观测数据来自青海省水文水资源勘测局。另外,一些站点(香达、吉迈、玛曲、唐乃亥)含有部分年份的缺失数据。对于缺失数据的估计,目前已有较多的方法,如邻近测站插值法(Lopes et al. 2016)、统计方法,如多元回归法、预测均值匹配法(Mfwango and Post, 2018)和水文模型法(Zhang and Post, 2018)。尽管如此,当数据缺失比例较高时,水文建模被认为是一种稳健的方法,因为它充分考虑了气象驱动数据的空间异质性和时间变异性(Zhang and Post,

表 11-1　本书使用的时间序列和空间数据汇总

编号	数据类型	来源	时/空分辨率	时间范围
1	径流	青海水文水资源勘测局	d	1980~2015 年
2	气候	青海气象局	d	1980~2015 年
3	高程	NASA's Shuttle Radar Topography Mission (SRTM)	90 m	
4	土地覆盖	Global Land Cover Characteristics	1 km	
5	土壤	Harmonized World Soil Database	1 km	
6	雪水当量/雪深	Advanced Microwave Scanning Radiometer-Earth Observing System (AMSR-E)	25 km/5 d	
		Canadian Sea Ice and Snow Evolution (CanSISE)	1°/d	1981~2010 年
7	土壤含水率	Environmental and Ecological Science Data Center for West China (WESTDC)	0.25°/d	1979~2019 年
		ESA Climate Change Initiative Soil Moisture product (ESA-CCI-SM_v4.7)	0.25°/d	1978~2019 年
		China Soil Moisture Dataset from Microwave Data Assimilation (ITP-LDAS)	0.25°/d	2002~2011 年
		Modern-Era Retrospective analysis for Research and Applications (MERRA-2)	0.5°×0.625°/白天	1980~2020 年
8	GRACE 卫星数据	Geo-forschungs-Zentrum Potsdam (GFZP), University of Texas-Center for Space Research (CSR), CSR Mascons	300 km/月	2002~2020 年
9	叶面积指数	Global Monthly Mean Leaf Area Index (LAI)	0.25°/月	1981~2015 年
10	土壤剖面温度	Modern-Era Retrospective analysis for Research and Applications (MERRA-2)	0.5°×0.625°/白天	1980~2020 年
11	蒸散发	TERRACLIMATE	4 km/月	
		Terrestrial evapotranspiration dataset across China	0.1°/月	
		MOD16A2	500 m/8 d	

2018）。因此，在本书中，我们采用水文模型对缺失数据进行推算。23 个气象观测站点 1980~2015 年的数据从青海省气象局获取，包括降水量、最高温度和最低温度、风速、太阳辐射和相对湿度。

11.2.3　雪水当量

三江源区处于高海拔地区，平均海拔超过 4 000 m，积雪和冰川融化产生的径流是径流的重要组成部分。为了确定融雪水量，雪水当量（snow water equivalent，SWE）、雪盖和雪深数据常被用于评估水文模型的模拟精度。由于缺乏融雪实测资料，目前常用雪水当量、雪深或雪盖的遥感产品来评价水文模型的性能，相关研究如 Zhang et al.（2014）、Han et al.（2019）等。本书中，使用 AMSR-E、GlobSnow、CanSISE 数据获取 SWE，从 MOD10A1 产品中获取雪盖面积信息（Hall and Riggs，2016）。AMSR-E 是安装在 NASA 的 Aqua 卫星上的先进微波扫描辐射计-地球观测系统传感器，它于 2002 年 5 月 2 日发射，2011 年 12 月 4 日停止工作。它提供了 2002 年 6 月 18 日至 2011 年 10 月 4 日时间范围内的不同要素信息的测量数据，如 SWE、土壤湿度、降水率、海面温度等。雪水当量产品名称为 AMSR-E/Aqua 5-Days L3 Global Snow Water Equivalent EASE-Grids，Version 2，可从联合国 NSIDC 获得，其时间分辨率为 5 d，空间分辨率为 25 km×25 km（Tedesco et al.，2004）。CanSISE（Canadian Sea Ice and Snow Evolution，加拿大海洋冰雪演化产品）是 SWE 的日尺度栅格产品（Mudryk et al.，2015），该产品由 5 个 SWE 产品衍生得到，这 5 个产品分别为 GlobSnow 产品（Takala et al.，2011）、ERA-Interim/Land 再分析产品、MERRA 再分析产品（Rienecker et al.，2011）、Crocus（Brun et al.，2012）和全球陆地数据同化系统（GLDAS）的 SWE 数据。本书使用 GlobSnow Version 2 的 SWE 数据，但它仅覆盖三江源区很小的一部分地区。MOD10A1 数据集是由安装在 Terra 卫星上的 MODIS 获取的辐射率数据派生得出的日尺度栅格雪盖数据，它的空间分辨率为 500 m × 500 m，时间范围为 2000 年至今。雪深数据来自中国西部环境与生态科学数据中心（WESTDC），并通过公式转换成 SWE。

11.2.4　GRACE 重力卫星

GRACE 重力卫星是 2002 年发射的双星系统，通过测量地球重力场的变化，提供了全球月尺度总储水量异常的分布信息。三种月尺度的 GRACE 数据产品分别由波茨坦地理空间中心（GFZ）、德克萨斯大学空间研究中心（UT-CSR）和喷气推进实验室（JPL）三个机构发布，这三个机构采用了不同的计算参数和策略，如不同的度数和阶数、球面谐波系数、空间滤波器和平滑因子等。三种陆地水储量数据产品（JPL、CSR 和 GFZ）可以在 GRACE-TELLUS 网站上下载使用。

Mascon 是重力场基础函数的另一种形式。与传统后处理滤波的标准球面谐波方法相比，"mascon" 使地球物理约束的实现变得更加容易，是一种更加严格的方法（Jing et al.，2019）。在本书中，我们从 CSR 和 GFZ 的两个标准数据产品和 CSR 的一个 Mascon 产品中获取水储量数据。

11.2.5　土壤含水率

土壤含水率数据来源于 NASA 的 MERRA-2 项目(GMAO 2015)、欧洲航天局的气候变化倡议土壤湿度产品(ESA-CCI-SM_V4.7)和中国微波数据同化土壤湿度数据集(ITP-LDAS)(Kun,2018)。MERRA-2 是 NASA 利用 GEOS-5 及其大气数据同化系统(ADAS)5.12.4 版卫星时期的大气再分析产品,该数据的时间范围为 1980 年至今,时间分辨率为昼夜,空间分辨率为 0.5°×0.625°(GMAO 2015)。ITP-LDAS 是三层土壤湿度数据(0~5 cm、5~20 cm、20~100 cm),时间范围为 2002~2011 年,时间分辨率为日,空间分辨率为 0.25°×0.25°(Kun,2018)。

ESA-CCI-SM 数据集提供每日全球土壤湿度数据,空间分辨率为 0.25°,时间跨度为 1978~2019 年。该产品是作为欧洲航天局(ESA)水循环多任务观测战略(WACMOS)和气候变化倡议(CCI)项目的一部分开发的。该数据集融合主动和被动遥感产品,并将其纳入一个标准化框架中(Dorigo et al.,2015;Bai et al.,2018)。

11.2.6　叶面积指数和作物系数

Global Monthly Mean Leaf Area Index(LAI)Climatology,1981~2015 年叶面积指数产品是由 AVHRR GIMMS-LAI3g v2 产品生成的,GIMMS-LAI3g v2 是 1981~2015 年的双周数据产品。该数据集包括 1981 年 8 月至 2015 年 8 月的 0.25°分辨率的双周 LAI 栅格数据和月气候数据。原始 LAI3g 产品的时间分辨率为双周,空间分辨率为 0.083 3°,将其转换为月尺度并重新栅格化成 0.25°,同时剔除缺失值和不合理的数值(Mao and Yan,2019)。

在 HEC-HMS 水文模型中,需要作物系数来正确模拟冠层截流量和蒸散量,因此使用以下公式将 LAI 数据转换为作物系数,具体方法介绍详见 Corbari 等(2017):

$$Kc_{FAO} = (Kc_{min} + Kc_{max} - Kc_{min})(1 - e^{-0.7LAI}) \tag{11-1}$$

$$Kc_{max} = Kc_h + \left[0.04(\bar{u}_2 - 2) - 0.004(RH_{min} - 45)\right]\left(\frac{h}{3}\right)^{0.3} \tag{11-2}$$

$$Kc_h = 1 + 0.1h \tag{11-3}$$

式中,Kc_{FAO} 为天然植被的作物系数;Kc_{min} 和 Kc_{max} 分别为作物系数的最小值和最大值;$\bar{u}_2$ 和 RH_{min} 分别为平均风速和平均最小相对湿度;h 为植被平均高度。

11.2.7　土壤剖面温度

土壤剖面温度(SPT)是陆面模型、数值天气预报和气候预测等(Holmes et al.,2008)能量平衡应用中的重要参数之一,尤其在三江源这样的冻土地区。由于三江源区的地形和气候条件非常恶劣,实测资料收集非常困难(Zhang et al.,2017)。本书中,土壤剖面温度是从 NASA MERRA_2 产品获取。它包含 6 个土壤深度(100 mm、200 mm、400 mm、800 mm、1.5 m 和 10 m)的温度数据(GMAO,2015)。

11.2.8　实际蒸散发

由于缺乏该地区实际蒸散发资料,本书中使用了三种再分析和遥感蒸散发产品,分别为 TERRACLIMATE(Abatzoglou et al.,2018)、中国陆地蒸发量数据集(TEDAC)(Jozsef et al.,2019)和 MOD16A2。TERRACLIMATE 数据集包含 1958~2019 年的温度、水汽压和降水等基本气候变量和径流、土壤水和实际蒸散发等衍生变量。该数据集为高时空分辨率的全球水文气候和生态研究提供了重要输入,该数据的时间分辨率为月尺度,空间分辨率约为 4 km。TEDAC 数据来自国家青藏高原数据中心(TPDC),该数据集为 1982~2015 年中国陆地表面的实际蒸散发数据。该数据集有助于长期水文周期和气候变化研究,其时间分辨率为月尺度,空间分辨率为 0.1°。本书中还使用了 MOD16A2 卫星产品,为 MOD16 的最新版本,时间尺度为 8 d(8 d 的平均),空间分辨率为 500 m。图像采用 HDF-EOS 格式,每幅图像覆盖面积约 1 200 km×1 200 km,与 MODIS 影像对应。

11.3　数据存储与管理

11.3.1　数据库设计原则

数据库设计时应遵循以下原则(Silberschatz et al.,2012):

(1)实用性原则。首先满足多源、多要素、多时相、多类型、海量异构地理空间信息整合,以及一体化组织和管理与服务的需要。

(2)先进性原则。考虑技术进步和今后信息库的发展,主要体现在技术规范、技术水平、数据库产品选择、设计方法采用先进技术等几个方面。

(3)标准化原则。首先,符合相关的国际标准、国家标准和地方政务标准;采用先进的标准设计技术;具有科学性和先进性;并将标准化工作贯穿信息库建设的全过程。其次,要充分将信息库标准化所需各项标准纳入相应的体系表中,使标准一致和配套,构成一个完整、全面的整体,使用户方便地通过体系表找到所需的标准或了解所需标准当前状况。

(4)一致性原则。对信息进行统一,保证系统数据的一致性和有效性。

(5)完整性原则。是指数据的正确性和相容性,防止合法用户使用数据库时向数据库加入不合语义的数据,对输入到数据库中的数据要有审核和约束机制。

(6)规范化原则。数据库的设计应遵循规范化理论,规范化程度过低的,可能会存在数据冗余等问题,解决的方法就是对关系模式进行分解或合并(规范化),转换成高级范式。

(7)可扩展性原则。数据库结构的设计应充分考虑发展的需要、移植的需要,具有良好的扩展性、伸缩性和适度冗余。

（8）安全性原则。数据库的安全性是指保护数据,防止非法用户使用数据库或合法用户非法使用数据库造成数据泄露、更改或破坏。要有认证和授权机制。

11.3.2   数据库设计

三江源区生态耗水数据主要包括三种类型:试验数据、站点观测数据和影像数据。根据数据类型的不同,数据的存储与管理方式不同。试验数据和站点观测数据使用 SQLite 数据库平台存储,影像数据使用文件系统存储。

11.3.2.1   试验数据和站点观测数据

试验数据和站点观测数据使用 SQLite 数据库平台存储,主要包括典型草木耗水试验数据表、"四水"转化试验数据表、水文站点信息表、气象站点信息表、日流量观测数据表和日气象观测数据表,如图 11-1~图 11-21 所示。

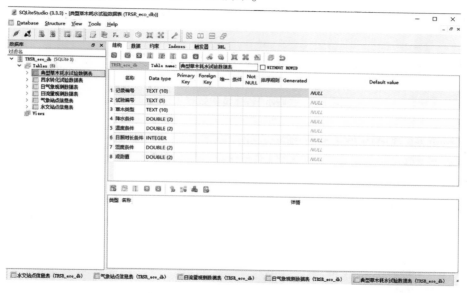

图 11-1   典型草木耗水试验数据表结构设计

11.3.2.2   影像数据

本书涉及的影像资料较多,可分为卫星观测数据、模型模拟数据、同化数据等。主要数据包括土地利用、土壤、地形、雪水当量、重力卫星、土壤含水率、叶面积指数、土壤剖面温度、蒸散发等。

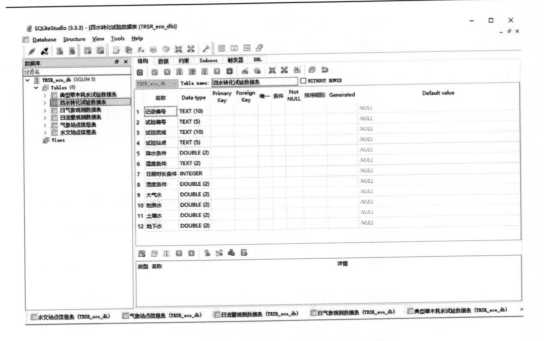

图 11-2 "四水"转化试验数据表结构设计

图 11-3 "四水"转化试验站点信息表结构设计

图 11-4　"四水"转化试验站点信息表

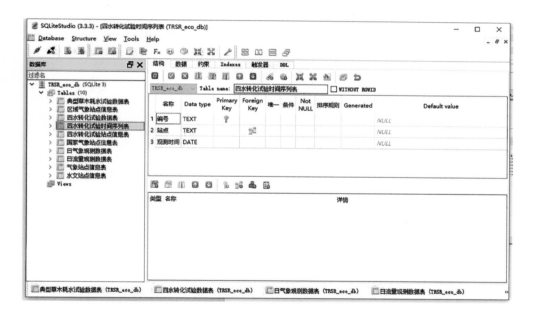

图 11-5　"四水"转化试验时间序列表结构设计

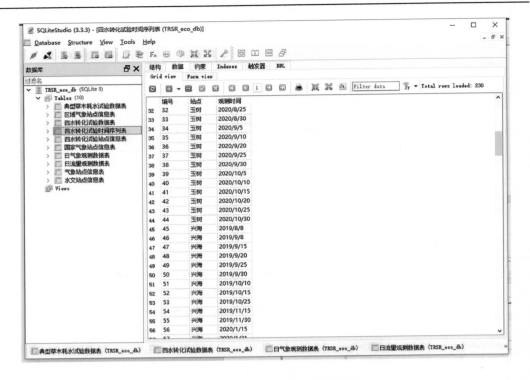

图 11-6　"四水"转化试验时间序列表

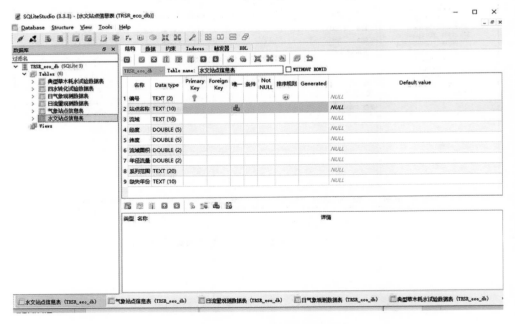

图 11-7　水文站点信息表结构设计

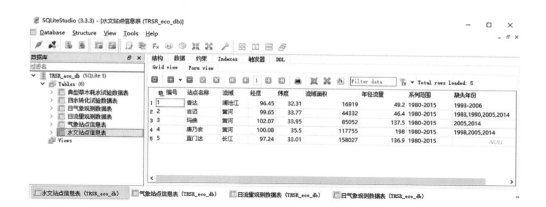

图 11-8　水文站点信息表

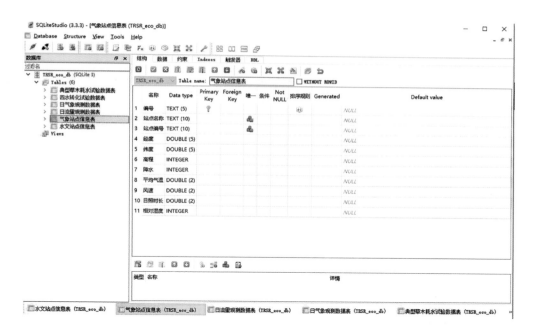

图 11-9　主要气象站点信息表结构设计

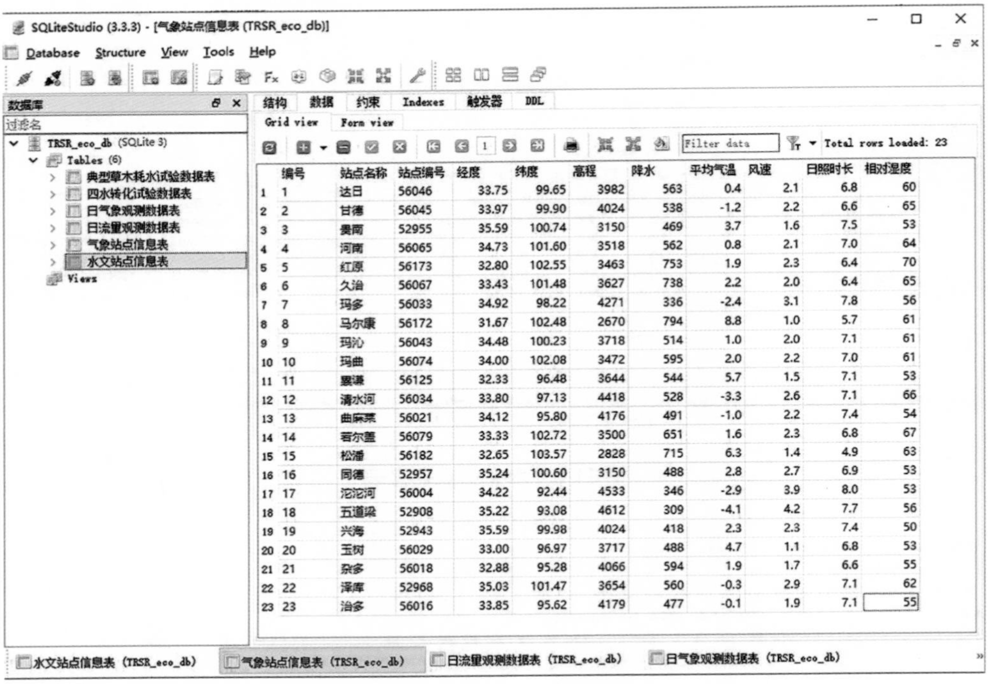

	编号	站点名称	站点编号	经度	纬度	高程	降水	平均气温	风速	日照时长	相对湿度
1	1	达日	56046	33.75	99.65	3982	563	0.4	2.1	6.8	60
2	2	甘德	56045	33.97	99.90	4024	538	-1.2	2.2	6.6	65
3	3	贵南	52955	35.59	100.74	3150	469	3.7	1.6	7.5	53
4	4	河南	56065	34.73	101.60	3518	562	0.8	2.1	7.0	64
5	5	红原	56173	32.80	102.55	3463	753	1.9	2.3	6.4	70
6	6	久治	56067	33.43	101.48	3627	738	2.2	2.0	6.4	65
7	7	玛多	56033	34.92	98.22	4271	336	-2.4	3.1	7.8	56
8	8	马尔康	56172	31.67	102.48	2670	794	8.8	1.0	5.7	61
9	9	玛沁	56043	34.48	100.23	3718	514	1.0	2.0	7.1	61
10	10	玛曲	56074	34.00	102.08	3472	595	2.0	2.2	7.0	61
11	11	囊谦	56125	32.33	96.48	3644	544	5.7	1.5	7.1	53
12	12	清水河	56034	33.80	97.13	4418	528	-3.3	2.6	7.1	66
13	13	曲麻莱	56021	34.12	95.80	4176	491	-1.0	2.2	7.4	54
14	14	若尔盖	56079	33.33	102.72	3500	651	1.6	2.3	6.8	67
15	15	松潘	56182	32.65	103.57	2828	715	6.3	1.4	4.9	63
16	16	同德	52957	35.24	100.60	3150	488	2.8	2.7	6.9	53
17	17	沱沱河	56004	34.22	92.44	4533	346	-2.9	3.9	8.0	53
18	18	五道梁	52908	35.22	93.08	4612	309	-4.1	4.2	7.7	56
19	19	兴海	52943	35.59	99.98	4024	418	2.3	2.3	7.4	50
20	20	玉树	56029	33.00	96.97	3717	488	4.7	1.1	6.8	53
21	21	杂多	56018	32.88	95.28	4066	594	1.9	1.7	6.6	55
22	22	泽库	52968	35.03	101.47	3654	560	-0.3	2.9	7.1	62
23	23	治多	56016	33.85	95.62	4179	477	-0.1	1.9	7.1	55

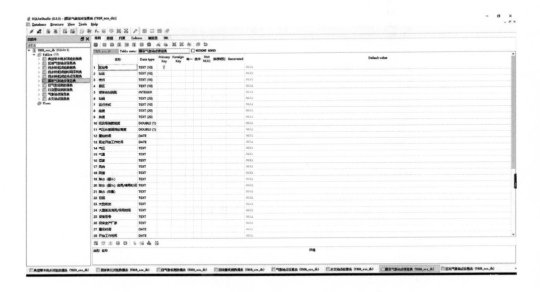

图 11-10　主要气象站点信息表

图 11-11　国家气象站点信息表结构设计

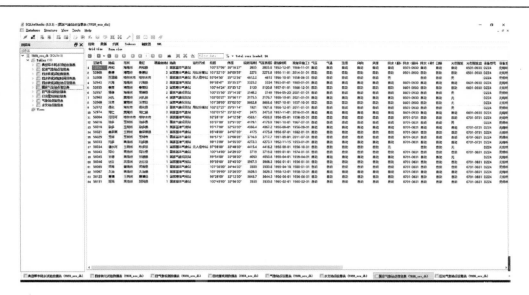

图 11-12   国家气象站点信息表

图 11-13   区域气象站点信息表结构设计

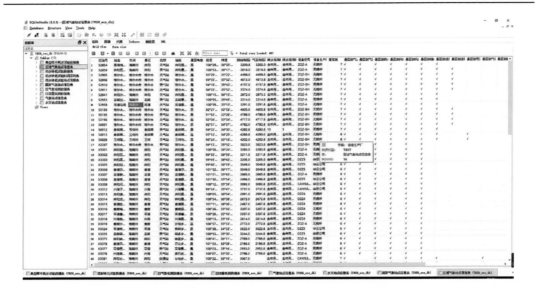

图 11-14　区域气象站点信息表

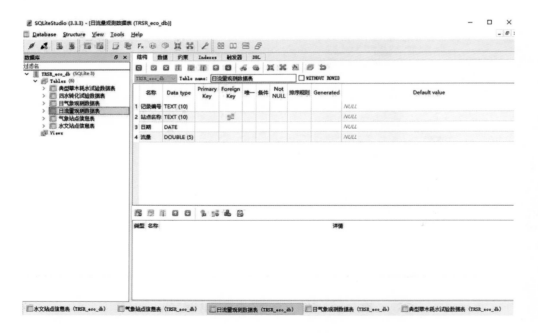

图 11-15　日流量观测数据表结构设计

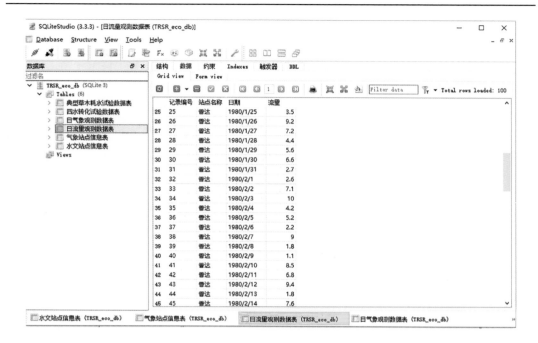

图 11-16　日流量观测数据表

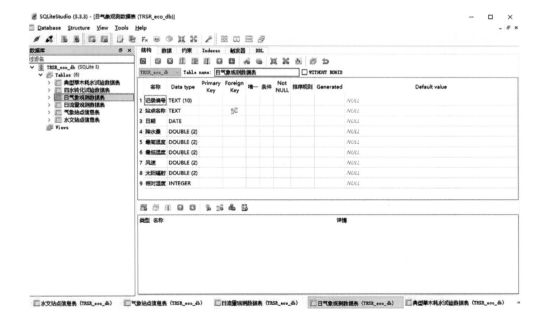

图 11-17　日气象观测数据表结构设计

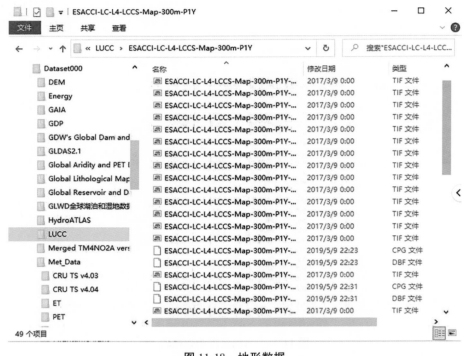

图 11-18　地形数据

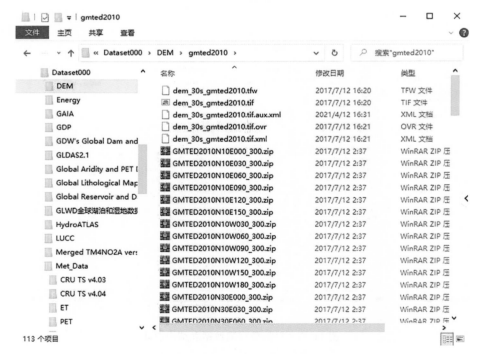

图 11-19　土地利用数据

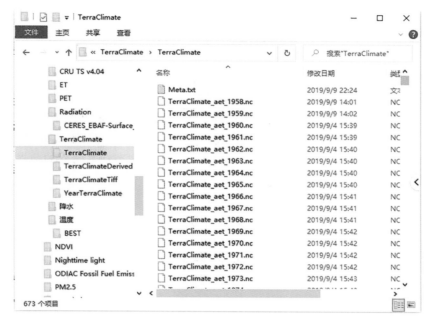

图 11-20　蒸散发数据

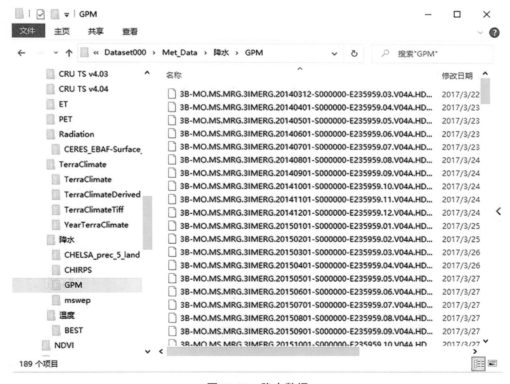

图 11-21　降水数据

11.4　小　结

　　本章梳理了三江源区生态耗水所用到的数据资料,主要包括三江源区的基础数据、气象站点观测数据、水文站点观测数据、遥感卫星数据、试验数据、水文模型模拟数据等。根据不同的数据类型,建立生态环境耗水数据库。不同的数据类型,使用不同的数据存储与管理方式。试验数据和站点观测数据使用 SQLite 数据库平台存储,影像数据使用文件系统存储。建立三江源区生态耗水数据库,是开展三江源区生态耗水研究的前提,也是衡量项目完整性的一个重要因素。

参考文献

[1] Burman R, Pochop L. Evaporation, Evapotranspiration and Climatic Data[M]. The Netherlands: Elsevier Science, 1994.

[2] Dios V R, Roy J, Ferrio J P, et al. Processes Driving Nocturnal Transpiration and Implications for Estimating Land Evapotranspiration[J]. Scientific Reports, 2015(5): 10975.

[3] 冯松, 汤懋苍, 王冬梅. 青藏高原是我国气候变化启动区的新证据[J]. 科学通报, 1998, 43(6): 633-636.

[4] Gao X L, Peng S Z, Wang W G, et al. Spatial and Temporal Distribution Characteristics of Reference Evapotranspiration Trends in Karst Area: a Case Study in Guizhou Province, China[J]. Meteorology and Atmospheric Physics, 2016(128): 677-688.

[5] McCabe M F, Wood E F. Scale influences on the remote estimation of evapotranspiration using multiple satellite sensors[J]. Remote Sensing of Environment, 2006 (105): 271-285.

[6] 梁丹, 赵锐锋, 李洁, 等. 4 种干旱指标在河西走廊地区的适用性评估[J]. 中国农学通报, 2015, 31(36): 194-204.

[7] 刘蓓. 青海蒸发皿蒸发量时空变化特征及成因分析[J]. 青海环境, 2015(25): 1.

[8] 刘昌明, 孙睿. 水循环的生态学方面: 土壤-植被-大气系统水分能量平衡研究进展[J]. 水科学进展, 1999(10): 3.

[9] 刘宁, 孙鹏森, 刘世荣. 陆地水—碳耦合模拟研究进展[J]. 应用生态学报, 2012, 23(11): 3187-3196.

[10] 刘卫国, 土曼, 丁俊祥, 等. 帕默尔干旱指数在天山北坡典型绿洲干旱特征分析中的适用性[J]. 中国沙漠, 2013, 33(1): 249.

[11] 梅青. 三江源: 中国生态保护事业的大跨越[J]. 中国林业, 2000(9): 4-5.

[12] 孟宪红, 陈昊, 李照国, 等. 三江源区气候变化及其环境影响研究综述[J]. 高原气象, 2020, 39(6): 1133-1143.

[13] 裴超重, 钱开铸, 吕京京, 等. 长江源区蒸散量变化规律及其影响因素[J]. 现代地质, 2010, 24(2): 362-368.

[14] 祁栋林, 李晓东, 肖宏斌, 等. 近 50 a 三江源地区蒸发量的变化特征及其影响因子分析[J]. 长江流域资源与环境, 2015(24): 9.

[15] 申红艳, 马明亮, 汪青春, 等. 1961—2010 年青海高原蒸发皿蒸发量变化及其对水资源的影响[J]. 气象与环境学报, 2013(29): 6.

[16] Sun S L, Li Q Q, Li J J, et al. Revisiting the evolution of the 2009~2011 meteorological drought over Southwest China[J]. Journal of Hydrology, 2019, 568: 385-402.

[17] 王军, 张瑞强, 李和平, 等. 荒漠草原不同时间尺度下垫面水分消耗与气象植被因子的关系[J]. 干旱地区农业研究, 2020, 38(4): 152-167.

[18] 王晓峰, 张园, 冯晓明, 等. 基于游程理论和 Copula 函数的干旱特征分析及应用[J]. 农业工程学报, 2017, 33(10): 206.

[19] 汪步惟, 张雪芹. 1971—2014 年青藏高原参考蒸散变化及其归因[J]. 干旱区研究, 2019(36): 2.

[20] 吴家兵, 关德新, 张弥, 等. 涡动相关法与波文比-能量平衡法测算森林蒸散的比较研究[J]. 生态学杂志, 2005, 24(10): 1245-1249.

[21] 许学莲, 许圆圆, 何生录, 等. 长江源头气候变化及其对牧草生育期的影响分析[J]. 青海草业,

2020,29(4):18-29.

[22] Yang H J , Shen X C, Yao J,et al. Portraying the Impact of the Tibetan Plateau on Global Climate[J]. Journal of Climate, 2019,33:3565-3583.

[23] 张立峰,张继群,张翔,等.三江源区退化高寒草甸蒸散的变化特征[J].草地学报,2017,25(2): 273-281.

[24] 郑双飞.青藏高原参考蒸散趋势突变分析[J].科技论坛,2013:127.

[25] Silberschatz A, F Korth H, S. Sudarshan. 数据库系统概念[M].杨冬青,李红燕,唐世渭,译.北京: 机械工业出版社,2012.

[26] 李新,黄春林,车涛,等,中国陆面数据同化系统研究的进展与前瞻[J].自然科学进展,2007,17 (2):163-173.

[27] Kalnay E. NCEP/NCAR 40-year reanalysis project[J]. Bull. amer. meteor Soc, 1996, 77(3):437-472.

[28] Uppala S M, Coauthors. The ERA-40 re-analysis[J]. Quarterly Journal of the Royal Meteorological Society, 2005,131, 2961-3012.

[29] Onogi K, Coauthors. The JRA-25 Reanalysis. Journal of the Meteorological Society of Japan, 2007,85 (3), 369-432.

[30] Sheffield J, G Goteti, E F Wood. Development of a 50-Year High-Resolution Global Dataset of Meteorological Forcings for Land Surface Modeling[J]. Journal of Climate, 2006,19(13):3088-3111.

[31] Pinker R T, Coauthors. Surface radiation budgets in support of the GEWEX Continental Scale International Project (GCIP) and the GEWEX Americas Prediction Project (GAPP), including the North American Land Data Assimilation System (NLDAS) project[J]. Journal of Geophysical Research, 2003,108(D22), 8844.

[32] Kummerow C, W Barnes, T Kozu, et al. The Tropical Rainfall Measuring Mission (TRMM) sensor package[J]. Journal of Atmospheric and Oceanic Technology, 1998, 15, 809-817.

[33] 王振会.TRMM 卫星测雨雷达及其应用研究综述[J]. 气象科学,2001, 21(4): 491-500.

[34] Shi C, Jiang L, Zhang T, et al. Status and Plans of CMA Land Data Assimilation System (CLDAS) Project[C]// Egu General Assembly Conference. EGU General Assembly Conference Abstracts, 2014.

[35] He J , Yang K , Tang W , et al. The first high-resolution meteorological forcing dataset for land process studies over China[J]. Scientific Data, 2020, 7.

[36] 蒋立辉,徐浩然,庄子波,等. 基于 SRTM 数字高程模型的 WRF 低空风场模拟研究[J]. 中国民航飞行学院学报, 2015, 27(2):13-17.

[37] 宁理科. 地形地貌对天山山区降水的影响研究[D]. 石河子:石河子大学, 2013.

[38] 沈晓燕,颜玉倩,肖宏斌,等. WRF 模式不同参数化方案组合对青海气温、降水及风速模拟的影响[J]. 干旱气象, 2018, 36(3):423-430.

[39] 舒守娟,王元,熊安元.中国区域地理、地形因子对降水分布影响的估算和分析[J].地球物理学报, 2007, 50(6):1703-1712.

[40] 孙佳, 王可丽, 江灏, 等. 黑河流域上游降水精细化分布与总量年际变化[J]. 冰川冻土, 2011,33 (3):619-623.

[41] 唐国强, 万玮, 曾子悦, 等. 全球降水测量(GPM)计划及其最新进展综述[J]. 遥感技术与应用, 2015, 30(4):607-615.

[42] 唐建. 基于地形因子的天山降水估算[J]. 人民珠江, 2020, 41(1):18-22.

[43] 杨森, 孙国钧, 何文莹, 等. 西北旱寒区地理,地形因素与降雨量及平均温度的相关性——以甘肃省为例[J].生态学报,2011,31(9):2414-2420.

［44］张杰, 李栋梁, 王文. 夏季风期间青藏高原地形对降水的影响［J］. 地理科学, 2008, 28（2）: 235-240.

［45］Abatzoglou J T, Dobrowski S Z, Parks S A, et al. TerraClimate, a high-resolution global dataset of monthly climate and climatic water balance from 1958—2015［J］. Scientific Data, 2018, 5（1）: 170191.

［46］Abbott M B, Bathurst J C, Cunge J A, et al. An introduction to the European Hydrological System — Systeme Hydrologique Europeen, "SHE", 1: History and philosophy of a physically-based, distributed modelling system［J］. Journal of Hydrology, 1986, 87（1）: 45-59.

［47］Abdi R, Yasi M. Evaluation of environmental flow requirements using eco-hydrologic-hydraulic methods in perennial rivers［J］. Water Science and Technology, 2015, 72（3）: 354-363.

［48］Acreman M C, Dunbar M J. Defining environmental river flow requirements-a review. Hydrol［J］. Earth Syst. Sci., 2004, 8（5）: 861-876.

［49］Ahbari A, Stour L, Agoumi A, et al. Estimation of initial values of the HMS model parameters［J］. Application to the basin of Bin El Ouidane（Azilal, Morocco）, 2018, 9, 305-317.

［50］Ahmad W, Fatima A, Awan U K, et al. Analysis of long term meteorological trends in the middle and lower Indus Basin of Pakistan—A non-parametric statistical approach［J/OL］. Global and Planetary Change, 2014, 122: 282-291. https://www.doi.org/10.1016/j.gloplacha.2014.09.007.

［51］Wang Q, et al. Reference evapotranspiration trends from 1980 to 2012 and their attribution to meteorological drivers in the three-river source region, China［J］. International Journal of Climatology, 2015, 36: n/a-n/a.

［52］Ali R, Kuriqi A, Abubaker S, et al. Long-Term Trends and Seasonality Detection of the Observed Flow in Yangtze River Using Mann-Kendall and Sen's Innovative Trend Method［J］. Water, 2019, 11（9）: 1855.

［53］Annear T, I Chisholm, H Beecher, et al. Instream Flows for Riverine Resource Stewardship［M］. Instream Flow Council, Cheyenne, WY, 2004.

［54］Arnold J G, Srinivasan R, Muttiah R S, et al. LARGE AREA HYDROLOGIC MODELING AND ASSESSMENT PART I: MODEL DEVELOPMENT1［J］. Journal of the American Water Resources Association, 1998, 34（1）: 73-89.

［55］Bai W, et al. The Performance of Multiple Model-Simulated Soil Moisture Datasets Relative to ECV Satellite Data in China［J］. Water, 2018, 10（10）.

［56］Barker, Kirmond A. Managing surface water abstractions. In: Wheater, H., Kirby, C.（Eds.）, Hydrology in a changing environment［J］. British Hydrological Society, London, UK, 1998: 249-258.

［57］Bei X, et al. Long-Term Spatiotemporal Dynamics of Terrestrial Biophysical Variables in the Three-River Headwaters Region of China from Satellite and Meteorological Datasets［J］. Remote Sensing, 2019, 11（14）.

［58］Benestad R. Association between trends in daily rainfall percentiles and the global mean temperature: GLOBAL WARMING AND HEAVY PRECIPITATION［J］. Journal of Geophysical Research: Atmospheres, 2013, 118.

［59］Bennett T H, Peters J C. Continuous Soil Moisture Accounting in the Hydrologic Engineering Center Hydrologic Modeling System（HEC-HMS）［J］. Building Partnerships, 2000.

［60］Bhuiyan, A K M H, McNairn H, et al. Application of HEC-HMS in a Cold Region Watershed and Use of RADARSAT-2 Soil Moisture in Initializing the Model［J］. Hydrology, 2017, 4（1）.

［61］Brasil Pinto D, Marciano Silva A, Rogério Mello C, et al. Application of the Soil and Water Assessment

Tool (SWAT) for sediment transport simulation at a headwater watershed in Minas Gerais State[C]// Brazil, International Symposium on Erosion and Landscape Evolution (ISELE), 2011.

[62] Brodie H K, Hostetler S. A REVIEW OF TECHNIQUES FOR ANALYSING BASEFLOW FROM STREAM[C]// Proceedings of the NZHS-IAH-NZSSS 2005 Conference, Auckland, New Zealand,2005.

[63] Brun E, et al. Simulation of Northern Eurasian Local Snow Depth, Mass, and Density Using a Detailed Snowpack Model and Meteorological Reanalyses[J]. Journal of Hydrometeorology, 2012, 14 (1): 203-219.

[64] Byrne M P, O'Gorman P A. Understanding Decreases in Land Relative Humidity with Global Warming: Conceptual Model and GCM Simulations[J]. Journal of Climate, 2016,29(24): 9045-9061.

[65] Cai X, Rosegrant MW. Optional water development strategies for the Yellow River Basin: Balancing agricultural and ecological water demands[J]. Water Resources Research, 2004,40(8).

[66] Chen L, Zheng H, Chen Y,et al. Base-Flow Separation in the Source Region of the Yellow River[J]. Journal of Hydrologic Engineering - J HYDROL ENG, 2008,13.

[67] Chen Z, et al. Detection of the spatial patterns of water storage variation over China in recent 70 years [J]. Scientific Reports, 2017,7(1): 6423.

[68] Cherkauer K A, Lettenmaier D P. Hydrologic effects of frozen soils in the upper Mississippi River basin [J]. Journal of Geophysical Research: Atmospheres,1999, 104(D16): 19599-19610.

[69] Chu H, Wei J, Qiu J,et al. Identification of the impact of climate change and human activities on rainfall-runoff relationship variation in the Three-River Headwaters region[J]. Ecological Indicators, 2019,106: 105516.

[70] Cohen S, Kettner A J, Syvitski J P M. Global suspended sediment and water discharge dynamics between 1960 and 2010: Continental trends and intra-basin sensitivity[J/OL]. Global and Planetary Change, 2014,115: 44-58. https://www. doi. org/10. 1016/j. gloplacha. 2014. 01. 011.

[71] Corbari C, Ravazzani G, Galvagno M, et al. Assessing Crop Coefficients for Natural Vegetated Areas Using Satellite Data and Eddy Covariance Stations[J]. Sensors, 2017,17(11).

[72] Cuo L, Zhang Y, Zhu F,et al. Characteristics and changes of streamflow on the Tibetan Plateau: A review[J/OL]. Journal of Hydrology: Regional Studies, 2014, 2: 49-68. https://www. doi. org/10. 1016/j. ejrh. 2014. 08. 004.

[73] Dai A. Recent Climatology, Variability, and Trends in Global Surface Humidity[J]. Journal of Climate, 2006,19(15): 3589-3606.

[74] Davis R, Hirji R. Environmental flows: concepts and methods[R]. The World Bank, Washington, D. C. ,2003.

[75] Deng M, et al. Responses of soil moisture to regional climate change over the Three Rivers Source Region on the Tibetan Plateau[J]. International Journal of Climatology, 2019,40.

[76] Dorigo W A, et al. Evaluation of the ESA CCI soil moisture product using ground-based observations[J/ OL]. Remote Sensing of Environment, 2015, 162: 380-395. https://www. doi. org/10. 1016/j. rse. 2014. 07. 023.

[77] DWAF. White paper on a national water policy for South Africa[R]. Department of Water Affairs and Forestry, Pretoria, South Africa,1997.

[78] Eckhardt K. How to construct recursive digital filters for baseflow separation [J]. Hydrological Processes, 2005,19(2): 507-515.

[79] Eduardo E N, Mello C R d, Viola M R, et al. Hydrological simulation as subside for management of

surface water resources at the Mortes River Basin[J]. Ciência e Agrotecnologia, 2016,40: 390-404.

[80] Fazel K, Scharffenberg William A, Bombardelli Fabián A. Assessment of the Melt Rate Function in a Temperature Index Snow Model Using Observed Data[J]. Journal of Hydrologic Engineering, 2014,19 (7): 1275-1282.

[81] Feldman A D. Techinical reference manual[J]. Institute for Water Resources, Davis, USA,2000.

[82] Fleming M, Neary V. Continuous Hydrologic Modeling Study with the Hydrologic Modeling System[J]. Journal of Hydrologic Engineering,2004, 9(3): 175-183.

[83] Gao B, et al. Change in frozen soils and its effect on regional hydrology, upper Heihe basin, northeastern Qinghai-Tibetan Plateau[J]. The Cryosphere, 2018,12(2): 657-673.

[84] García A, et al. Surface water resources assessment in scarcely gauged basins in the north of Spain[J]. Hydrol, 2008,356(3-4): 312-326.

[85] Gharbia S S, Smullen T, Gill L,et al. Spatially distributed potential evapotranspiration modeling and climate projections[J/OL]. Science of The Total Environment, 2018,633: 571-592. https://doi. org/ 10. 1016/j. scitotenv. 2018. 03. 208.

[86] GMAO. Global Modeling and Assimilation Office (GMAO), MERRA-2 tavgU_2d_lnd_Nx: 2d,diurnal, Time-Averaged,Single-Level, Assimilation, Land Surface Diagnostics V5. 12. 4. In: NASA (Ed.). Goddard Earth Sciences Data and Information Services Center (GES DISC), Greenbelt, MD, USA, 2015.

[87] Gonzales A L, Nonner J, Heijkers J, et al. Comparison of different base flow separation methods in a lowland catchment[J]. Hydrol. Earth Syst. Sci. 2009, 13(11): 2055-2068.

[88] Guo D, Wang H. Simulation of permafrost and seasonally frozen ground conditions on the Tibetan Plateau, 1981—2010[J]. Journal of Geophysical Research: Atmospheres, 2013,118(11): 5216-5230.

[89] Guo M,Li J, Wang Y, et al. Distinguishing the Relative Contribution of Environmental Factors to Runoff Change in the Headwaters of the Yangtze River[J]. Water,2019,11(7). DOI:10. 3390/w11071432.

[90] Guoyu R, Guoli T, Kangmin W. Long-Term Surface Air Temperature Trends Over Mainland China[M]. Oxford University Press,2019.

[91] Gyawali R, Watkins David W. Continuous Hydrologic Modeling of Snow-Affected Watersheds in the Great Lakes Basin Using HEC-HMS[J]. Journal of Hydrologic Engineering, 2013,18(1): 29-39.

[92] Haan C T. Statistical Methods in Hydrology[M]. Wiley-Blackwell, Iowa State Univ Press, Ames, Iowa, 2002.

[93] Hall D K, Riggs G A. MODIS/Terra Snow Cover Daily L3 Global 500m SIN Grid, Version 6. NASA National Snow and Ice Data Center Distributed Active Archive Center, Boulder, Colorado USA,2016.

[94] Halwatura D, Najim M M M. Application of the HEC-HMS model for runoff simulation in a tropical catchment[J]. Environmental Modelling & Software, 2013,46: 155-162.

[95] Han P, et al. Improved understanding of snowmelt runoff from the headwaters of China's Yangtze River using remotely sensed snow products and hydrological modeling[J]. Remote Sensing of Environment, 2019,224: 44-59.

[96] Hao C F, He L M, Niu C W, et al. A review of environmental flow assessment: methodologies and application in the Qianhe River[J]. IOP Conference Series: Earth and Environmental Science, 2016, 39: 012067.

[97] Hock R. Temperature index melt modelling in mountain areas[J]. Journal of Hydrology, 2003,282(1): 104-115.

[98] Holmes T R H, Owe M, De Jeu R A M, et al. Estimating the soil temperature profile from a single depth observation: A simple empirical heatflow solution[J]. Water Resources Research, 2008, 44(2).

[99] Hu Q, Feng S. How have soil temperatures been affected by the surface temperature and precipitation in the Eurasian continent? [J]. Geophysical Research Letters, 2005, 32(14).

[100] Huang Y, et al. Analysis of long-term terrestrial water storage variations in Yangtze River basin[J]. Hydrology and Earth System Sciences Discussions, 2012, 9: 11487-11520.

[101] Huber M, Knutti R. Anthropogenic and natural warming inferred from changes in Earth's energy balance[J]. Nature Geoscience, 2012, 5(1): 31-36.

[102] Hughes D A, Smakhtin V. Daily flow time series patching or extension: a spatial interpolation approach based on flow duration curves[J]. Hydrological Sciences Journal, 1996, 41(6): 851-871.

[103] Immerzeel W W, van Beek L P H, Bierkens M F P. Climate Change Will Affect the Asian Water Towers[J]. Science, 2010, 328(5984): 1382.

[104] Indarto, Novita E, Wahyuningsih S. Preliminary Study on Baseflow Separation at Watersheds in East Java Regions[J]. Agriculture and Agricultural Science Procedia, 2016, 9: 538-550.

[105] IPCC. Technical summary. In: Climate Change 2013: The Physical Science Basis, 2013. Contributionof Working Group I to the Fifth Assessment Report of the Intergovernmental Panel on Climate Change[M]. Cambridge University Press, Cambridge, United Kingdom and New York, NY, USA.

[106] IWMI. Environmental flows. Environmental perspectives on river basin management in Asia[M]. International Water Management Institute, Colomb, Srilanka, 2004.

[107] Jackie K, Rebecca T, Cate B. Definition and Implementation of Instreamflows[J]. Thematic Report for theWorld Commission on Dams, Southern Waters Ecological Research and Consulting Cape Town, SouthAfrica, 1999.

[108] Jain S K, Singh V P, 2017. Hydrological Cycles, Models and Applications to Forecasting. In: Duan, Q. et al. (Eds.), Handbook of Hydrometeorological Ensemble Forecasting[J]. Springer Berlin Heidelberg, Berlin, Heidelberg: 1-28.

[109] Jennings K S, Winchell T S, Livneh B, et al. Spatial variation of the rain-snow temperature threshold across the Northern Hemisphere[J]. Nat Commun, 2018, 9(1): 1148-1148.

[110] Ji P, Yuan X. High-Resolution Land Surface Modeling of Hydrological Changes Over the Sanjiangyuan Region in the Eastern Tibetan Plateau: 2. Impact of Climate and Land Cover Change[J]. Journal of Advances in Modeling Earth Systems, 2018, 10(11): 2829-2843.

[111] JIA S, Lv A, YAN H, et al. Temporal Variations and Trend Analysis of the Snowmelt Runoff Timing across the Source Regions of the Yangtze River, Yellow River and Lancang River (Chinese)[J]. Resources Science, 2009, 31(10): 1704-1709.

[112] Jian D, et al. Estimation of Actual Evapotranspiration by the Complementary Theory-Based Advection-Aridity Model in the Tarim River Basin, China[J]. Journal of Hydrometeorology, 2018, 19(2): 289-303.

[113] Jiang C, et al. Spatiotemporal variability of streamflow and attribution in the Three-Rivers Headwater Region, northwest China[J]. Journal of Water and Climate Change, 2016, 7(3): 637-649.

[114] Jiang C, Li D, Wang D, et al. Quantification and assessment of changes in ecosystem service in the Three-River Headwaters Region, China as a result of climate variability and land cover change[J]. Ecological Indicators, 2016, 66: 199-211.

[115] Jiang C, Zhang L. Climate Change and Its Impact on the Eco-Environment of the Three-Rivers

Headwater Region on the Tibetan Plateau, China[J]. International Journal of Environmental Research and Public Health, 2015,12(10).

[116] Jiang C, Zhang L. Ecosystem change assessment in the Three-river Headwater Region, China: Patterns, causes, and implications[J]. Ecological Engineering,2016,93: 24-36.

[117] Jiang C, Zhang L, Tang Z. Multi-temporal scale changes of streamflow and sediment discharge in the headwaters of Yellow River and Yangtze River on the Tibetan Plateau, China [J]. Ecological Engineering, 2017,102: 240-254.

[118] Jin H, et al. Changes in frozen ground in the Source Area of the Yellow River on the Qinghai—Tibet Plateau, China, and their eco-environmental impacts[J]. Environmental Research Letters, 2009,4 (4): 045206.

[119] Jing W, Zhang P, Zhao X. A comparison of different GRACE solutions in terrestrial water storage trend estimation over Tibetan Plateau[J]. Scientific Reports,2019, 9(1): 1765.

[120] Jowett I G. Instream flow methods: a comparison of approaches[J]. Regulated Rivers: Research & Management, 1997,13(2): 115-127.

[121] Jozsef S, Yinsheng Z, Ning M A, et al. Terrestrial evapotranspiration dataset across China (1982—2015)[DB]. National Tibetan Plateau Data Center,2019.

[122] Jung M, et al. Recent decline in the global land evapotranspiration trend due to limited moisture supply [J]. Nature,2010, 467(7318): 951-954.

[123] Klaus J, McDonnell J J. Hydrograph separation using stable isotopes: Review and evaluation[J]. Journal of Hydrology, 2013,505: 47-64.

[124] Klink K. Trends and Interannual Variability of Wind Speed Distributions in Minnesota[J]. Journal of Climate, 2022,15(22): 3311-3317.

[125] Kruskal W H. A Nonparametric test for the Several Sample Problem[J]. Ann. Math. Statist. , 1952, 23(4): 525-540.

[126] Kun Y. The soil moisture dataset of China based on microwave data assimilation (2002—2011)[DB]. National Tibetan Plateau Data Center,2018.

[127] Li-juan L, Hong-xing Z. Environmental and ecological water requirement of river system: a case study of Haihe-Luanhe river system[J]. Journal of Geographical Sciences, 2001,11(2): 224-230.

[128] Li F, Cai Q, Fu X, et al. Construction of habitat suitability models (HSMs) for benthic macroinvertebrate and their applications to instream environmental flows: A case study in Xiangxi River of Three Gorges Reservior region, China[J]. Progress in Natural Science, 2009,19(3): 359-367.

[129] Li L J, et al. Assessing the impact of climate variability and human activities on streamflow from the Wuding River basin in China[J]. Hydrological Processes,2007, 21(25): 3485-3491.

[130] Li L, Yang S, Wang Z, et al. Evidence of Warming and Wetting Climate over the Qinghai-Tibet Plateau[J]. Arctic, Antarctic, and Alpine Research, 2010,42(4): 449-457.

[131] Li S, Yao Z, Wang R, et al. Dryness/wetness pattern over the Three-River Headwater Region: Variation characteristic, causes, and drought risks[J]. International Journal of Climatology, 2019,40.

[132] Li X, et al. Evapotranspiration Estimation for Tibetan Plateau Headwaters Using Conjoint Terrestrial and Atmospheric Water Balances and Multisource Remote Sensing[J]. Water Resources Research,2019, 55 (11): 8608-8630.

[133] Li Z, Yan Z, Zhu Y,et al. Homogenized Daily Relative Humidity Series in China during 1960—2017 [J]. Advances in Atmospheric Sciences, 2020,37(4): 318-327.

[134] Liang L, Li L, Liu C, et al. Climate change in the Tibetan Plateau Three Rivers Source Region: 1960—2009[J]. International Journal of Climatology, 2013, 33(13): 2900-2916.

[135] Liang S, Li X, Wang J. Chapter 17 - Precipitation. In: Liang, S., Li, X., Wang, J. (Eds.), Advanced Remote Sensing[M]. Academic Press, Boston, 2012: 533-556.

[136] Liang X, Lettenmaier D P, Wood E F, et al. A simple hydrologically based model of land surface water and energy fluxes for general circulation models[J]. Journal of Geophysical Research: Atmospheres, 1994, 99(D7): 14415-14428.

[137] Lindström G, Johansson B, Persson M, et al. Development and test of the distributed HBV-96 hydrological model[J]. Journal of Hydrology, 1997, 201(1): 272-288.

[138] Linnansaari T, Monk W A, Baird D J, et al. Review of approaches and methods to assess Environmental Flows across Canada and internationally[J]. Canadian Science Advisory Secretariat, Canada, 2013.

[139] Liu D, Chang J, Tian F, et al. Analysis of baseflow index based hydrological model in Upper Wei River basin on the Loess Plateau in China[J]. Proceedings of the International Association of Hydrological Sciences, 2015, 368: 403.

[140] Liu J, et al. Attribution of Runoff Variation in the Headwaters of the Yangtze River Based on the Budyko Hypothesis[J]. International journal of environmental research and public health, 2019, 16(14): 2506.

[141] Liu J, Sisk J M, Gama L, et al. Tristetraprolin expression and microRNA-mediated regulation during simian immunodeficiency virus infection of the central nervous system[J]. Molecular Brain, 2013, 6(1): 40.

[142] Liu X, et al. Spatiotemporal changes in vegetation coverage and its driving factors in the Three-River Headwaters Region during 2000—2011[J]. Journal of Geographical Sciences, 2014, 24(2): 288-302.

[143] Liu Z, Yao Z, Wang R, et al. Estimation of the Qinghai-Tibetan Plateau runoff and its contribution to large Asian rivers[J]. Science of The Total Environment, 2020, 749: 141570.

[144] Liyun D A I, Tao C H E. Long-term series of daily snow depth dataset in China (1979—2019)[M]. National Tibetan Plateau Data Center, 2015.

[145] Lopes A V, Chiang J C H, Thompson S A, et al. Trend and uncertainty in spatial-temporal patterns of hydrological droughts in the Amazon basin[J]. Geophysical Research Letters, 2016, 43(7): 3307-3316.

[146] Lu W, et al. Hydrological projections of future climate change over the source region of Yellow River and Yangtze River in the Tibetan Plateau: A comprehensive assessment by coupling RegCM4 and VIC model[J]. Hydrological Processes, 2018, 32(13): 2096-2117.

[147] Luo S, Fang X, Lyu S, et al. Interdecadal Changes in the Freeze Depth and Period of Frozen Soil on the Three Rivers Source Region in China from 1960 to 2014[J]. Advances in Meteorology, 2017: 1-14.

[148] Luo S, et al. Frozen ground temperature trends associated with climate change in the Tibetan Plateau Three River Source Region from 1980 to 2014[J]. Climate Research, 2016, 67.

[149] Lv A, JIA S, Wang S, et al. Relationship between Streamflow in Sanjiangyuan and the Indices of ENSO and PDO (Chinese)[J]. South-to-North Water Transfers and Water Science & Technology, 2010, 8(2): 49-52.

[150] Lyne V, Hollick M. Stochastic Time-Variable Rainfall-Runoff Modeling[C]. Perth, Australia, 1979.

[151] Ma Q, et al. Impacts of degrading permafrost on streamflow in the source area of Yellow River on the Qinghai-Tibet Plateau, China[J]. Advances in Climate Change Research, 2019, 10(4): 225-239.

[152] Mahmood R, Babel M S, Jia S. Assessment of temporal and spatial changes of future climate in the Jhelum river basin, Pakistan and India[J]. Weather and Climate Extremes, 2015, 10: 40-55.

[153] Zhu W, Jia S, Lall U, et al. Relative contribution of climate variability and human activities on the water loss of the Chari/Logone River discharge into Lake Chad: A conceptual and statistical approach [J]. Journal of Hydrology, 2019, 569: 519-531.

[154] Mahmood R, Jia S. Spatial and temporal hydro-climatic trends in the transboundary Jhelum River basin [J]. Journal of Water and Climate Change, 2017, 8(3): 423-440.

[155] Mahmood R, Jia S. Assessment of hydro-climatic trends and causes of dramatically declining stream flow to Lake Chad, Africa, using a hydrological approach[J]. Science of The Total Environment, 2019.

[156] Mahmood R, Jia S, Babel S M. Potential Impacts of Climate Change on Water Resources in the Kunhar River Basin, Pakistan[J]. Water, 2016, 8(1).

[157] Mahmood R, Jia S, Lv A, et al. A preliminary assessment of environmental flow in the three rivers' source region, Qinghai Tibetan Plateau, China and suggestions[J]. Ecological Engineering, 2020, 144: 105709.

[158] Mahmood R, Jia S, Zhu W. Analysis of climate variability, trends, and prediction in the most active parts of the Lake Chad basin, Africa[J]. Scientific Reports, 2019, 9(1): 6317.

[159] Mann H B. Nonparametric Tests Against Trend[J]. Econometrica, 1945, 13(3): 245-259.

[160] Mao J, Yan B. Global Monthly Mean Leaf Area Index Climatology, 1981–2015. ORNL DAAC, Oak Ridge, Tennessee, USA, 2019.

[161] Mao T, Wang G, Zhang T. Impacts of Climatic Change on Hydrological Regime in the Three-River Headwaters Region, China, 1960–2009[J]. Water Resources Management, 2016, 30(1): 115-131.

[162] Matuszko D, Weglarczyk S. Relationship between sunshine duration and air temperature and contemporary global warming[J]. International Journal of Climatology, 2015, 35(12): 3640-3653.

[163] McGregor G R. Climate Variability and Change in the Sanjiangyuan Region. In: Brierley, G. J., Li, X., Cullum, C., Gao, J. (Eds.), Landscape and Ecosystem Diversity, Dynamics and Management in the Yellow River Source Zone[M]. Springer International Publishing, Cham, 2016: 35-57.

[164] Meenu R, Rehana S, Mujumdar P P. Assessment of hydrologic impacts of climate change in Tunga-Bhadra River basin, India with HEC–HMS and SDSM. Hydrological Processes, 2012.

[165] Meng F, Su F, Yang D. et al. Impacts of recent climate change on the hydrology in the source region of the Yellow River basin[J]. Journal of Hydrology: Regional Studies, 2016, 6: 66-81.

[166] Mfwango L, J Salim C, Kazumba S. Estimation of Missing River Flow Data for Hydrologic Analysis: The Case of Great Ruaha River Catchment[J]. Hydrology: Current Research, 2018.

[167] Miao C Y, Ni J R. Variation of Natural Streamflow since 1470 in the Middle Yellow River, China[J]. International Journal of Environmental Research and Public Health, 2009, 6(11).

[168] Miller M P, Susong D D, Shope C L, et al. Continuous estimation of baseflow in snowmelt-dominated streams and rivers in the Upper Colorado River Basin: A chemical hydrograph separation approach[J]. Water Resources Research, 2014, 50(8): 6986-6999.

[169] Moradkhani H, Sorooshian S. General Review of Rainfall-Runoff Modeling: Model Calibration, Data Assimilation, and Uncertainty Analysis. In: Sorooshian, S. et al. (Eds.), Hydrological Modelling and the Water Cycle: Coupling the Atmospheric and Hydrological Models[M]. Springer Berlin Heidelberg, Berlin, Heidelberg, 2008: 1-24.

[170] Mudryk L R, Derksen C, Kushner P J, et al. Characterization of Northern Hemisphere Snow Water

Equivalent Datasets, 1981-2010[J]. Journal of Climate, 2015,28(20): 8037-8051.

[171] Mullem J A V. Garen D. Chapter 11: Snowmelt, National Engineering Handbook: Part 630 Hydrology [M]. United States Department of Agriculture, Washington, DC, USA, 2004: 21.

[172] Murphy R, et al. Australian Rainfall and Runoff Revision Project 7: Baseflow for Catchment Simulation [R]. 2009.

[173] Nathan R J, McMahon T A. Evaluation of automated techniques for base flow and recession analyses [J]. Water Resources Research, 1990,26(7): 1465-1473.

[174] NRC. Scientific Basis of Water-Resource Management[M]. National Research Council, The National Academies Press, Washington, DC, 1982:142.

[175] Ochoa-Sánchez A, Crespo P, Carrillo-Rojas G, et al. Actual Evapotranspiration in the High Andean Grasslands: A Comparison of Measurement and Estimation Methods[J]. Frontiers in Earth Science, 2019,7(55).

[176] Ouédraogo A W, Raude M J, Gathenya M J. Continuous Modeling of the Mkurumudzi River Catchment in Kenya Using the HEC－HMS Conceptual Model: Calibration, Validation, Model Performance Evaluation and Sensitivity Analysis[J]. Hydrology, 2018,5(3).

[177] Pang A, Sun T, Yang Z. A framework for determining recommended environmental flows for balancing agricultural and ecosystem water demands [J]. Hydrological Sciences Journal, 2014, 59 (3-4): 890-903.

[178] Peng L, Sun L. Minimum instream flow requirement for the water－reduction section of diversion-type hydropower station: a case study of the Zagunao River, China[J]. Environmental Earth Sciences, 2016,75(17): 1210.

[179] Qian K, Wan L, Wang X S, et al. Periodical characteristics of baseflow in the source region of the Yangtze River[J]. Journal of Arid Land, 2012,4: 113-122.

[180] Qin Y, et al. Impacts of climate warming on the frozen ground and eco-hydrology in the Yellow River source region, China[J]. The Science of the total environment, 2017,605-606: 830-841.

[181] Qiu G, Y Zhou, D Guo, et al. Maps of Geocryological Regions and Classifications in China, Version 1. In: Center, N. S. a. I. D. (Ed.). National Snow and Ice Data Center, Boulder, Colorado USA,2002.

[182] Ramly S, Tahir W. Application of HEC－GeoHMS and HEC－HMS as rainfall－runoff model forflood simulation[C]. In: Tahir, W., Abu Bakar, P. I. D. S. H., Wahid, M. A., MohdNasir, S. R., Lee, W. K. (Eds.), ISFRAM 2015. Springer Singapore, Singapore, 2016:181-192.

[183] Reager J T, Thomas B F, Famiglietti J S. River basin flood potential inferred using GRACE gravity observations at several months lead time[J]. Nature Geoscience, 2014,7(8): 588-592.

[184] Ren G, et al. Urbanization Effects on Observed Surface Air Temperature Trends in North China[J]. Journal of Climate,2008, 21(6): 1333-1348.

[185] Renard B, Kavetski D, Kuczera G, et al. Understanding predictive uncertainty in hydrologic modeling: The challenge of identifying input and structural errors[J]. Water Resources Research, 2010,46(5): 1-22.

[186] Rienecker M M, et al. MERRA: NASA's Modern-Era Retrospective Analysis for Research and Applications[J]. Journal of Climate, 2011,24(14): 3624-3648.

[187] Salama M A, Yousef K M, Mostafa A Z. Simple equation for estimating actual evapotranspiration using heat units for wheat in arid regions[J]. Journal of Radiation Research and Applied Sciences, 2015,8 (3): 418-427.

[188] Zheng J, Li G y, Han Z z,et al. Hydrological cycle simulation of an irrigation district based on a SWAT model[J]. Mathematical and Computer Modelling, 2010,51(11): 1312-1318.

[189] Samady M K. Continuous hydrologic modeling for analyzing the effects of drought on the lower Colorado river in Texas[D]. Michigan Technological University,2017.

[190] Sang Y F, Wang Z, Liu C. et al. Temporal-Spatial Climate Variability in the Headwater Drainage Basins of the Yangtze River and Yellow River, China [J]. Journal of Climate, 2013, 26 (14): 5061-5071.

[191] Sato Y, et al. Analysis of long-term water balance in the source area of the Yellow River basin[J]. Hydrological Processes, 2008,22(11): 1618-1629.

[192] Shaeri Karimi S, Yasi M, Eslamian S. Use of hydrological methods for assessment of environmental flow in a river reach[J]. International Journal of Environmental Science and Technology, 2012,9(3): 549-558.

[193] Shen X, et al. Vegetation changes in the Three-River Headwaters Region of the Tibetan Plateau of China[J]. Ecological Indicators, 2018,93: 804-812.

[194] Shen Y, Hong Z, Pan Y,et al. China's 1 km Merged Gauge, Radar and Satellite Experimental Precipitation Dataset[J]. Remote Sensing, 2018,10(2).

[195] Shi H, Li T, Wei J,et al. Spatial and temporal characteristics of precipitation over the Three-River Headwaters region during 1961—2014[J]. Journal of Hydrology: Regional Studies, 2016,6: 52-65.

[196] Shiyin L, Yong Z, Yingsong Z,et al. Estimation of glacier runoff and future trends in the Yangtze River source region, China[J]. Journal of Glaciology, 2017,55(190): 353-362.

[197] Simmons A J, Willett K M, Jones P D,et al. Low-frequency variations in surface atmospheric humidity, temperature, and precipitation: Inferences from reanalyses and monthly gridded observational data sets [J]. Journal of Geophysical Research: Atmospheres, 2010,115(D1).

[198] Singh D, Gupta R D, Jain S. Assessment of impact of climate change on water resources in a hilly river basin[J]. Arab J Geosci,2015: 1-22.

[199] Smakhtin V, Anputhas M. An assessment of environmental flow requirements of Indian river basins. IWMI Research Report 107, International Water Management Institute, Colombo, Sri Lanka: Smakhtin, V. , Revenga, C. , Döll, P. , 2004. A Pilot Global Assessment of Environmental Water Requirements and Scarcity[J]. Water International, 2006,29(3): 307-317.

[200] Smakhtin V U. Low flow hydrology: a review[J]. Journal of Hydrology, 2001,240(3): 147-186.

[201] Smakhtin V U, Eriyagam N. Developing a software package for global desktop assessment of environmental flows[J]. Environmental Modelling & Software, 2008,23(12): 1396-1406.

[202] Stadnyk T A, Gibson J J, Longstaffe F J, Basin-Scale Assessment of Operational Base Flow Separation Methods[J]. Journal of Hydrologic Engineering, 2015,20(5): 04014074.

[203] Swirepik J L, et al. Establishing Environmental Water Requirements for the Murray-Darling Basin, Australia's Largest Developed River System [J]. River Research and Applications, 2016, 32 (6): 1153-1165.

[204] Syed T, Famiglietti J, Rodell M,et al. Analysis of terrestrial water storage changes from GRACE and GLDAS[J]. Water Resources Research,2008, 44.

[205] Takala M,et al. Estimating northern hemisphere snow water equivalent for climate research through assimilation of space-borne radiometer data and ground-based measurements[J]. Remote Sensing of Environment, 2011,115(12): 3517-3529.

[206] Tallaksen L M. A review of baseflow recession analysis[J]. Journal of Hydrology, 1995,165(1): 349-370.

[207] Tan G, et al. A new method for calculating ecological flow: Distribution flow method[J]. AIP Advances, 2018,8(4): 045118.

[208] Tang J, Cao H. Multiscale variability of streamflow in the Three Rivers Headwater Region, China, and links to large-scale atmospheric circulation indices[J]. Journal of Water and Climate Change,2020.

[209] Tedesco M, Kelly R,Foster J L,et al. AMSR-E/Aqua 5-Day L3 Global Snow Water Equivalent EASE-Grids, Version 2. [Indicate subset used]. Boulder, Colorado USA. NASA National Snow and Ice Data Center Distributed Active Archive Center,2004.

[210] Tennant D L. Instream Flow Regimens for Fish, Wildlife, Recreation and Related Environmental Resources[J]. Fisheries, 1976,1(4): 6-10.

[211] Tharme R E. A global perspective on environmental flow assessment: emerging trends in the development and application of environmental flow methodologies for rivers[J]. River Research and Applications, 2003,19(5-6): 397-441.

[212] Tong L, Xu X, Fu Y, et al. Wetland Changes and Their Responses to Climate Change in the "Three-River Headwaters" Region of China since the 1990s[J]. Energies, 2014,7(4).

[213] Van Liew M W, Garbrecht J. Hydrologic simulation of the little Washita River Experimental watershed using SWAT1. J. Am[J]. Water Resour. As. , 2003,39(2): 413-426.

[214] Vautard R, Cattiaux J, Yiou P,et al. Northern Hemisphere atmospheric stilling partly attributed to an increase in surface roughness[J]. Nature Geoscience, 2010,3(11): 756-761.

[215] Verma A, Jha M, Mahana R. Evaluation of HEC—HMS and WEPP for simulating watershed runoff using remote sensing and geographical information system[J]. Paddy Water Environ, 2010,8(2): 131-144.

[216] Zhang Y, Shifeng b, bullet Z, et al. Temporal and Spatial Variation of the Main Water Balance Components in the Three Rivers Source Region, China from 1960 to 2000[J]. Environmental earth sciences, 2013,68: 973-983.

[217] Viala E. Water for food, water for life a comprehensive assessment of water management in agriculture [J]. Irrigation and Drainage Systems, 2008,22(1): 127-129.

[218] Vicente-Serrano S M, et al. Temporal evolution of surface humidity in Spain: recent trends and possible physical mechanisms[J]. Climate Dynamics, 2014,42(9): 2655-2674.

[219] Waikhom R, K Jain M. Continuous Hydrological Modeling using Soil Moisture Accounting Algorithm in Vamsadhara River Basin[J]. India,2015, 4: 398-408.

[220] Wang J, Chen X, Hu Q,et al. Responses of Terrestrial Water Storage to Climate Variation in the Tibetan Plateau[J]. Journal of Hydrology, 2020,584: 124652.

[221] Wang J, Luo S, Li Z,et al. The freeze/thaw process and the surface energy budget of the seasonally frozen ground in the source region of the Yellow River[J]. Theoretical and Applied Climatology, 2019, 138(3): 1631-1646.

[222] Wang Q, et al. Reference evapotranspiration trends from 1980 to 2012 and their attribution to meteorological drivers in the three-river source region, China[J]. International Journal of Climatology, 2015, 36: n/a-n/a.

[223] Wang R, et al. Snow cover variability and snowmelt in a high-altitude ungauged catchment[J]. Hydrological Processes,2015, 29(17): 3665-3676.

［224］ Wang X, Siegert F, Zhou A g,et al. Glacier and glacial lake changes and their relationship in the context of climate change, Central Tibetan Plateau 1972—2010［J］. Global and Planetary Change, 2013, 111: 246-257.

［225］ Wang Z, Song K, Hu L. China's Largest Scale Ecological Migration in the Three-River Headwater Region［J］. AMBIO, 2010,39(5): 443-446.

［226］ Wen X, et al. Study on the Variation Trend of Potential Evapotranspiration in the Three-River Headwaters Region in China Over the Past 20 years［J］. Frontiers in Earth Science, 2020,8(448).

［227］ William A, Scharffenberg, Fleming M J. Hydrologic Modeling System HEC−HMS: User's Manual: Version 3. 5［M］. Hydrologic Engineering Center: Institute for Water Resources Davis, USA,2010.

［228］ Yimer G, Jonoski A, Griensven A V. Hydrological response of a catchment to climate change in the Upper Beles River basin, Upper Blue Nile, Ethiopia［J］. Nile Basin Water Engineering Scientific Magazine,2009,2: 11.

［229］ Wu S, Yao Z, Huang H,et al. Glacier retreat and its effect on stream flow in the source region of the Yangtze River［J］. Journal of Geographical Sciences, 2013,23(5): 849-859.

［230］ Xiang L, et al. Groundwater storage changes in the Tibetan Plateau and adjacent areas revealed from GRACE satellite gravity data［J］. Earth and Planetary Science Letters,2016, 449: 228-239.

［231］ Xiao Z, et al. The Spatiotemporal Variations of Runoff in the Yangtze River Basin under Climate Change ［J］. Advances in Meteorology, 2018: 5903451.

［232］ Xu M. Study on Water Storage Change and Its Consideration in Water Balance in the Mountain Regions over Arid Northwest China［J］. Advances in Meteorology, 2017: 4291765.

［233］ Xu M, et al. Detection of hydrological variations and their impacts on vegetation from multiple satellite observations in the Three-River Source Region of the Tibetan Plateau［J］. Science of The Total Environment,2018, 639: 1220-1232.

［234］ Xu M, Kang S, Zhao Q, et al. Terrestrial Water Storage Changes of Permafrost in the Three-River Source Region of the Tibetan Plateau, China［J］. Advances in Meteorology, 2016: 1-13.

［235］ 刘晓琼,吴泽洲,刘彦随,等.1960—2015年青海三江源地区降水时空特征［J］.地理学报,2019,74 (9):1803-1820.

［236］ 孟宪红,陈昊,李照国,等.三江源区气候变化及其环境影响研究综述［J］.高原气象,2020,39(6): 1133-1143.

［237］ 张永勇,张士锋,翟晓燕,等.三江源区径流演变及其对气候变化的响应［J］.地理学报,2012,67 (1):71-82.

［238］ 白晓兰,魏加华,解宏伟.三江源区干湿变化特征及其影响［J］.生态学报,2017,37(24): 8397-8410.

［239］ Jung M, Reichstein M, Ciais P, et al. Recent decline in the global land evapotranspiration trend due to limited moisture supply ［J］. Nature, 2010, 467(7318):951-954.

［240］ 王浩,杨贵羽,贾仰文,等.以黄河流域土壤水资源为例说明以"ET管理"为核心的现代水资源管理的必要性和可行性［J］.中国科学(E辑:技术科学),2009,39(10):1691-1701.

［241］ Zhang Y, Post D. How good are hydrological models for gap-filling streamflow data? Hydrol［J］. Earth Syst. Sci. , 2018,22(8): 4593-4604.

［242］ Adam J P, Joshua B F, Michael L G, et al. SMAP soil moisture improves global evapotranspiration ［J］. Remote Sensing of Environment, 2018, 219:1-14.

［243］ 邓兴耀,刘洋,刘志辉,等.中国西北干旱区蒸散发时空动态特征［J］.生态学报,2017,37(9):

2994-3008.

[244] Yu J X, Shao H Z, Fei T, et al. An evapotranspiration product for arid regions based on the three-temperature model and thermal remote sensing [J]. Journal of Hydrology, 2015, 530: 392-404.

[245] 杨林山,李常斌,王帅兵,等.洮河流域潜在蒸散发的气候敏感性分析[J].农业工程学报,2014,30(11):102-109.

[246] 黄蓉,张建梅,林依雪,等.新安江上游流域径流变化特征与归因分析[J].自然资源学报,2019,34(8):1771-1781.

[247] 王卫光,李进兴,魏建德,等.基于蒸散发数据同化的径流过程模拟[J].水科学进展,2018,29(2):159-168.

[248] Goulden M L, Bales R C. Mountain runoff vulnerability to increased evapotranspiration with vegetation expansion [J]. Proceedings of the National Academy of Sciences of the United States of America, 2014, 111(39):14071-14075.

[249] 张宝忠,许迪,刘钰,等.多尺度蒸散发估测与时空尺度拓展方法研究进展[J].农业工程学报,2015,31(6):8-16.

[250] 李辉霞,刘国华,傅伯杰.基于 NDVI 的三江源地区植被生长对气候变化和人类活动的响应研究[J].生态学报,2011,31(19):5495-5504.

[251] 周华坤,赵新全,周立,等.青藏高原高寒草甸的植被退化与土壤退化特征研究[J].草业学报,2005(3):31-40.

[252] 张梦迪,张立锋,陈之光,等.土壤蒸发和植被蒸腾对三江源退化高寒草甸蒸散的影响[J].生态学报,2021(18):1-15.

[253] 韦晶,郭亚敏,孙林,等.三江源地区生态环境脆弱性评价[J].生态学杂志,2015,34(7):1968-1975.

[254] 张继平,刘春兰,郝海广,等.基于 MODIS GPP/NPP 数据的三江源地区草地生态系统碳储量及碳汇量时空变化研究[J].生态环境学报,2015,24(1):8-13.

[255] 刘闯,葛成辉.美国对地观测系统(EOS)中分辨率成像光谱仪(MODIS)遥感数据的特点与应用[J].遥感信息,2000(3):45-48.

[256] Martens B, Miralles D G, Lievens H, et al. GLEAM v3: Satellite-based land evaporation and root-zone soil moisture [J]. Geoscientific Model Development, 2017, 10(5):1903-1925.

[257] Miralles D G, Holmes T, De J, et al. Global land-surface evaporation estimated from satellite-based observations[J]. Hydrology and Earth System Sciences Discussions, 2010, 7(5):453-469.

[258] 杨秀芹,王国杰,潘欣,等.基于 GLEAM 遥感模型的中国 1980—2011 年地表蒸散发时空变化[J].农业工程学报,2015,31(21):132-141.

[259] 李佳,辛晓洲,彭志晴,等.地表蒸散发遥感产品比较与分析[J].遥感技术与应用,2021,36(1):103-120.

[260] Bisht G, Venturini V, Islam S, et al. Estimation of the net radiation using MODIS (Moderate Resolution Imaging Spectroradiometer) data for clear sky days [J]. Remote Sensing of Environment, 2005, 97(1):52-67.

[261] Bisht G, Bras R L. Estimation of net radiation from the MODIS data under all sky conditions: Southern Great Plains case study [J]. Remote Sensing of Environment, 2010, 114(7):1522-1534.

[262] 余晓雨,贾绍凤,朱文彬.青海省地表净辐射通量的遥感估算方法及时空特征分析[J].高原气象, 2022, 41(8).

[263] Sun L, Sun R, Li X, et al. Monitoring surface soil moisture status based on remotely sensed surface

temperature and vegetation index information[J]. Agricultural and Forest Meteorology, 2012, 166: 175-187.

[264] Long D, Singh V. A two-source trapezoid model for evapotranspiration (TTME) from satellite imagery [J]. Remote Sensing of Environment, 2012, 121: 370-388.

[265] Zhu W, Jia S, Lv A. A universal Ts-VI triangle method for the continuous retrieval of evaporative fraction from MODIS products[J]. Journal of Geophysical Research: Atmospheres, 2017, 122(19): 10206-10227.

[266] Zhang R, Tian J, Su H, et al. Two Improvements of an Operational Two-Layer Model for Terrestrial Surface Heat Flux Retrieval [J]. Sensors, 2008, 8(10):6165-6187.

[267] Kustas W P. Estimation of the soil heat flux/net radiation ratio from spectral data [J]. Agricultural & Forest Meteorology, 1990, 49(3):205-223.

[268] Brutsaert W. Evaporation into the Atmosphere, Theory, History, and Applications [M]. the Netherlands: D. Reidel, Dordrecht,1982.

[269] Szilagyi J, Crago R, Qualls R. A calibration-free formulation of the complementary relationship of evaporation for continental-scale hydrology [J]. Journal of Geophysical Research: Atmospheres, 2017, 122(1): 264-278.

[270] Szilagyi J. Temperature corrections in the Priestley—Taylor equation of evaporation [J]. Journal of Hydrology, 2014, 519: 455-464.

[271] Zhu W, Lv A, Jia S, et al. Retrievals of all-weather daytime air temperature from MODIS products [J]. Remote Sensing of Environment, 2017, 189:152-163.

[272] Gillies R R, Kustas W P, Humes K S. A verification of the triangle' method for obtaining surface soil water content and energy fluxes from remote measurements of the Normalized Difference Vegetation Index (NDVI) and surface e[J]. International Journal of Remote Sensing, 1997, 18(15):3145-3166.

[273] Zhu W, Lv A, Jia S. Estimation of daily maximum and minimum air temperature using MODIS land surface temperature products [J]. Remote Sensing of Environment, 2013, 130: 62-73.

[274] Cui Y, Ma S, Yao Z, et al. Developing a Gap-Filling Algorithm Using DNN for the Ts-VI Triangle Model to Obtain Temporally Continuous Daily Actual Evapotranspiration in an Arid Area of China [J]. Remote Sensing, 2020, 12(1121).

[275] Tang R, Li Z. An improved constant evaporative fraction method for estimating daily evapotranspiration from remotely sensed instantaneous observations [J]. Geophysical Research Letters, 2017, 44(5): 2319-2326.

[276] Rivas R E, Carmona F. Evapotranspiration in the Pampean Region using field measurements and satellite data [J]. Physics & Chemistry of the Earth, 2013, 55-57(Complete):27-34.

[277] 甘海洪. 三江源区区域蒸散发的分布特征[D].北京:中国地质大学,2020.

[278] Gitelson A A, Kaufman Y J, Stark R, et al. Novel algorithms for remote estimation of vegetation fraction [J]. Remote Sensing of Environment, 2002, 80(1):76-87.

[279] 徐新良,刘纪远,邵全琴,等.30年来青海三江源生态系统格局和空间结构动态变化[J].地理研究,2008(4):829-838,974.

[280] Xuan W,et al. Hydrological Simulation and Runoff Component Analysis over a Cold Mountainous River Basin in Southwest China[J]. Water,2018, 10(11).

[281] Xue B L, et al. Evaluation of evapotranspiration estimates for two river basins on the Tibetan Plateau by a water balance method[J]. Journal of Hydrology,2013, 492: 290-297.

[282] Yang M, Yao T, Gou X, et al. The soil moisture distribution, thawing-freezing processes and their effects on the seasonal transition on the Qinghai—Xizang (Tibetan) plateau[J]. Journal of Asian Earth Sciences, 2003,21(5): 457-465.

[283] Yang T, et al. Climate change and probabilistic scenario of streamflow extremes in an alpine region[J]. Journal of Geophysical Research: Atmospheres, 2014, 119(14): 8535-8551.

[284] Yi S, Wang X, Qin Y, et al. Responses of alpine grassland on Qinghai-Tibetan plateau to climate warming and permafrost degradation: a modeling perspective[J]. Environmental Research Letters, 2014,9 (7): 074014.

[285] Yi X, Li G, Yin Y. Temperature variation and abrupt change analysis in the Three-River Headwaters Region during 1961—2010[J]. Journal of Geographical Sciences, 2012,22(3): 451-469.

[286] Yi X, Li G, Yin Y. Spatio-temporal variation of precipitation in the Three-River Headwater Region from 1961 to 2010[J]. Journal of Geographical Sciences, 2013,23(3): 447-464.

[287] Yimer G, Jonoski A, Griensven A V. Hydrological response of a catchment to climate change in the Upper Beles River basin, Upper Blue Nile, Ethiopia Nile Basin Water Engineering Scientific Magazine, 2009,2: 11.

[288] You Q, et al. Climate warming and associated changes in atmospheric circulation in the eastern and central Tibetan Plateau from a homogenized dataset[J]. Global and Planetary Change, 2010,72(1): 11-24.

[289] You Q, et al. Observed surface wind speed in the Tibetan Plateau since 1980 and its physical causes [J]. International Journal of Climatology, 2014,34(6): 1873-1882.

[290] You Q, et al. Observed climatology and trend in relative humidity in the central and eastern Tibetan Plateau[J]. Journal of Geophysical Research: Atmospheres, 2015,120(9): 3610-3621.

[291] You Q, Fraedrich K, Ren G, et al. Variability of temperature in the Tibetan Plateau based on homogenized surface stations and reanalysis data [J]. International Journal of Climatology, 2013, 33: 1337-1347.

[292] Yuan X, et al. High-Resolution Land Surface Modeling of Hydrological Changes Over the Sanjiangyuan Region in the Eastern Tibetan Plateau: 1. Model Development and Evaluation[J]. Journal of Advances in Modeling Earth Systems, 2018,10(11): 2806-2828.

[293] Yue S, Pilon P, Phinney B, et al. The influence of autocorrelation on the ability to detect trend in hydrological series[J]. Hydrological Processes, 2002, 16(9): 1807-1829.

[294] Yurong Z, Kaiyu X, Yongchao F. Characteristics and influence of permafrost change in t three river source region from 1961 to 2017[J]. Qinghai science and technology, 2018,25(6): 73-76.

[295] Zeiringer B, Seliger C, Greimel F, et al. River Hydrology, Flow Alteration, and Environmental Flow. In: Schmutz, S., Sendzimir, J. (Eds.), Riverine Ecosystem Management: Science for Governing Towards a Sustainable Future[M]. Springer International Publishing, Cham, 2018: 67-89.

[296] Zema D A, Labate A, Martino D, et al. Comparing Different Infiltration Methods of the HEC-HMS Model: The Case Study of the Mésima Torrent (Southern Italy)[J]. Land Degradation & Development, 2017,28(1): 294-308.

[297] Zeng J, et al. Evaluation of remotely sensed and reanalysis soil moisture products over the Tibetan Plateau using in-situ observations[J]. Remote Sensing of Environment, 2015,163: 91-110.

[298] Zhang G, Xie H, Yao T, et al. Quantitative water resources assessment of Qinghai Lake basin using Snowmelt Runoff Model (SRM)[J]. Journal of Hydrology, 2014,519: 976-987.

[299] Zhang J L, Li Y P, Huang G H, et al. Evaluation of Uncertainties in Input Data and Parameters of a Hydrological Model Using a Bayesian Framework: A Case Study of a Snowmelt-Precipitation-Driven Watershed[J]. Journal of Hydrometeorology, 2016, 17(8): 2333-2350.

[300] Zhang L, Fan J, Zhou D, et al. Ecological Protection and Restoration Program Reduced Grazing Pressure in the Three-River Headwaters Region, China[J]. Rangeland Ecology & Management, 2017, 70(5): 540-548.

[301] Zhang L, Su F, Yang D, et al. Discharge regime and simulation for the upstream of major rivers over Tibetan Plateau[J]. Journal of Geophysical Research: Atmospheres, 2013, 118(15): 8500-8518.

[302] Zhang Q, Fan K, Singh V P, et al. Evaluation of Remotely Sensed and Reanalysis Soil Moisture Against In Situ Observations on the Himalayan-Tibetan Plateau[J]. Journal of Geophysical Research (Atmospheres), 2018, 123: 7132-7148.

[303] Zhang S, Hua D, Meng X, et al. Climate change and its driving effect on the runoff in the "Three-River Headwaters" region[J]. Journal of Geographical Sciences, 2011, 21(6): 963.

[304] Zhang Y, et al. Impact of projected climate change on the hydrology in the headwaters of the Yellow River basin[J]. Hydrological Processes, 2015, 29(20): 4379-4397.

[305] Zhang Y, Hao Z, Xu C Y, et al. Response of melt water and rainfall runoff to climate change and their roles in controlling streamflow changes of the two upstream basins over the Tibetan Plateau[J]. Hydrology Research, 2019, 51(2): 272-289.

[306] Zhang Y, Hao Z, Xu C Y, et al. Response of melt water and rainfall runoff to climate change and their roles in controlling streamflow changes of the two upstream basins over the Tibetan Plateau[J]. Hydrology Research, 2020, 51(2): 272-289.

[307] Zhao J, et al. Analysis of temporal and spatial trends of hydro-climatic variables in the Wei River Basin [J]. Environmental Research, 2015, 139: 55-64.

[308] Zhao J, Chen X, Zhang J, et al. Higher temporal evapotranspiration estimation with improved SEBS model from geostationary meteorological satellite data[J]. Scientific Reports, 2019, 9(1): 14981.

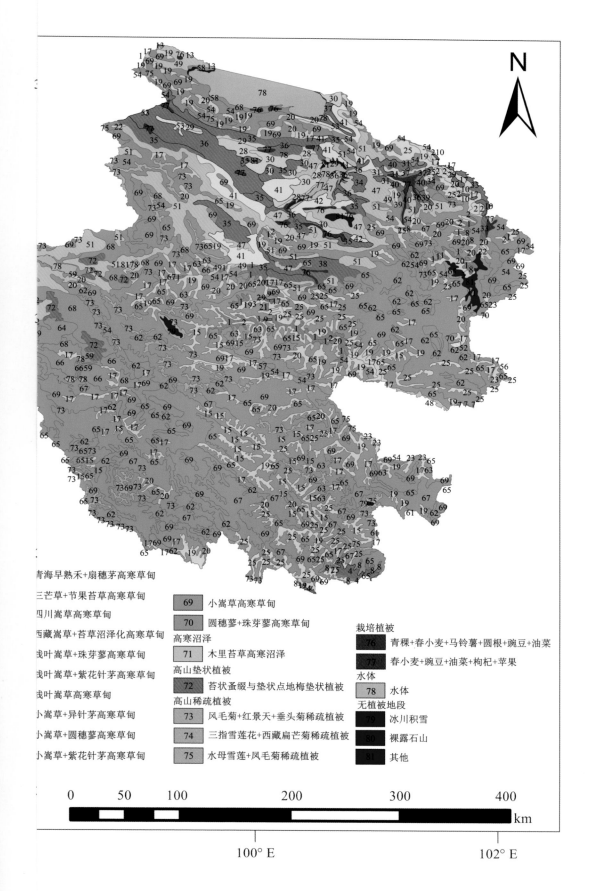

青海早熟禾+扇穗茅高寒草甸

三芒草+节果苔草高寒草甸

四川嵩草高寒草甸

西藏嵩草+苔草沼泽化高寒草甸

戈叶嵩草+珠芽蓼高寒草甸

戈叶嵩草+紫花针茅高寒草甸

戈叶嵩草高寒草甸

小嵩草+异针茅高寒草甸

小嵩草+圆穗蓼高寒草甸

小嵩草+紫花针茅高寒草甸

| | 69 | 小嵩草高寒草甸 |
| | 70 | 圆穗蓼+珠芽蓼高寒草甸 |

高寒沼泽

| | 71 | 木里苔草高寒沼泽 |

高山垫状植被

| | 72 | 苔状蚤缀与垫状点地梅垫状植被 |

高山稀疏植被

	73	风毛菊+红景天+垂头菊稀疏植被
	74	三指雪莲花+西藏扁芒菊稀疏植被
	75	水母雪莲+风毛菊稀疏植被

栽培植被

| | 76 | 青稞+春小麦+马铃薯+圆根+豌豆+油菜 |
| | 77 | 春小麦+豌豆+油菜+枸杞+苹果 |

水体

| | 78 | 水体 |

无植被地段

	79	冰川积雪
	80	裸露石山
	81	其他

| 0 | 50 | 100 | 200 | 300 | 400 |

km

100° E   102° E

三江源植被类型图